□ 中国高等职业技术教育研究会推荐

高职高专计算机专业规划教材

# Java 程序设计项目化教程

陈 芸 主 编
顾正刚 副主编
王咏武 臧武军 郭力子 参编

西安电子科技大学出版社

## 内 容 简 介

Java 语言是当今最流行的计算机高级编程语言之一，Java 平台则是一个完整的软件开发体系平台。使用 Java 语言开发的软件项目随处可见。

本书以学生在线考试系统的三个不同版本的开发为基线，将之分解为 15 个典型工作任务，贯穿介绍 Java 相关开发技术和理论，将知识点与开发实践紧密结合，从而达到学以致用的目的。

本书内容涉及 Java 语言基础知识、类与对象的基本概念、类的方法、类的重用、接口与多态、输入/输出流、多线程、图形用户界面设计、JDBC 与数据库访问、网络程序设计等。读者通过学习本书，不仅可以全面掌握 Java 初级开发知识，而且可以了解更多的 Java 应用技巧。

本书适合作为高职高专院校计算机专业及其相关专业的教材或参考书，也可作为软件开发人员及其他有关人员的自学参考书或培训教材。

★本书配有电子教案，有需要者可与出版社联系，免费提供。

### 图书在版编目(CIP)数据

**Java 程序设计项目化教程** / 陈芸主编. —西安：西安电子科技大学出版社，2009.1 (2014.10 重印)
中国高等职业技术教育研究会推荐. 高职高专计算机专业规划教材
ISBN 978 - 7 - 5606 -2184 -5

Ⅰ.J… Ⅱ.陈 Ⅲ.JAVA 语言—程序设计—高等学校：技术学校—教材 Ⅳ.TP 312

中国版本图书馆 CIP 数据核字(2008)第 208024 号

策　　划　臧延新
责任编辑　马晓娟　臧延新
出版发行　西安电子科技大学出版社(西安市太白南路 2 号)
电　　话　(029)88242885　88201467　　　　邮　　编　710071
网　　址　www.xduph.com　　　　　　　　　电子邮箱　xdupfxb001@163.com
经　　销　新华书店
印刷单位　陕西大江印务有限公司
版　　次　2009 年 1 月第 1 版　　2014 年 10 月第 3 次印刷
开　　本　787 毫米×1092 毫米　1/16　　　　印　　张　18.375
字　　数　432 千字
印　　数　7001～9000 册
定　　价　28.00 元

ISBN 978 - 7 - 5606 - 2184 - 5/TP · 1114
XDUP 2476001-3
* * * 如有印装问题可调换 * * *
本社图书封面为激光防伪覆膜，谨防盗版。

# 序

进入 21 世纪以来，高等职业教育呈现出快速发展的形势。高等职业教育的发展，丰富了高等教育的体系结构，突出了高等职业教育的类型特色，顺应了人民群众接受高等教育的强烈需求，为现代化建设培养了大量高素质技能型专门人才，对高等教育大众化作出了重要贡献。目前，高等职业教育在我国社会主义现代化建设事业中发挥着越来越重要的作用。

教育部 2006 年下发了《关于全面提高高等职业教育教学质量的若干意见》，其中提出了深化教育教学改革，重视内涵建设，促进"工学结合"人才培养模式改革，推进整体办学水平提升，形成结构合理、功能完善、质量优良、特色鲜明的高等职业教育体系的任务要求。

根据新的发展要求，高等职业院校积极与行业企业合作开发课程，根据技术领域和职业岗位群任职要求，参照相关职业资格标准，改革课程体系和教学内容，建立突出职业能力培养的课程标准，规范课程教学的基本要求，提高课程教学质量，不断更新教学内容，而实施具有工学结合特色的教材建设是推进高等职业教育改革发展的重要任务。

为配合教育部实施质量工程，解决当前高职高专精品教材不足的问题，西安电子科技大学出版社与中国高等职业技术教育研究会在前三轮联合策划、组织编写"计算机、通信电子、机电及汽车类专业"系列高职高专教材共 160 余种的基础上，又联合策划、组织编写了新一轮"计算机、通信、电子类"专业系列高职高专教材共 120 余种。这些教材的选题是在全国范围内近 30 所高职高专院校中，对教学计划和课程设置进行充分调研的基础上策划产生的。教材的编写采取在教育部精品专业或示范性专业的高职高专院校中公开招标的形式，以吸收尽可能多的优秀作者参与投标和编写。在此基础上，召开系列教材专家编委会，评审教材编写大纲，并对中标大纲提出修改、完善意见，确定主编、主审人选。该系列教材以满足职业岗位需求为目标，以培养学生的应用技能为着力点，在教材的编写中结合任务驱动、项目导向的教学方式，力求在新颖性、实用性、可读性三个方面有所突破，体现高职高专教材的特点。已出版的第一轮教材共 36 种，2001 年全部出齐，从使用情况看，比较适合高等职业院校的需要，普遍受到各学校的欢迎，一再重印，其中《互联网实用技术与网页制作》在短短两年多的时间里先后重印 6 次，并获教育部 2002 年普通高校优秀教材奖。第二轮教材共 60 余种，在 2004 年已全部出齐，有的教材出版一年多的时间里就重印 4 次，反映了市场对优秀专业教材的需求。前两轮教材中有十几种入选国家"十一五"规划教材。第三轮教材 2007 年 8 月之前全部出齐。本轮教材预计 2008 年全部出齐，相信也会成为系列精品教材。

教材建设是高职高专院校教学基本建设的一项重要工作。多年来，高职高专院校十分重视教材建设，组织教师参加教材编写，为高职高专教材从无到有，从有到优、到特而辛勤工作。但高职高专教材的建设起步时间不长，还需要与行业企业合作，通过共同努力，出版一大批符合培养高素质技能型专门人才要求的特色教材。

我们殷切希望广大从事高职高专教育的教师，面向市场，服务需求，为形成具有中国特色和高职教育特点的高职高专教材体系作出积极的贡献。

中国高等职业技术教育研究会会长<br>
2007 年 6 月

# 高职高专计算机专业规划教材
# 编审专家委员会

主　任： 温希东　（深圳职业技术学院副校长，教授）
副主任： 徐人凤　（深圳职业技术学院电子与通信工程学院副院长，高工）
　　　　 刘中原　（上海第二工业大学计算机与信息学院副院长，副教授）
　　　　 李卓玲　（沈阳工程学院信息工程系主任，教授）
委　员： （按姓氏笔画排列）
　　　　 丁桂芝　（天津职业大学电子信息工程学院院长，教授）
　　　　 马宏锋　（兰州工业高等专科学校计算机工程系副主任，副教授）
　　　　 王　军　（武汉交通职业学院信息系副主任，副教授）
　　　　 王　雷　（浙江机电职业技术学院计算机应用工程系主任，高工）
　　　　 王养森　（南京信息职业技术学院计算机科学与技术系主任，高工）
　　　　 王趾成　（石家庄职业技术学院计算机系主任，高工）
　　　　 汤　勇　（成都职业技术学院国际软件学院副院长，副教授）
　　　　 朱小平　（广东科学技术职业学院计算机学院副院长，副教授）
　　　　 齐志儒　（东北大学东软信息学院计算机系主任，教授）
　　　　 孙街亭　（安徽职业技术学院教务处处长，副教授）
　　　　 张　军　（石家庄职业技术学院计算机系，高工）
　　　　 李成大　（成都电子机械高等专科学校计算机工程系副主任，副教授）
　　　　 苏传芳　（安徽电子信息职业技术学院计算机科学系主任，副教授）
　　　　 苏国辉　（黎明职业大学计算机系副主任，讲师）
　　　　 汪临伟　（九江职业技术学院电气工程系主任，副教授）
　　　　 汪清明　（广东轻工职业技术学院计算机系副主任，副教授）
　　　　 杨文元　（漳州职业技术学院计算机工程系副主任，副教授）
　　　　 杨志茹　（株洲职业技术学院信息工程系副主任，副教授）
　　　　 胡昌杰　（湖北职业技术学院计算机科学与技术系副主任，副教授）
　　　　 聂　明　（南京信息职业技术学院软件学院院长，副教授）
　　　　 章忠宪　（漳州职业技术学院计算机工程系主任，副教授）
　　　　 眭碧霞　（常州信息职业技术学院软件学院院长，副教授）
　　　　 董　武　（安徽职业技术学院电气工程系副主任，副教授）
　　　　 蒋方纯　（深圳信息职业技术学院软件工程系主任，副教授）
　　　　 鲍有文　（北京联合大学信息学院副院长，教授）

# 前　　言

Java 是 Sun 公司推出的跨平台程序开发语言，具有简单、面向对象、分布式、健壮性、安全性、可移植性、解释器通用性、多线程、高性能等特点，是目前主流的计算机编程语言之一。

本书以三个项目的开发(学生在线考试系统的单机版、C/S 版、B/S 版)为基线，将 Java 开发的关键技术融入到各个项目中。随着三个项目开发的层层递进，再现了软件开发的工作过程，同时也体现了从程序员、网络程序员到 Web 程序员的职业能力的提升。书中每章首先介绍学习目标，通过任务描述使读者在明确工作任务之后，去深入了解相关技术；在自测题中，读者可以对技术要点的掌握进行自我测试；在拓展实践中，读者除了按照调试程序、完善程序、编写程序的过程一步步掌握 Java 程序设计技巧外，还可以利用每章所学将现有项目根据要求逐步完善。

本书分为四篇，共 15 个任务。第一篇为项目开发前期准备，包括任务 1~5。任务 1 和任务 2 介绍了 Java 的基本特性及基本语法，包括 Java 语言概述、数据类型、运算符与表达式、流程控制语句以及数组。任务 3~5 介绍了 Java 面向对象技术、常用类以及异常机制。第二篇为单机版学生在线考试系统，包括任务 6~12，通过实现一个完整的单机版考试系统，分别介绍了图形用户界面设计中的容器、组件、布局、事件、文件 I/O、线程等内容。第三篇为 C/S 版学生在线考试系统，包括任务 13 和任务 14。任务 13 介绍了网络编程的技术要点，任务 14 将项目所涉及的信息以数据库形式存放，介绍了数据库访问的技术要点。第四篇为 B/S 版学生在线考试系统，包括任务 15，演示了如何将 C/S 版考试系统改编成 B/S 版考试系统，介绍了 Applet 小程序编写的技术要点。

本书适合于 Java 初、中级用户，通过学习本书读者不仅可以全面掌握 Java 开发知识，而且随着项目的不断完善，更能体会到应用 Java 开发项目时的基本思路，建立全局观。本书还提供了 Java 编程的应用技巧及良好的编程习惯，所提供的经典实例可以帮助读者进一步加深对基本概念的理解。

全书由陈芸任主编，顾正刚任副主编。其中，第 2、3、6~12 章由陈芸编写；第 13、14 章由顾正刚编写；第 4、5 章由王咏武编写；第 1 章由臧武军编写；第 15 章由郭力子编写。在本书的编写过程中，编者得到了江苏信息职业技术学院各级领导和同事的大力支持与帮助，在此表示由衷的感谢。同时，也感谢江苏信息职业技术学院软件英语 053 班的陈应浩、谢金龙同学，他们在本书的代码调试与文字校对工作中付出了辛苦劳动。

由于作者水平有限，不足之处在所难免，敬请广大读者指正，欢迎提出宝贵意见。

本书相关代码、电子教案、教学大纲等教学资源，读者可以在希赛网下载中心 (http://data.educity.cn)下载或直接与作者联系(E-mail: chenyunxuz@hotmail.com)。

编者<br>2008 年 10 月

# 目 录

## 第一篇 项目开发前期准备

**第1章 任务1——安装配置开发环境及需求分析** ...... 1
1.1 任务描述 ...... 1
1.2 技术概览 ...... 2
  1.2.1 Java语言的产生与发展 ...... 2
  1.2.2 Java语言的特点 ...... 2
  1.2.3 Java语言的工作机制 ...... 4
1.3 任务【1-1】 安装及配置Java开发环境 ...... 5
  1.3.1 下载和安装JDK ...... 5
  1.3.2 环境变量的配置 ...... 6
1.4 任务【1-2】 在命令行方式下调试程序 ...... 7
  1.4.1 JDK工具及其程序 ...... 7
  1.4.2 Java应用程序 ...... 7
1.5 任务【1-3】 利用JCreator调试程序 ...... 9
1.6 任务【1-4】 项目需求分析与设计 ...... 11
自测题 ...... 12
拓展实践 ...... 13

**第2章 任务2——处理考试系统中的成绩** ...... 14
2.1 任务描述 ...... 14
2.2 任务【2-1】 成绩的评价 ...... 14
  2.2.1 技术要点 ...... 14
  2.2.2 任务实施 ...... 25
2.3 任务【2-2】 成绩的排序 ...... 25
  2.3.1 技术要点 ...... 25
  2.3.2 任务实施 ...... 33
自测题 ...... 33
拓展实践 ...... 36

**第3章 任务3——创建考试系统中的试题类** ...... 38
3.1 任务描述 ...... 38
3.2 技术要点 ...... 38
  3.2.1 面向对象编程概述 ...... 38
  3.2.2 类 ...... 40
  3.2.3 对象 ...... 42
  3.2.4 继承 ...... 44
  3.2.5 抽象类和接口 ...... 48
  3.2.6 包 ...... 51
3.3 任务实施 ...... 54
自测题 ...... 55
拓展实践 ...... 57

**第4章 任务4——利用Java API查阅常用类** ...... 59
4.1 任务描述 ...... 59
4.2 技术要点 ...... 59
  4.2.1 字符串类 ...... 60
  4.2.2 Math类 ...... 65
  4.2.3 Date类 ...... 66
  4.2.4 Vector类 ...... 67
4.3 任务实施 ...... 69
自测题 ...... 70
拓展实践 ...... 71

**第5章 任务5——定义用户年龄的异常类** ...... 73
5.1 任务描述 ...... 73
5.2 技术要点 ...... 73
  5.2.1 异常类 ...... 74
  5.2.2 异常的捕获和处理 ...... 76
  5.2.3 异常的抛出 ...... 79
  5.2.4 异常的声明throws ...... 79

5.2.5 自定义异常类 ............... 80
5.3 任务实施 ....................... 81

自测题 ............................... 83
拓展实践 ........................... 84

## 第二篇  学生在线考试系统(单机版)

### 第6章  任务6——创建登录界面中的容器与组件 ............... 87
6.1 任务描述 ....................... 87
6.2 技术要点 ....................... 88
 6.2.1 AWT 和 Swing ........... 88
 6.2.2 容器 ....................... 89
 6.2.3 组件 ....................... 95
6.3 任务实施 ....................... 98
自测题 .............................. 100
拓展实践 .......................... 101

### 第7章  任务7——设计用户登录界面的布局 ............... 103
7.1 任务描述 ..................... 103
7.2 技术要点 ..................... 103
 7.2.1 流式布局(FlowLayout 类) ........... 104
 7.2.2 边界布局(BorderLayout 类) ........... 105
 7.2.3 网络布局(GridLayout 类) ........... 107
 7.2.4 卡片布局(CardLayout 类) ........... 108
 7.2.5 空布局(null 布局) ........... 110
7.3 任务实施 ..................... 111
自测题 .............................. 113
拓展实践 .......................... 113

### 第8章  任务8——处理登录界面中的事件 ............... 115
8.1 任务描述 ..................... 115
8.2 技术要点 ..................... 116
 8.2.1 动作事件(ActionEvent 类) ........... 118
 8.2.2 键盘事件(KeyEvent 类) ........... 121
 8.2.3 焦点事件(FocusEvent 类) ........... 122
 8.2.4 鼠标事件(MouseEvent 类) ........... 124
 8.2.5 窗口事件(WindowEvent 类) ........... 125
8.3 任务实施 ..................... 127
自测题 .............................. 128
拓展实践 .......................... 129

### 第9章  任务9——设计用户注册界面 ............... 132
9.1 任务描述 ..................... 132
9.2 技术要点 ..................... 133
 9.2.1 选择性组件 ........... 133
 9.2.2 选择事件 ........... 135
 9.2.3 复杂布局管理器 ........... 141
9.3 任务实施 ..................... 146
自测题 .............................. 152
拓展实践 .......................... 152

### 第10章  任务10——读写考试系统中的文件 ............... 156
10.1 任务描述 ................... 156
10.2 技术要点 ................... 156
 10.2.1 输入/输出流 ........... 157
 10.2.2 过滤流 ........... 162
 10.2.3 文件(File 类) ........... 165
 10.2.4 文件的随机访问(RandomAccessFile 类) ........... 167
 10.2.5 标准输入/输出流 ........... 168
 10.2.6 对象序列化 ........... 170
10.3 任务实施 ................... 171
自测题 .............................. 173
拓展实践 .......................... 174

### 第11章  任务11——设计考试系统中的倒计时 ............... 177
11.1 任务描述 ................... 177
11.2 技术要点 ................... 178
 11.2.1 线程的创建 ........... 178
 11.2.2 线程的管理 ........... 182
11.3 任务实施 ................... 188
自测题 .............................. 191
拓展实践 .......................... 193

# 第 12 章 任务 12——设计考试功能模块 ..................... 195
## 12.1 任务描述 ..................... 195
## 12.2 技术要点 ..................... 196
### 12.2.1 菜单 ..................... 196
### 12.2.2 菜单的事件处理 ..................... 200
### 12.2.3 工具栏(JToolBar 类) ..................... 202
### 12.2.4 滚动面板(JScrollPane 类) ..................... 204
## 12.3 任务实施 ..................... 205
自测题 ..................... 215
拓展实践 ..................... 216

# 第三篇 学生在线考试系统(C/S 版)

# 第 13 章 任务 13——设计学生在线考试系统(C/S 版) ..................... 217
## 13.1 任务描述 ..................... 217
## 13.2 技术要点 ..................... 218
### 13.2.1 网络编程技术基础 ..................... 218
### 13.2.2 Java 常用网络类 ..................... 221
### 13.2.3 TCP 网络编程 ..................... 223
### 13.2.4 UDP 网络编程 ..................... 229
## 13.3 任务实施 ..................... 233
自测题 ..................... 239
拓展实践 ..................... 239

# 第 14 章 任务 14——利用数据库存储信息 ..................... 241
## 14.1 任务描述 ..................... 241
## 14.2 技术要点 ..................... 242
### 14.2.1 JDBC 概述 ..................... 242
### 14.2.2 JDBC 应用 ..................... 243
## 14.3 任务实施 ..................... 252
自测题 ..................... 257
拓展实践 ..................... 257

# 第四篇 学生在线考试系统(B/S 版)

# 第 15 章 任务 15——设计学生在线考试系统(B/S 版) ..................... 259
## 15.1 任务描述 ..................... 259
## 15.2 技术要点 ..................... 260
### 15.2.1 Applet 的生命周期 ..................... 261
### 15.2.2 Appplet 小程序的应用 ..................... 262
### 15.2.3 Application 和 Applet ..................... 264
### 15.2.4 Applet 的安全机制 ..................... 266
## 15.3 任务实施 ..................... 267
自测题 ..................... 269
拓展实践 ..................... 269

附录 A Java 程序编码规范 ..................... 270
附录 B Java 语言的类库 ..................... 276
附录 C Java 打包指南 ..................... 282
参考文献 ..................... 284

# 第一篇

# 项目开发前期准备

# 第1章
# 任务 1——安装配置开发环境及需求分析

 **学习目标**

本章主要介绍安装、配置 Java 项目的开发环境以及对学生在线考试系统进行需求分析的方法。

本章学习目标为
- ❖ 了解 Java 语言的发展历史。
- ❖ 理解 Java 语言的主要特点与实现机制。
- ❖ 熟悉 JDK 的下载、安装和环境配置。
- ❖ 掌握编辑、编译、运行 Java 程序的步骤。
- ❖ 了解项目开发需求分析的内容。

## 1.1 任 务 描 述

本章主要任务是安装和配置开发环境及进行项目需求分析与总体设计,我们将其分解为四个子任务,分别是安装及配置 Java 开发环境,命令行方式下调试程序,利用 JCreator 调试程序编辑、编译、运行简单的 Java 应用程序以及进行项目的需求分析。

## 1.2 技术概览

### 1.2.1 Java 语言的产生与发展

Java 是由 Sun 公司开发的新一代编程语言，使用它可在不同机器、不同操作平台的网络环境中开发软件。Java 从诞生到现在已经有十几年的时间了，在这十几年里，Java 这个名词不再只是表示一种程序语言，而是表示一种开发软件的平台，更进一步地成为了开发软件的标准与架构的统称。同时，Java 正在逐步成为 Internet 应用的主要开发语言。它彻底改变了应用软件的开发模式，带来了自 PC 机以来的又一次技术革命，为迅速发展的信息世界增添了新的活力。

Java 语言的前身是 Oak 语言。1991 年 4 月，Sun 公司的 James Gosling 领导的绿色计划(Green Project)开始着力发展一种分布式系统结构，使其能够在各种电子产品上运行。为了使所开发的程序能在不同的电子产品上运行，开发人员在 C++基础上开发了 Oak 语言。Oak 语言是一种可移植的、跨平台的语言，利用它可以创建嵌入于各种家电设备的软件。

1994 年，在 Oak 的基础上创建了 HotJava 的第一个版本，当时称为 WebRunner，是 Web 上使用的一种图形浏览器，经过一段时间后才改名为 Java。1995 年 5 月，Sun 公司对外正式发布了 JDK 1.0，随后立即得到了许多 WWW 厂商的大力支持，纷纷在浏览器上加入 Applet 小程序(用 Java 语言编写的小应用程序)，并通过 Internet 在世界各地进行传播。

1998 年 12 月 4 日，Sun 发布了 Java 历史上最重要的一个 JDK 版本——JDK 1.2(从这个版本开始的 Java 技术都称为 Java 2)。这个版本标志着 Java 已经进入 Java 2 时代。这个时期也是 Java 飞速发展的时期。

1999 年，Sun 公司把 Java 2 技术分为 J2SE、J2EE 和 J2ME。其中，J2SE 为创建和运行 Java 程序提供了最基本的环境。J2EE 和 J2ME 建立在 J2SE 的基础之上，J2EE 为分布式的企业应用提供开发和运行环境；J2ME 为嵌入式应用提供开发和运行环境。

在 2000～2004 年间，Sun 公司在 JDK 1.3、JDK 1.4 中同样进行了大量的改进，于 2004 年 10 月发布了我们期待已久的版本——JDK 1.5，同时，Sun 公司将 JDK 1.5 改名为 J2SE 5.0。与 JDK 1.4 不同，J2SE 5.0 的主题是易用，而 JDK 1.4 的主题是性能。Sun 公司之所以将版本号 1.5 改为 5.0，这是因为 J2SE 5.0 较以前的 J2SE 版本有着很大的改进。

2007 年推出的 J2SE 6.0 不仅在性能、易用性方面得到了前所未有的提高，而且还提供了如脚本、全新 API(Swing 和 AWT 等 API 已经被更新)的支持。另外，J2SE 6.0 是专为 Vista 而设计的，它在 Vista 上将会拥有更好的性能。目前，J2SE 7.0 项目也已经启动。随着 Internet 在全世界范围内的广泛流行，以及在各个领域的渗透，Java 语言已被各行各业的人士所接受。

### 1.2.2 Java 语言的特点

Java 作为一种面向对象语言，具有自己鲜明的特点，包括简单性、面向对象性、可移植性、安全性、多线程、健壮性、分布式、体系结构中立、解释器通用性、高效能、动态性等特点，因此日益成为图形用户界面设计、Web 应用、分布式网络应用等软件开发中方便高效的工具。

### 1. 简单性

由于 Java 最初是为了对家用电器进行集成控制而设计的一种语言，因此它必须简单明了。Java 是在 C、C++的基础上开发的，继承了 C 和 C++的许多特性，同时摒弃了 C++中繁琐的、难以理解的、不安全的内容，如运算符重载、多重继承、指针，并且通过实现自动垃圾收集大大简化了程序设计者的内存管理工作，减少了错误的发生。

### 2. 面向对象性

Java 语言是完全面向对象的，并且对软件工程技术有很强的支持。Java 语言的设计集中于对象及其接口，它提供了简单的类机制以及动态的接口模型。对象中封装了它的状态变量以及相应的方法，实现了模块化和信息隐藏；类提供了一类对象的原型，并且通过继承机制，子类可以使用父类所提供的方法，实现了代码的复用。

### 3. 解释器通用性

Java 程序的运行需要解释器(也称 Java 虚拟机，JVM)。Java 程序在 Java 平台上被编译为字节码( .class 的文件)，字节码是独立于计算机的。Java 解释器将字节码翻译成目标机器上的机器语言，能在任何具有 Java 解释器的机器上运行。

### 4. 可移植性和平台无关性

可移植性是指 Java 程序不必重新编译就能在任何平台上运行。平台无关性也称为体系结构中立，Java 程序在 Java 平台上被编译为体系结构中立的字节码，利用 Java 虚拟机可以在任何平台上运行该程序。这种途径适合于异构的网络环境和软件的分发。

Java 语言是一种与平台无关的、移植性好的编程语言。主要体现在两个方面，首先在源程序级就保证了其基本数据类型与平台无关；其次，Java 源程序经编译后产生的二进制代码是一种与系统结构无关的指令集合，通过 Java 虚拟机，可以在不同的平台上运行。因此 Java 语言编写的程序，只要做较少的修改，甚至有时根本不需修改就可以在 Windows、MacOS、UNIX 等平台上运行，充分体现了"一次编译，到处运行"的特性。

### 5. 安全性

Java 作为网络编程语言，常被用于网络环境中，为此，Java 提供一系列的安全机制以确保系统的安全。Java 之所以具有高质量的安全性，主要是因为删除了 C++中的指针和释放内存等功能，避免了非法内存操作；提供了字节码检验器，以保证程序代码在编译和运行过程中接受层层安全检查，这样可以防止非法程序或病毒的入侵；提供了文件访问控制机制，严格控制程序代码的访问权限；提供了多种网络软件协议的用户接口，用户可以在网络传输中使用多种加密技术来保证网络传输的安全性和完整性。

### 6. 多线程

Java 成为第一个在语言本身中显式地包含多线程的主流编程语言，不再把线程看做是底层操作系统的工具。Java 实现了多线程技术，提供了简便的实现多线程的方法，并拥有一组复杂性较高的同步机制。在 Java 程序设计中，可以方便地创建多个线程，使得在一个程序中可以同时执行多个小任务，这样很容易实现网络上的实时交互功能。多线程大大促进了程序的动态交互性能和实时控制性能。

#### 7．健壮性

Java 致力于检查程序在编译和运行时的错误，强类型机制帮助检查出许多开发早期出现的错误。通过 Java 提供的异常处理机制来解决出现的异常，而不必像传统编程语言需要一系列指令来处理"除数为零"、"Null 指针操作"、"文件未找到"等异常，有效地防止系统崩溃。Java 提供垃圾收集器，可以自动收集闲置对象占用的内存，防止程序员在管理内存时出现错误。

#### 8．分布式

Java 语言支持 Internet 应用的开发，在基本的 Java 应用编程接口中有一个网络应用编程接口(java.net)，它提供了用于网络应用编程的类库，包括 URL、URLConnection、Socket、ServerSocket 等适合分布式环境应用的类。

#### 9．高性能

与其他解释型的高级脚本语言相比，Java 已具有专门的代码生成器，可以很容易地使用 JIT(Just-In-Time)编译技术将字节码直接转换成高性能的本机代码。

#### 10．动态性

Java 语言的设计目标之一是适应于动态变化的环境。Java 程序需要的类能动态地被载入到运行环境，也可以通过网络来载入所需要的类。另外，程序库可以自由为 Java 中的类增加新方法和新属性，而不影响该类的其他用户。

### 1.2.3　Java 语言的工作机制

对于大多数高级语言程序的运行，我们只需将程序编译或者解释为运行平台能理解的机器代码，即可被执行。然而这种机器代码对计算机处理器和操作系统都有一定的依赖性。例如，操作系统 Windows XP 能识别的机器语言不能被 Linux 所识别，因此为 Windows 操作系统所编写并编译或解释好的程序，无法直接在 Linux 操作系统上运行。

为了解决在不同平台间运行程序的问题，Java 程序被执行需要经过两个过程，如图 1-1 所示。首先将 Java 源程序进行编译，并不直接将其编译为与平台相对应的原始机器语言，而是编译为与系统无关的"字节码"。其次，为了要运行 Java 程序，运行的平台上必须安装有 Java 虚拟机 JVM，将编译生成的字节码在虚拟机上解释执行，生成相应的机器语言。因此，对于不同的平台对应不同的虚拟机，通过 Java 虚拟机屏蔽了底层运行的差别，从而体现了 Java 的跨平台性。

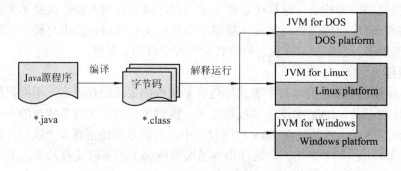

图 1-1　Java 工作机制

## 1.3 任务【1-1】 安装及配置 Java 开发环境

Java 语言有两种开发环境：一种是命令行方式下的 JDK(Java 开发工具集 Java Developers Kits)；另一种是集成开发环境，如 NetBeans、JBuilder、EClipse、JCreator 等。不同的开发环境在使用的方便性上有所差异，但是无论在哪种开发环境下运行 Java 程序，都必须首先安装 JDK，然后再经过编译、调试、运行程序的过程。

### 1.3.1 下载和安装 JDK

在 Sun 公司的网站 www.sun.com 可以下载最新版本的 JDK。目前最新版本是 JDK 6 Update 7(也许当你阅读本书时 JDK 已有更高版本)。

下载的网址是：http://java.sun.com/javase/downloads/index.jsp。在安装界面提供了不同平台下的 JDK 安装文件，选择一个适合当前使用平台的版本并下载安装，如图 1-2 所示。

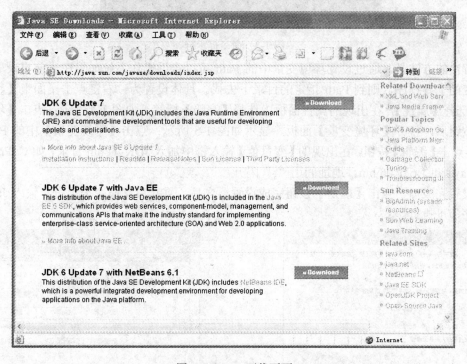

图 1-2 JDK 下载页面

双击要下载的安装执行文件，根据向导的提示可以迅速方便地将 JDK 安装在默认目录。成功安装后该目录下将生成如下子目录：

- bin 目录。bin 目录下提供的是 JDK 的工具程序，包括 javac、java、javadoc、appletviewer 等程序。
- demo 目录。demo 目录下提供了 Java 编写好的示例程序。
- jre 目录。jre 目录下的文件是 JDK 自己附带的 JRE 资源包。
- lib 目录。lib 目录下提供了 Java 工具所需的资源文件。

- src.zip。src.zip 资源包提供了 API 类的源代码压缩文件。如要了解 API 的某些功能的实现方法,可以查看这个文件中的源代码内容。

### 1.3.2 环境变量的配置

#### 1. Path 的设置

JDK 的工具程序位于 bin 目录下,如果当前目录不是工具程序所在的目录,则当前操作系统并不知道如何找到这些工具程序,因此当输入 javac 执行编译程序时,系统将提示找不到 javac 工具程序,如图 1-3 所示。

图 1-3 命令提示符

解决的方法是,通过设置环境变量中的 Path 可以告诉操作系统如果在当前目录下找不到相应的工具程序,则到 Path 指定的目录下去找。具体设置为:右键点击桌面上【我的电脑】,选择【属性】,在出现的属性面板中选择【高级】标签,如图 1-4 所示;点击【环境变量】按钮后,打开【环境变量】面板,显示如图 1-5 所示;点击【系统变量】中的 Path 变量,再点击【编辑】按钮,在出现的【变量值】输入框中加入 JDK 的 bin 目录,如 C:\Program Files\Java\jdk1.6.0_06\bin,地址间用";"隔开。

设置完成后,点击【确定】按钮完成设置。之后,重新启动命令提示符,输入 Java 工具程序即可执行。

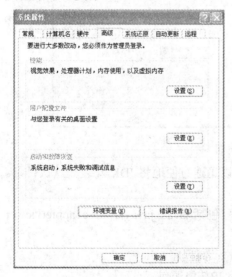

图 1-4 系统属性对话框

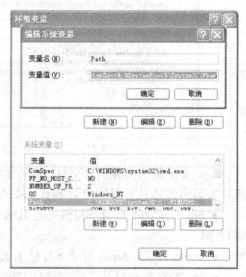

图 1-5 环境变量对话框

## 2. Classpath 的设置

Java 程序编译后生成字节码文件(.class)。执行 Java 程序时，JDK 默认会到当前工作目录，以及 JDK 的 lib 目录中寻找相关 .class 文件。如果设置 Path 变量是为了让系统找到指定的工具程序(在 Windows 系统中就是找到 .exe 文件)，则设置 Classpath 的目的就是在运行过程中，告诉 Java 虚拟机在什么目录中可以找到指定的 .class 文件。Classpath 的设置方法与设置 Path 的方法类似。在图 1-5 中首先看系统变量中是否有 Classpath 变量，如果不存在则点击【新建】按钮；如果已经存在，则选中 Classpath 变量后点击【编辑】按钮，在变量值中添加指定的目录，例如:.; c:\Program Files\Java\jdk1.6.0\lib; c:\Program Files\Java\jre1.6.0\lib\tools.jar。与 Path 设置一样，目录之间必须以 ";" 分隔，其中 "." 表示当前目录。添加完毕后，按【确定】按钮即可。

使用上述方法设置 Path、Classpath 变量，系统会保存此设置，并对以后运行的任何程序都有效。

## 1.4 任务【1-2】 在命令行方式下调试程序

### 1.4.1 JDK 工具程序

Java 开发工具(JDK)是许多 Java 专家最初使用的开发环境。尽管许多编程人员已经使用第三方的开发工具，但 JDK 仍被当作 Java 开发的重要工具。JDK 由一个标准类库和一组建立测试及建立文档的 Java 实用程序组成。

作为 JDK 实用程序，工具库中有七种主要程序。

- Javac：Java 编译器，用于将 Java 源代码转换成字节码。
- Java：Java 解释器，用于解释和运行已编译好的 Java 应用程序。
- appletviewer：小程序浏览器，是一种执行 HTML 文件上的 Java 小程序的 Java 浏览器。
- Javadoc：根据 Java 源码及说明语句生成 HTML 文档。
- Jdb：Java 调试器，可以逐行执行程序，设置断点和检查变量。
- Javah：产生可以调用 Java 过程的 C 过程，或建立能被 Java 程序调用的 C 过程的头文件。
- Javap：Java 反汇编器，显示编译类文件中的可访问功能和数据，同时显示字节代码的含义。

根据 Java 程序运行的环境不同，Java 程序分为 Java 应用程序(Java Application)和 Java 小程序(Java Applet)两种。Java 应用程序是可以在计算机操作系统中独立运行的程序，而 Java 小程序则必须将编译生成的字节码文件嵌入在 HTML 文档中，通过 Web 浏览器才能得以运行。

### 1.4.2 Java 应用程序

用 Java 语言开发应用程序，一般需要经过三个过程。首先必须编写源程序。Java 源程

序文件的扩展名为 .java，是文本文件，可以利用任何文本编辑器来编辑。接下来是利用 javac.exe 命令源程序将源程序编译成字节码文件( .class)。最后使用 java.exe 命令启动 java 虚拟机，运行字节码文件。

**1．编写源程序**

源程序的编写可以利用文本编辑器进行，最简单的是使用 Windows 自带的记事本。

**例 1-1　HelloBeijing.java**

```
1 public class   HelloBeijing
2 {
3    public static void main(String[]    args)
4    {
5      // 输出一字符串
6      System.out.println("2008,    北京欢迎您!");
7    }
8 }
```

通过这个程序，我们可以看到 Java 应用程序中最基本的组成要素以及一些基本规定：

（1）一个 Java 程序由一个或多个类组成，每个类可以有多个变量和方法，但是最多只有一个公共类 public。

（2）对于 Java 应用程序，必须有且仅有一个 main() 方法，该方法是执行应用程序时的入口。其中，关键字 public 表明所有的类都可以调用该方法；关键字 static 表明该方法是一个静态方法；关键字 void 表示 main() 方法无返回值。包含 main() 方法的类称为该应用程序的主类。

（3）在 Java 语言中，字母是严格区分大小写的，这点应特点注意，不要与 C 和 C++ 混淆。

（4）文件名必须与主类的类名保持一致，且两者的大小写要保持一致。

（5）System.out.println 语句用来在屏幕上输出字符串，功能与 C 语言中的 printf() 函数相同。

（7）Java 程序中的每条语句都要以分号(;)结束(包括以后程序中出现的类型说明等)。

（8）为了增加程序的可读性，程序中可以加入一些注释行，例如，用"//"开头的行。

**2．编译源程序**

编译源程序即利用 JDK 中 bin 目录下的可执行文件 javac.exe 进行源程序编译。进入命令提示符方式，输入编译命令：

  c:\MyJava> javac　HelloBeijing.java

其中，**MyJava** 表示当前目录，若编译成功，则没有任何提示信息但是会在当前目录下生成文件名与源程序名相同，而扩展名为 .class 的字节码文件 HelloBeijing.class。

初学者编译上述程序时常见的编译错误可以归纳如下：

（1）"javac 不是内部或外部命令、可执行的程序或批量文件"：表示 Path 设置有误或没有在 Path 中加入 JDK 的 bin 目录。

(2) "cannot read: HelloBeijing.java": 表示 javac 运行时找不到指定的 Java 源文件，请检查文件名的拼写，看大小写是否正确，再看该文件是否在当前目录中。

(3) "class HelloBeijing is public,should be declared in a file named HelloBeijing.java": 表示主类名称与文件名不一致，应确定主文件名与主类名称是相同的，包括大小写一致。

### 3．运行程序

Java 程序编译为字节码文件后，就可以在 Java 虚拟机上执行了。

利用 JDK 中 bin 目录下的可执行文件 java.exe 执行 HelloBeijing.class。进入命令提示符方式，输入运行命令：

  c:\MyJava> java  HelloBeijing

**注意**：此处的文件名不要加扩展名。

程序运行结果为：

  2008  北京欢迎您！

初学者编译运行上述程序时常见的错误可以归纳如下：

(1) "Exception in thread "main"java.lang.NoClassDefFoundError: HelloWorld": 首先可能是 classpath 设置有误，可重新按照前面的步骤进行设置。如果路径设置正确，则应确认类名是否正确，应注意 Java 中是区分大小写的。

(2) "Exception in thread "main"java.lan.NosuchMethodError:main": 表示 main 方法出错，可能没有定义或者没有严格按照 public static void main(String[] args)或 public static void main(String args[])书写。

## 1.5　任务【1-3】　利用 JCreator 调试程序

命令行方式在实际的项目开发中有着诸多不便，目前常用的 Java 集成开发环境有 JCreator、Eclipse、JBuild 以及 Sun 公司的 Netbeans 等。本书以 JCreator 为开发工具，介绍其在 Java IDE 中的使用。

JCreator 是一个用于 Java 程序设计的集成开发环境，具有编辑、调试、运行 Java 程序的功能。官方网址是：www.jcreator.com。该软件分为 LE 和 Pro 版本。LE 版本功能上受到一些限制，是免费版本。Pro 版本功能最全，但这个版本是一个共享软件。这个软件比较小巧，对硬件要求不是很高，是完全用 C++ 写的，速度快、效率高；具有语法着色、代码自动完成、代码参数提示、工程向导、类向导等功能。第一次启动时提示设置 Java JDK 主目录及 JDK JavaDoc 目录，软件自动设置类路径、编译器及解释器路径，还可以在帮助菜单中使用 JDK Help。JCreator 的设计接近 Windows 界面风格，用户对它的界面比较熟悉。其最大特点是与我们机器中所装的 JDK 完美结合，是其他任何一款 IDE 所不能比拟的。它是一种初学者很容易上手的 Java 开发工具，缺点是只能进行简单的程序开发，不能进行企业 J2EE 的开发应用。

### 1．下载 JCreator

JCreator 当前的最新版本是 JCreator 4.50，下载页面如图 1-6 所示。

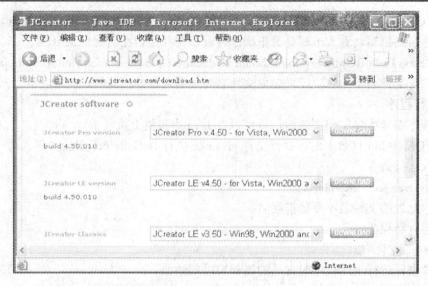

图 1-6  JCreator 下载页面

**2. JCreator 的安装与配置**

点击下载的 Jcpro450_setup.exe 文件即可安装 JCreator 集成开发环境。第一次运行 JCreator，系统自动搜索到当前机器安装的 JDK，并提示要求与之建立关联，如图 1-7 所示。

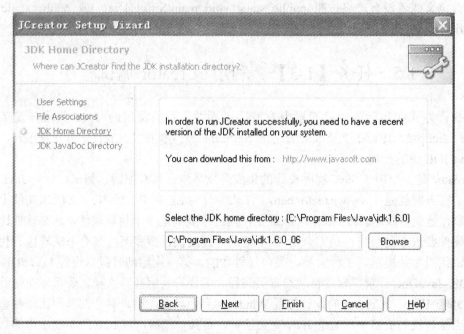

图 1-7  JCreator 中 JDK 的配置

**3. JCreator 的编辑、编译和运行**

在 JCreator 的编辑窗口中，我们可以输入源程序，通过菜单或工具栏的编译运行程序，如图 1-8 所示。

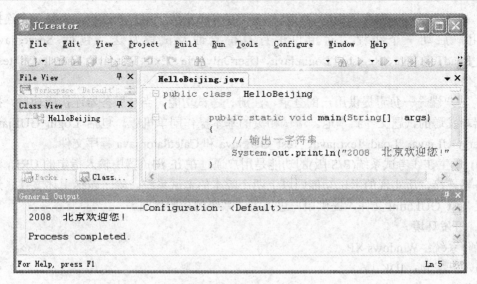

图 1-8 JCreator 主界面

## 1.6 任务【1-4】 项目需求分析与设计

**1. 开发背景**

随着计算机技术和网络技术的迅猛发展,计算机已经应用到各个领域。利用计算机进行各类考试也越来越普遍。传统的考试从出卷、制卷、评卷到登分,工作量极大,而且人工出卷和评卷容易受到教师主观因素的影响。而利用计算机进行自动出卷、评卷,大大减轻了教师的工作量。Java 语言作为一种当今流行的编程语言,具有面向对象、平台独立、多线程等特点,非常适合于开发桌面应用程序以及网络环境的应用程序。特别是 Java 提供的 Socket 技术,使网络应用程序开发时不必考虑网络底层的代码设计,大大简化了原有的网络操作过程。

**2. 需求分析**

- 系统操作简单、界面友好。
- 对于考生进行必要的身份验证,提供注册功能。
- 考试系统支持倒计时功能。
- 考试系统能够根据考生的题目完成情况进行评分。
- C/S 版本的考试支持多个考生在客户端同时连接服务器进行考试。
- B/S 版本的考试系统,考生可以不受地域限制,通过浏览器访问相关页面,连接服务器后进行考试。

**3. 系统设计**

(1) 学生在线考试系统(单机版)的功能是实现用户注册、登录、考试的功能。由五个 Java 源程序组成,包括 Login_GUI.java、Register_GUI.java、Register_Login.java、Test_GUI.java 和 Calculator.java 程序文件。

(2) 学生在线考试系统(C/S 版)的功能体现在两方面:

■ 服务器端——保存了用户信息及试题信息。负责监听用户的连接，为每一个连接成功的用户启动一个线程，对用户进行身份验证及试题发送。包括 Server.java、Server_ReadText.java、Register_Login.java、UserOnly.java、Exit_Test.java、users.txt 和 test.txt 程序文件。

■ 客户端——负责提供用户的登录、注册、考试功能。当与服务器连接成功后，接收服务器端发送的试题文件到本地。考试相关的基本操作同单机版。包括 Login_GUI.java、Register_GUI.java、Load_Text.java、Test_GUI.java 和 Calculator.java 程序文件。

(3) 学生在线考试系统(B/S 版)的功能是用户通过在 IE 浏览器中输入指定的 URL，即可与服务器连接，所实现的考试功能同以上两个版本的考试系统。除了包括上述文件，还需要定义 Test_GUI.html 文件，提供用户进入考试系统的初始界面。

### 4．开发环境

操作系统：Windows XP。

Java 开发包：JDK 1.6。

数据库：Access 2003。

分辨率：最佳效果为 1024×768。

## 自 测 题

### 一、选择题

1．Java 语言最初是面向哪个应用领域设计的？（  ）
A．Internet　　　B．制造业　　　C．消费电子产品　　　D．CAD

2．JDK 安装后，在安装路径下有若干子目录，其中包含 Java 开发包中开发工具的是（  ）目录。
A．\bin　　　B．\demo　　　C．\include　　　D．\jre

3．main 方法是 Java Application 程序执行的入口点，关于 main 方法的方法头，以下哪项是合法的？（  ）
A．public static void main()
B．public static void main(String[] args)
C．public static int main(String[] arg)
D．public void main(String arg[])

4．编译 Java Application 源程序文件将产生相应的字节码文件，这些字节码文件的扩展名为（  ）。
A．.java　　　B．.class　　　C．.html　　　D．.exe

5．Java Application 源程序的主类是指包含有（  ）方法的类。
A．main 方法　　　B．toString 方法
C．init 方法　　　D．actionPerfromed 方法

6．Java 源文件和编译后的文件扩展名分别为（  ）。
A．.class 和 .java　　　B．.java 和 .class

C．.class 和 . class  　　　D．.java 和 .java
7．Java 语言不是( )。
   A．高级语言  　　　　　　B．编译型语言
   C．结构化设计语言  　　　D．面向对象设计语言
8．若 Hello.html 文件中嵌入一个 Applet 类 Hello，运行或查看这个 Applet 的命令是( )。
   A．appletviewer Hello.html  　　B．点击 Hello.class
   C．appletviewer Hello.class  　　D．点击 Hello.java
9．对于可以独立运行的 Java 应用程序，下列( )的说法是正确的。
   A．无须 main 方法  　　　　　　B．必须有两个 main 方法
   C．可以有多个或零个 main 方法  D．必须有一个 main 方法
10．下列哪个不是面向对象程序设计方法的特点？( )
   A．抽象  　　B．继承  　　C．多态  　　D．结构化

二、填空题

1．开发与运行 Java 程序需要经过的三个主要步骤为＿＿＿＿＿＿＿＿、＿＿＿＿＿＿＿＿和＿＿＿＿＿＿＿＿。

2．如果一个 Java Applet 程序文件中定义有三个类，则使用 Sun 公司的 JDK 编译器编译该源程序文件将产生＿＿＿＿＿个文件名与类名相同而扩展名为＿＿＿＿＿的字节码文件。

3．Java 源程序的编译命令是＿＿＿＿＿＿，运行程序的命令是＿＿＿＿＿＿。

4．Java 应用程序中有一个 main()方法，它前面有三个修饰符，分别是＿＿＿＿＿、＿＿＿＿＿和＿＿＿＿＿。

5．根据程序的构成和运行环境的不同，Java 源程序分为两大类：＿＿＿＿＿＿＿＿程序和＿＿＿＿＿＿＿＿程序。

6．缩写的 JDK 代表＿＿＿＿＿＿＿＿，JRE 代表＿＿＿＿＿＿＿＿。

7．Java 源程序是由类定义组成的，每个程序中可以定义若干个类，但是只有一个类是主类。在 Java Application 中，这个主类是指包含＿＿＿＿＿＿＿＿方法的类；在 Java Applet 里，这个主类是一个系统类＿＿＿＿＿＿＿＿的子类。

8．Java 程序可以分为 Application 和 Applet 两大类，能在 WWW 浏览器上运行的是＿＿＿＿＿＿＿＿。

9．在 Java 语言中，将后缀名为＿＿＿＿＿的源代码编译后形成后缀名为＿＿＿＿＿的字节码文件。

10．Java 解释器又称＿＿＿＿＿＿＿＿，缩写是＿＿＿＿＿＿。

# 拓 展 实 践

【实践 1-1】下载安装最新版 JDK，并设置环境变量。

【实践 1-2】下载安装 JCreator Pro 最新版本，并正确安装和配置。

【实践 1-3】分别在命令行方式和 IDE 环境下调试运行一个简单的 Java 应用程序。

# 第 2 章
# 任务 2——处理考试系统中的成绩

 **学习目标**

本章通过完成对考试成绩进行的相关处理任务，主要介绍 Java 编程基础。
本章学习目标为
- ❖ 掌握关键字、标识符的概念。
- ❖ 掌握基本数据类型及其表示方法和类型转换。
- ❖ 掌握常量、变量、运算符和表达式的概念及运算规则。
- ❖ 理解并掌握三种基本的流程控制语句及实现方法。
- ❖ 掌握数组的声明、创建、初始化和引用。

## 2.1 任务描述

本章主要任务是对考试成绩进行相关数据处理，我们将其分解为两个子任务，分别是成绩的评价和成绩的排序。

## 2.2 任务【2-1】 成绩的评价

成绩的评价是对于给定的成绩，按照一定规则评价分数的等级。规则：90 分(含)以上为"优秀"；80 分(含)以上为"良好"；70 分(含)以上为"中等"；60 分(含)以上为"及格"；低于 60 分为"不及格"。

### 2.2.1 技术要点

完成成绩评价这个任务所要掌握的技术要点包括 Java 最基本语言要素的应用以及流程控制语句的使用。其中，流程控制语句是用来控制程序执行的顺序的，它使得程序不仅仅只按照语句的先后次序执行。Java 语言中的结构化程序设计方法使用顺序结构、分支结构和循环结构来定义程序的流程。顺序结构是三种结构中最简单的一种，其语句的执行顺序是按照语句的先后次序进行的。成绩的评价主要使用的是分支结构。

**1. 标识符、变量和常量**

1) 标识符

标识符是为了区别程序中各种变量、方法、类而起的名字，由字符串序列构成。标识符要能被编译器所识别，其命名必须遵守一定的规则。Java 语言标识符的命名规则是：

(1) 由字母、下划线(_)或美元符号($)开头,并且由字母、0~9 的数字、下划线或美元符号组成,不能以数字开头。

(2) 区分大小写字母,长度没有限制。标识符不宜过短,过短的标识符会导致程序的可读性变差;但也不宜过长,否则将增加录入工作量和出错的可能性。

(3) 不能将关键字用做普通的标识符使用。例如,stu_id,$name,_btn2 为合法的标识符;stu-id,name *,2btn,class 为不合法的标识符。

2) 关键字

关键字又称保留字,是 Java 语言保留用做专门用途的字符串。在大多数的编辑软件中,关键字会以不同的方式醒目显示。Java 语言常用关键字如表 2-1 所示。

表 2-1　Java 语言常用关键字

| 基本数据类型 | boolean,byte, int,char,long,float,double |
|---|---|
| 访问控制符 | private, public, protected |
| 与类相关的关键字 | abstract, class, interface, extends,implements |
| 与对象相关的关键字 | new, instanceof, this, super, null |
| 与方法相关的关键字 | void, return |
| 控制语句 | if, else, switch, case, default, for, do, while, break, continue |
| 逻辑值 | true, false |
| 异常处理 | try, catch, finally, throw, throws |
| 其他 | package, import, synchronized, native, final, static |
| 停用的关键字 | goto, const |

需要说明的是,go 和 const 是 C 语言中的关键字,虽然在 Java 中不被使用,但是仍然属于 Java 关键字。

3) 变量和常量

变量是指在程序运行过程中可以改变的量;常量是指一经建立,在程序运行的整个过程中其值保持不变的量。

变量声明的基本格式如下:

[访问控制符]　数据类型　变量名 1 [[=变量初值], 变量名 2[=变量初值],...]

例如:

　　int　a=10;

常量在程序中可以是具体的值,例如,123,12.3,'c'。也可以用符号表示使用的常量,称为符号常量。符号常量声明的基本格式如下:

　　final　数据类型　常量名=常量值

例如:

　　final　double　PI = 3.14159;

通常,符号常量名用大写字母表示。

2. 数据类型

Java 语言中的数据类型可以分为基本数据类型和复合数据类型,如图 2-1 所示。基本数据类型又称为简单数据类型或原始数据类型,是不可再分割的、可以直接使用的类型;复合数据类型又称为引用数据类型,是指由若干相关的基本数据组合在一起形成的复杂的数据类型。在 Java 中,各种数据类型占用固定的不同长度的字节数,与程序所在的软、硬件平台无关,这一点也确保了 Java 的平台无关性。

本节重点介绍的是基本数据类型,复合数据类型将在后续章节中介绍。

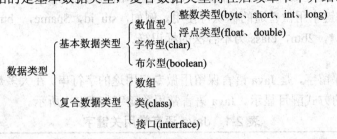

图 2-1　Java 的数据类型

1) 整型

(1) 整型变量。Java 定义了四种整数类型:字节型(byte)、短整型(short)、整型(int)、长整型(long)。整数类型的取值范围和占用的字节数如表 2-2 所示。

表 2-2　整数类型的取值范围及占用的字节数

| 类　型 | 占用字节数 | 取　值　范　围 |
| --- | --- | --- |
| 字节型(byte) | 1 | $-128 \sim 127$ |
| 短整型(short) | 2 | $-32\,768 \sim 32\,767$ |
| 整型(int) | 4 | $-2^{31} \sim 2^{31}-1$ |
| 长整型(long) | 8 | $-2^{63} \sim 2^{63}-1$ |

(2) 整型常量。Java 的整型常量有三种形式:十进制、八进制和十六进制。

十进制:以非 0 的数字开头,由 0~9 和正、负号组成。例如,12,-34。

八进制:以数字 0 开头,由 0~7 和正、负号组成。例如,0567。

十六进制:以 0X 或 0x 开头,由数字 0~9、字母 A~F 及正、负号组成。例如,0x3A。

Java 的整型常量默认是 int 类型,若声明为长整型,则需在末尾加 "l" 或 "L"。如:123l、456L……

2) 实型(浮点类型)

(1) 实型变量。Java 中定义了两种实型:单精度(float)和双精度(double)。实数类型的取值范围和占用的字节数如表 2-3 所示。

表 2-3　实数类型的取值范围和占用的字节数

| 类　型 | 占用字节数 | 取　值　范　围 |
| --- | --- | --- |
| 单精度(float) | 4 | $10^{-38} \sim 10^{38}$ 和 $-10^{38} \sim -10^{-38}$ |
| 双精度(double) | 8 | $10^{-308} \sim 10^{308}$ 和 $-10^{308} \sim -10^{-308}$ |

(2) 实型常量。实型常量有标准记数法和科学记数法两种表示方法。标准记数法由数字和小数点组成,且必须有小数点,例如,0.123,5.0 等。科学记数法是数字中带 e 或 E,其中,e 或 E 之前必须有数字,且 e 或 E 后面的数字(表示以 10 为底的乘幂部分)必须为整数。例如,12.3e3。

Java 的实型常量默认为 double 类型。因此在声明实型常量时，须在数字末尾加上 "f" 或 "F"，否则编译会提示出错。

例如：

  float sum=12.3;    //产生编译错误
  double sum=12.3;   //正确
  float sum=12.3f;   //正确

3) 字符型

(1) 字符型变量。Java 中的字符型变量的类型说明符为 char，采用的是 Unicode 编码。Unicode 定义的国际化的字符集能表示迄今为止人类语言的所有字符集。它是几十个字符集的统一，包括拉丁文、希腊语、阿拉伯语、古代斯拉夫语、希伯来语、日文片假名、匈牙利语等。

我们所熟知的标准字符集 ASCII 码是 7 位的，表示的范围是 0～127，扩展的 8 位表示的范围是 0～255。但是对于上述复杂的文字，255 个字符显然不够用。

Unicode 编码在机器中占 16 位，范围为 0～65 535。因此，Java 中的字符占 2 个字节，16 位，取值范围为 '\u0000'～'\uFFFF' 或 0～65 535。虽然英语、德语、西班牙语等语言完全可以由 8 位表示，但是作为全球语言统一编码的 Unicode 通过牺牲字节空间，为 Java 程序在不同语言平台间实现移植提供和奠定了基础。字符型变量只能存放一个字符，不能存放多个字符。例如，以 "char ch='am';" 来定义和赋值是错误的。

(2) 字符型常量。字符型常量是用单引号括起来的单个字符。例如，'a'、'A'、'z'、'$'、'!' (注意：'a' 和 'A' 是两个不同的字符常量)。

除了以上形式的字符常量外，Java 语言还允许使用一种以 "\" 开头的特殊形式的字符序列，这种字符常量称为转义字符。其含义是表示一些不可显示的或有特殊意义的字符。常见的转义字符如表 2-4 所示。

表 2-4 转 义 字 符 表

| 功 能 | 字符形式 | 功 能 | 字符形式 |
| --- | --- | --- | --- |
| 回车 | \r | 单引号 | \' |
| 换行 | \n | 双引号 | \" |
| 水平制表 | \t | 八进制位模式 | \ddd |
| 退格 | \b | 十六进制模式 | \Udddd |
| 换页 | \f | 反斜线 | \\ |

4) 布尔型

(1) 布尔型变量。布尔型变量的类型说明符为 boolean，用来表示逻辑值，占用 1 个字节。

(2) 布尔型常量。布尔常量只有两个值："true" 和 "false"，表示 "真" 和 "假"，均为关键字。标准 C 语言没有定义布尔型的数据类型，它使用 0 表示 "假"，非 0 表示真。Java 语言中，布尔型数据是独立的数据类型，不支持用非 0 和 0 表示 "真" 和 "假" 两种状态。

5) 基本数据类型的使用

下面通过例 2-1 说明数据基本类型的使用。

**例 2-1　Example1.java**

```java
public class Example1 {
    public static void main(String[] args){
        int n=50;
        float f1=1.25f;
        double d1=3.14e2;
        char ch1=97;
        char ch2='a';
        System.out.println("n= "+n);
        System.out.println("f1= "+f1);
        System.out.println("d1= "+d1);
        System.out.println("ch1= "+ch1);
        System.out.println("ch2= "+ch2);
    }
}
```

程序运行结果为

　　n= 50
　　f1= 1.25
　　d1= 314.0
　　ch1= a
　　cha2= a

**3．类型转换**

Java 是一种强类型语言，当把一个表达式赋值给一个变量时，或在一个方法中传递参数以及进行整型、实型、字符型数据的混合运算时，都要求数据类型相互匹配。因此在实际操作中，需要将不同类型的数据按照一定规则先转换为同一类型。类型转换可分为自动类型转换和强制类型转换两种。

1) 自动类型转换

自动类型转换是指数据在一定条件下自动转换成精度更高的数据类型。各类型从低级到高级的顺序为：byte，short，char→int→long→float→double。

例如：

　　int　x=10;
　　float　y=x;

若输出 y 的值，则结果为 10.0。

2) 强制类型转换

高级数据要转换成低级数据，也即容量大的数据向容量小的数据转换，需要使用强制类型转换。这种使用可能会导致溢出或精度的下降，应慎用。强制类型转换的格式为

　　(type) 变量;

其中，type 为要转换成的变量类型。

例如：

```
long    x=10;
int     y=x;          //产生编译错误
```
应写为：
```
int y=(int)x;
```

**4．运算符和表达式**

Java 中的运算符按其功能可以分为六类：算术操作运算符、位操作运算符、关系操作运算符、逻辑操作运算符、赋值操作运算符和条件操作运算符。表达式是常量、变量、方法调用以及一个或多个运算符按照一定的规则的组合，它用于计算或对变量进行赋值。

1) 算术运算符及表达式

算术运算符主要用于数学表达式中，对数值型数据进行运算。算术表达式就是用算术运算符将变量、常量、方法调用等连接起来的式子，其运算结果为数值常量。算术运算符主要包括：+(加法)、-(减法)、*(乘法)、/(除法)、%(模运算)、++(递增)和--(递减)。

2) 关系运算符及表达式

关系运算用来对两个操作数进行比较运算。关系表达式就是用关系运算符将两个表达式连接起来的式子，其运算结果为布尔逻辑值。运算过程为，如果关系表达式成立，则结果为真(true)，否则为假(false)。Java 语言中的关系运算符如表 2-5 所示。

表 2-5  关系运算符

| 运算符 | 名 称 | 运算符 | 名 称 |
| --- | --- | --- | --- |
| == | 等于 | < | 小于 |
| != | 不等于 | <= | 小于等于 |
| > | 大于 | >= | 大于等于 |

3) 逻辑运算符及表达式

逻辑运算符的操作数是逻辑型数据，关系表达式的运算结果为逻辑型数据，因此逻辑表达式就是用逻辑运算符将关系表达式连接起来的式子，其运算结果为布尔类型。Java 语言的逻辑运算符如表 2-6 所示。逻辑运算的规则如表 2-7 所示。

表 2-6  逻辑运算符

| 运算符 | 名 称 | 运算符 | 名 称 |
| --- | --- | --- | --- |
| & | 与 | && | 短路与 |
| \| | 或 | \|\| | 短路或 |
| ∧ | 异或 | ! | 逻辑非 |

表 2-7  逻辑运算规则

| 表达式 A | 表达式 B | A&B | A\|B | A∧B | !A |
| --- | --- | --- | --- | --- | --- |
| false | false | false | false | false | true |
| false | true | false | true | true | true |
| true | false | false | true | true | false |
| true | true | true | true | false | false |

运算符"&"与"&&"的不同之处是 Java 计算整个表达式时所进行的处理不同。如果使用"&&",当"&&"左边表达式的值为 false 时,由于整个表达式的值肯定为 false,则不必计算右边表达式的值;如果使用"&",则不管何种情况,"&"两边表达式的值都要计算出来。同理,运算符"||"左边表达式的值是 true 时,不必计算右边表达式的值即可得到整个表达式的值,如果使用"|",则在任何情况下都必须计算运算符两边表达式的值。

关系运算符和逻辑运算符经常一起使用,用于流程控制语句的判断条件中。

4) 赋值运算符及表达式

赋值运算符"="的功能就是把右边表达式或操作数的值赋给左边操作数。赋值表达式就是用赋值运算符将变量、常量、表达式连接起来的式子。赋值运算符左边的操作数必须是一个变量,右边的操作数可以是常量、变量或表达式。

在赋值运算符"="前面加上其他运算符,可以组成复合运算符。表 2-8 列出了 Java 语言常用的复合运算符。

表 2-8 赋值复合运算符

| 运算符 | 名 称 | 使用方式 | 说 明 |
| --- | --- | --- | --- |
| += | 加法赋值 | a+=b | 加并赋值,a=a+b |
| -= | 减法赋值 | a-=b | 减并赋值,a=a-b |
| *= | 乘法赋值 | a*=b | 乘并赋值,a=a*b |
| /= | 除法赋值 | a/=b | 除并赋值,a=a/b |
| %= | 模运算赋值 | a%=b | 取模并赋值,a=a%b |

5) 条件运算符及表达式

条件运算符的运算符号只有一个"?",是一个三目运算符,要求有三个操作数。它与 C 语言的使用规则完全相同。一般形式为

&lt;表达式 1&gt; ? &lt;表达式 2&gt; : &lt;表达式 3&gt;

其中,&lt;表达式 1&gt;是一个关系表达式或逻辑表达式。

条件运算符的执行过程:先计算&lt;表达式 1&gt;的值,若&lt;表达式 1&gt;的值为真,则计算&lt;表达式 2&gt;的值,且作为整个条件表达式的结果;若&lt;表达式 1&gt;的值为假,则计算&lt;表达式 3&gt;的值,且作为整个条件表达式的结果。

例如:

int x=6,y=9,z;
int k=x&lt;5 ? x : y;   //x&lt;5 为假,所以 k 的值取 y 的值,结果为 9
int z=x&lt;0 ? x : -x;   //z 为 x 的绝对值

6) 位运算符

整型数据在内存中是以二进制的形式表示的,而位运算符是用来对整型(long、int、char 和 byte)中的数以位(bit)为单位进行运算和操作的。表 2-9 列出了 Java 语言的全部位运算符。

表 2-9 位运算符

| 运算符 | 含义 | 运算符 | 含义 |
|---|---|---|---|
| ~ | 按位非 | &= | 位与并赋值 |
| & | 按位与 | \|= | 位或并赋值 |
| \| | 按位或 | ^= | 位异或并赋值 |
| ^ | 按位异或 | >>= | 右移并赋值 |
| << | 左移 | >>>= | 右移填 0 并赋值 |
| >> | 右移 | <<= | 左移并赋值 |
| >>> | 右移,左边空出的位以 0 填充 | | |

在位运算过程中,如果碰到两个操作数类型不同,即长度不同,例如 A&B,A 是 short 型(16 位),B 是 int 型(32 位),则系统首先将 A 扩展到 32 位,高 16 位用 0 补齐,再按位进行位运算。表 2-10 是一个位运算符的示例。

表 2-10 位运算符示例

| x(十进制) | 二进制表示 | x<<2 | x>>2 | x>>>2 |
|---|---|---|---|---|
| 20 | 00010100 | 01010000 | 00000101 | 00000101 |
| −20 | 11101100 | 10110000 | 11111011 | 11111011 |

7) 运算符的优先级

当表达式存在多个运算符时,运算符的优先级决定了表达式各部分的计算顺序。优先级顺序指多种运算操作在一起时的运算顺序。优先级高的先运算,两个相同优先级的运算符运算操作时,采用左运算符优先规则,即从左到右执行。Java 语言的运算符优先级如表 2-11 所示。

表 2-11 运算符的优先级顺序

| 优先级 | 运算符 |
|---|---|
| 高 | . [] () |
| ↓ | ++ -- ! ~ |
| | * / % |
| | + - |
| | >> >>> << |
| | < > <= >= |
| | == != |
| | & |
| | ^ |
| | \| |
| | && |
| | \|\| |
| | ?: |
| | = += -= *= %= /= %= ^= |
| 低 | \|= &= != <<= >>= >>>= |

### 5. 分支语句

分支结构又称为选择结构，它根据给定条件进行判断、选择，以执行不同的流程分支。Java 语言中提供了两种分支语句，即 if 语句和 switch 语句。

1) if 语句

if 语句是 Java 语言最基本的条件选择语句，是一个"二选一"的控制结构，基本功能是根据判断条件的值，从两个程序块中选择其中一块执行。

(1) if 语句的一般形式：

  if(<条件表达式>)
    <语句组 1>;
  else
    <语句组 2>;]

说明：

① if 后面的条件可以是任意一个返回布尔值的表达式，其值为真或假。

② if 语句的执行过程为：若条件返回值为真，则执行<语句组 1>；否则执行<语句组 2>。

③ 语句组可以是单条语句，也可以是复合语句，复合语句须用花括号{}括起。

④ [ ]所括的 else 子句部分是可选的，else 不能单独使用，必须和 if 配对使用。

图 2-2 所示为 if 语句流程控制图；图 2-3 所示为 if-else 语句流程控制图。

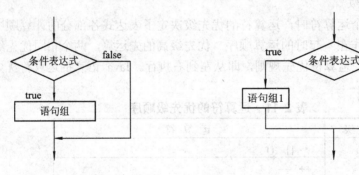

图 2-2  if 语句流程控制      图 2-3  if-else 语句流程控制

**例 2-2  TestIF1.java**

```
1   public class TestIF1 {
2       public static void main(String[] args){
3           int   score = 65;
4           if (i>=60)
5               System.out.println("及格");
6           else
7               System.out.println("不及格");
8       }
9   }
```

(2) if 语句的嵌套形式。在 if 语句中又包含一个或多个 if 语句时，这种形式称为 if 语句的嵌套。形式如下：

```
if(<条件表达式 1>)
    if(<条件表达式 2>) <语句组 1>;
        else    <语句组 2>;
else
    if(<条件表达式 3>) <语句组 3>;
        else    <语句组 4>;
```

以下的 if 语句是一个多项分支选择其一的结构，实际上 if 嵌套常用的是 if-else-if 阶梯形式，它是一种特殊的嵌套形式。形式如下：

```
if (<条件 1>)
    <语句块 1>;
else if (<条件 2>)
    <语句块 2>;
else if (<条件 3>)
    ⋮
else <语句 n>;
```

其中，else 总是和距它最近的 if 匹配。

执行过程为：条件表达式从上到下被求值。一旦找到为真的条件，就执行与它关联的语句，该阶梯的其他部分就被忽略了。如果所有的条件都不为真，则执行最后的 else 语句。最后的 else 语句经常被作为默认的条件，即如果所有其他条件测试失败，就执行最后的 else 语句。如果没有最后的 else 语句，而且所有其他的条件都失败，程序将不做任何动作。

**例 2-3   TestIF2.java**

```
1   public class TestIF2{
2       public static void main(String[] args){
3           int i = 88;
4           if(i >=90)
5               System.out.println("优秀");
6           else if (i >=80)
7               System.out.println("良好");
8           else if (i>=70)
9               System.out.println("中等");
10          else    if (i>=60)
11              System.out.println("及格");
12          else
13              System.out.println("不及格");
14      }
15  }
```

2) switch 语句

switch 语句又称多路分支选择语句,它提供了一种基于一个表达式的值来使程序执行不同部分的简单方法。使用 switch 语句代替 if 语句处理多种分支情况时,可以简化程序,使程序结构清晰明了,增强了程序的可读性。因此,它提供了一个比使用一系列 if-else 语句更好的选择。

(1) switch 语句的一般形式。

```
switch (<表达式>)
  {
    case <值 1>:<语句块 1>; break;
    case <值 2>:<语句块 2>; break;
        ⋮
    case <值 n>:<语句块 n>; break;
    [default:<缺省语句块>;]
  }
```

说明:

① 表达式必须为 byte、short、int 或 char 类型,表达式的返回值和 case 语句中的常量值(1~n)的类型必须一致。

② case 语句中的常量值(1~n)不允许相同,类型必须一致。

③ 每个分支最后加上 break 语句,表示执行完相应的语句即跳出 switch 语句。

④ 缺省语句可以省略。

⑤ 语句组可以是单条语句,也可以是复合语句,复合语句不必用{ }括起来。

执行过程为:将表达式的值与每个 case 语句中的<值 1>、<值 2>……<值 n>作比较。如果发现了一个与之相匹配的,则执行该 case 语句后的代码。如果没有一个 case 常量与表达式的值相匹配,则执行 default 语句。如果没有相匹配的 case 语句,也没有相应的 default 语句,则什么也不执行。在 case 语句序列中的 break 语句将引起程序流从整个 switch 语句退出。当遇到一个 break 语句时,程序将从整个 switch 语句结束后的第一行代码处开始继续执行。

(2) switch 语句的特殊形式。switch 语句中,可以多个 case 共用一组执行语句,没有执行语句的 case 语句后不加 break 语句。其形式为

```
switch (<表达式>)
  {
    case <值 1>:
    case <值 2>:
    case <值 3>:<语句块 3>; break;
        ⋮
    case <值 n>:<语句块 n>;break;
    [default :<缺省语句>;]
  }
```

执行过程为:如果表达式的返回值与某个 case 中的常量值相匹配,则执行距该 case 后

最近的语句,如果没有 break,则不跳出 switch 语句,继续执行下一条语句,直到整个 switch 语句结束。

### 2.2.2 任务实施

**例 2-4　TestSwitch.java**

```
1   public class TestSwitch {
2       public static void main(String[] args) {
3           int score= 95;
4           int i=score/10;
5           switch(i) {
6               case 10:
7               case 9:
8                   System.out.println("优秀");
9                   break;
10              case 8:
11                  System.out.println("良好");
12                  break;
13              case 7:
14                  System.out.println("中等");
15                  break;
16              case 6:
17                  System.out.println("及格");
18                  break;
19              default:
20                  System.out.println("不及格");
21          }
22      }
23  }
```

【程序解析】

在实际应用中,数据通常是根据用户的键盘输入来获得的。在本书第 10.2.5 节介绍了关于键盘输入的相关知识,有兴趣的读者可以查阅。

## 2.3　任务【2-2】　成绩的排序

对于给定的成绩,采用冒泡排序算法,按照从高分到低分的顺序输出。

### 2.3.1 技术要点

完成成绩排序的工作任务所要掌握的技术要点就是循环语句和数组的使用。

1. 循环语句

循环语句的作用是反复执行一段代码,直到满足循环终止条件时为止。Java 语言支持 while、do-while 和 for 三种循环语句。所有的循环结构一般应包括四个基本部分:

- 初始化部分:用来设置循环的一些初始条件,如计数器清零等。
- 测试条件:通常是一个布尔表达式,每一次循环要对该表达式求值,以验证是否满足循环终止条件。
- 循环体:这是反复循环的一段代码,可以是单一的一条语句,也可以是复合语句。
- 迭代部分:这是在当前循环结束、下一次循环开始前执行的语句,常常用来使计数器加 1 或减 1。

1) while 语句

while 语句是 Java 语言最基本的循环语句,如图 2-4 所示。

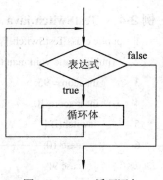

图 2-4 while 循环语句

while 语句的一般形式如下:

```
while (<条件表达式>)
  {
  <循环体>;
  }
```

条件表达式可以是任何布尔表达式,在循环体执行前先判断循环条件,如果为真,就执行循环体语句;如果条件表达式的值为假,程序控制就转移到 while 语句的后面一条语句执行。

例 2-5  TestWhile.java

```
1   public class TestWhile {
2     public static void main(String[] args){
3       int i=1,sum=0;
4       while(i<=100){
5         sum+=i;
6         i++;
7       }
8       System.out.println(sum);
9     }
10  }
```

2) do-while 语句

do-while 语句与 while 语句非常类似,不同的是 while 语句先判断后执行,而 do-while 语句是先执行后判断,循环体至少被执行一次。所以称 while 语句为"当型"循环,而称 do-while 语句为"直到型"循环。do-while 语句如图 2-5 所示。

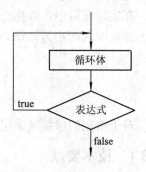

图 2-5 do-while 循环语句

do-while 语句的一般形式为

 do {
  <循环体语句>;
 } while (<条件表达式>);

**例 2-6 TestDoWhile.java**

```
1   public class TestDoWhile {
2     public static void main(String[] args){
3       int i=1,sum=0;
4       do{
5         sum+=i;
6         i++;
7       }
8       while(i<=100);
9       System.out.println(sum);
10    }
11  }
```

3) for 语句

for 语句是 Java 语言中功能最强的循环语句之一。

for 语句的一般形式为

 for (<表达式 1>;<表达式 2>;<表达式 3>)
 {
  <循环体语句>
 }

其中：

① <表达式 1>是设置控制循环变量的初值。

② <表达式 2>作为条件判断部分，可以是任何布尔表达式。

③ <表达式 3>是修改控制循环变量递增或递减，从而改变循环条件的语句。

for 语句的执行过程如图 2-6 所示：

① 执行<表达式 1>，完成必要的初始化工作。

② 判断<表达式 2>的返回值。如果为真执行循环体语句；如果为假就跳出 for 语句循环。

③ 执行<表达式 3>，改变循环条件，为下次循环做准备。

④ 返回②。

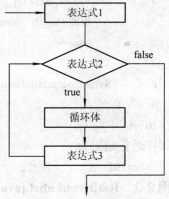

图 2-6 for 循环语句

**例 2-7 TestFor.java**

```
1   public class TestFor {
2     public static void main(String[] args){
3       int i,sum=0;
```

```
4       for(i=1;i<=100;i++)
5           sum+=i;
6       System.out.println(sum);
7   }
8 }
```

#### 2. 跳转语句

跳转语句可以用来直接控制程序的执行流程，Java 语言提供的跳转语句有：break 和 continue 语句。这些语句经常用于循环体内部分支比较复杂时，可以简化分支语句的条件，使得程序更易阅读和理解。

1) break 语句

在 Java 语言中，break 语句有三个作用：

(1) 在 switch 语句中，break 语句的作用是直接中断当前正在执行的语句序列。

(2) 在循环语句中，break 语句可以强迫退出循环，使本次循环终止。

(3) 与标号语句配合使用，从内层循环或内层程序块中退出。

**例 2-8　TestBreak.java**

```
1  public class TestBreak {
2    public static void main(String[] args){
3        int i,sum=0;
4        for(i=1;i<=100;i++){
5            if(i%15==0)   break;
6            sum+=i;
7        }
8        System.out.println(sum);
9    }
10 }
```

程序运行结果为

　sum=105

**例 2-9　TestBreakLabel.java**

```
1  public class TestBreakLabel {
2    public static void main(String[] args){
3        boolean t=true;
4        one:{
5            two:{
6                three:{
7                    System.out.println("break 之前的语句正常输出");
8                    if(t) break two;
9                    System.out.println("two 程序块中 break 之后的语句不被执行");
10               }
11               System.out.println("two 程序块中 break 之后的语句不被执行");
```

```
12      }
13          System.out.println("two 程序块外的语句正常被执行");
14      }
15  }
16 }
```

程序运行结果为

  break 之前的语句正常输出
  two 程序块外的语句正常被执行

2) continue 语句

continue 语句主要有两种作用，一是在循环结构中，用来结束本次循环；二是与标号语句配合使用，实现从内循环退到外循环。无标号的 continue 语句结束本次循环，有标号的 continue 语句可以选择哪一层的循环被继续执行。continue 语句用于 for、while、do-while 等循环体中，常与 if 语句一起使用。

continue 语句和 break 语句虽然都用于循环语句中，但存在着本质区别：continue 语句只用于结束本次循环，再到循环起始去判断条件；而 break 语句用于终止循环，强迫循环结束，不再去判断条件。

**例 2-10   TestContinue.java**

```
1   public class TestContinue {
2     public static void main(String[] args){
3       int i,sum=0;
4       for(i=1;i<=100;i++){
5           if(i%15==0) continue;
6           sum+=i;
7       }
8       System.out.println(sum);
9     }
10 }
```

程序运行结果为

  sum=4735

利用 continue 语句可以实现乘法九九表的输出。

**例 2-11   TestContinueLabel.java**

```
1   public class TestContinueLabel {
2     public static void main(String[] args){
3       outer:for(int i=1;i<10;i++){
4           for(int j=1;j<10;j++){
5             if(j>i){
6               System.out.println();
7               continue outer;
8             }
```

```
9            System.out.print(i+"*"+j+"="+(i*j)+"    ");
10       }
11    }
12    System.out.println();
13  }
14 }
```

程序运行结果如图 2-7 所示。

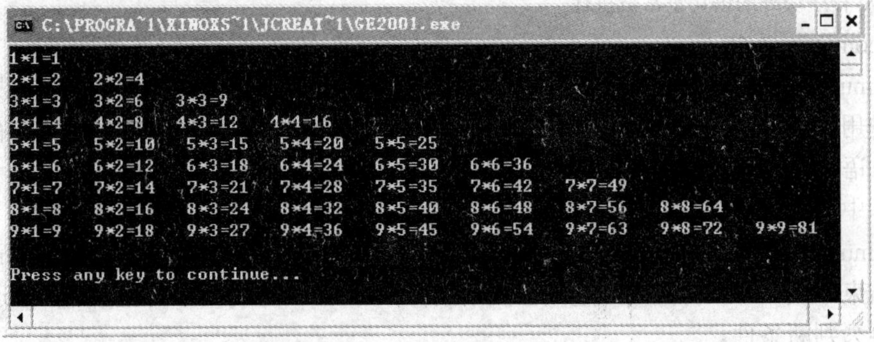

图 2-7  乘法九九表

**3. 数组**

数组是 Java 语言中提供的一种简单的复合数据类型，是相同类型变量的集合。数组中的每个元素都具有相同的数据类型，可以用一个统一的数组名和下标来唯一地确定数组中的元素，下标从 0 开始。数组有一维数组和多维数组之分。

1) 数组的声明

一维数组的声明有下列两种格式：

　　数组的类型[ ]  数组名

　　数组的类型    数组名 [ ]

二维数组的声明有下列两种格式：

　　数组的类型 [ ][ ]  数组名；

　　数组的类型    数组名 [ ][ ]；

其中：

(1) 数组的类型可以是任何 Java 语言的数据类型。

(2) 数组名可以是任何 Java 语言合法的标识符。

(3) 数组名后面的[]可以写在前面也可以写在后面，前者符合 Sun 的命名规则，推荐使用。

例如：

　　int   a[];

　　Date  dateArray[][];

注意：与 C/C++不同，Java 不允许在声明数组中的方括号内指定数组元素的个数。否则会导致语法错误。

2) 数组的创建

数组的声明并不为数组分配内存，因此不能访问数组元素。Java 中需要通过 new 关键字为其分配内存。

为一维数组分配内存空间的格式如下：

**数组名=new　数组元素的类型[数组元素的个数]；**

例如：

　　q=new q[10];

也可以写成：

　　int　　a=new a[10];

Java 语言中，由于把二维数组看作是数组的数组，数组空间不是连续分配的，因此不要求二维数组每一维的大小相同。

二维数组的常用创建方法如下：

**数组名[ ][ ]=new　类型标识符[第一维长度][第一维长度][…]；**

例如：

　　int b[ ][ ] = new int[3][4];

3) 数组的初始化

创建数组后，系统会给每个数组元素一个默认的值，如表 2-12 所示。

表 2-12　简单类型数组元素的初值

| 类　　型 | 初　　值 |
| --- | --- |
| byte、short、int、long | 0 |
| float | 0.0f |
| double | 0.0 |
| boolean | false |
| char | 'u0000' |

在声明数组的同时也可以给数组元素一个初始值。

例如：

　　int　　a[]={1,2,3,4};
　　String stringArray[]={"How","are" "you"};
　　int b[ ][ ]={{1,2},{2,3},{3,4,5}};

4) 数组的引用

一旦数组使用 new 分配了空间之后，数组长度就固定了。这时，我们可以通过下标引用数组元素。

一维数组元素的引用方式为

**数组名[索引号]**

二维数组元素的引用方式为

**数组名[索引号 1] [索引号 2]**

其中，索引号为数组下标，它可以为整型常数或表达式，从 0 开始。

例如：

a[0]=1;

b[1][2]=2;

每个数组都有一个属性 length，以指明它的长度，也即数组元素个数。例如，a.length 指明数组 a 的长度。

注意：与 C、C++ 中不同，Java 对数组元素要进行越界检查以保证安全性。

**例 2-12　ArrayTest1.java**

```
1   public class ArrayTes1t{
2       public static void main( String args[] ) {
3           int i;
4           int a[] = new int[5];
5           for( i=0; i<5; i++ ){
6               a[i]=i;
7           }
8           for( i=a.length-1; i>=0; i-- ) {
9               System.out.println("a["+i+"] = "+a[i]);
10          }
11      }
12  }
```

程序运行结果为

a[4] = 4

a[3] = 3

a[2] = 2

a[1] = 1

a[0] = 0

**例 2-13　ArrayTest2.java**

```
1   class ArrayTest2{
2       public static void main(String[] args) {
3           float[][] numthree;              //定义一个 float 类型的二维数组
4           numthree=new float[5][5];        //为它分配 5 行 5 列的空间大小
5           numthree[0][0]=1.1f;             //通过下标索引去访问
6           numthree[1][0]=1.2f;
7           numthree[2][0]=1.3f;
8           numthree[3][0]=1.4f;
9           numthree[4][0]=1.5f;
10          System.out.println(numthree[0][0]);
11          System.out.println(numthree[1][0]);
12          System.out.println(numthree[2][0]);
13          System.out.println(numthree[3][0]);
```

```
14        System.out.println(numthree[4][0]);
15    }
16 }
```

程序运行结果为

1.1

1.2

1.3

1.4

1.5

### 2.3.2 任务实施

在例 2-14 中，我们利用数组存储分数，利用冒泡排序的算法对分数进行排序并输出。

**例 2-14   Sor.java**

```
1  public class Sort {
2      public static void main(String [] args) {
3          int number[]= {80, 65, 76, 99, 83, 54, 92, 87, 74, 62};
4          for (int i = 0;i < number.length; i++) {
5              for (int j = i + 1; j < number.length; j ++){
6                  if (number[i] < number[j]){
7                      int temp = number[i];
8                      number[i] = number[j];
9                      number[j] = temp;
10                 }
11             }
12         }
13         for (int i = 0; i < number.length; i++) {
14             System.out.println(number[i] + " ");
15         }
16     }
17 }
```

【程序解析】

在上例中，我们通过 for 循环嵌套语句对数组中元素进行了排序。与上一任务类似，在实际应用中，数据通常也是根据用户的键盘输入获得的。

# 自 测 题

一、选择题

1. 以下代码段执行后的输出结果为(    )。

```
    int x=-3;   int y=-10;
    System.out.println(y%x);
```
A. −1    B. 2    C. 1    D. 3

2. 以下标识符中，( )是不合法的。

A. BigMeaninglessName    B. $int
C. 2stu    D. _$theLastOn

3. 编译运行以下程序后，关于输出结果的说明正确的是( )。
```
    public class Conditional{
       public static void main(String args[]){
          int x=4;
          System.out.println("value is  "+ ((x>4) ? 99.9 :9));
       }
    }
```
A. 输出结果为：value is 99.99
B. 输出结果为：value is 9
C. 输出结果为：value is 9.0
D. 编译错误

4. 下面语句中不正确的是( )。

A. float    a=1.1f    B. byte   d=128
C. double   c=1.1/1.0    D. char b=(char)1.1f

5. 设 int   x = 1，y = 2，z = 3，则表达式 y+=z--/++x 的值是( )。

A. 3    B. 3.5    C. 4    D. 5

6. Java 的字符类型采用的是 Unicode 编码方案，每个 Unicode 码占用( )个比特位。

A. 8    B. 16    C. 32    D. 64

7. 设 a = 8，则表达式 a >>> 2 的值是( )。

A. 1    B. 2    C. 3    D. 4

8. 下列选项中，( )不属于 Java 语言的简单数据类型。

A. 整数型    B. 数组    C. 字符型    D. 浮点型

9. 若 a 的值为 3，则下列程序段被执行后，c 的值为( )。
```
    c = 1;
    if ( a>0 )
       if ( a>3 )
          c = 2;
       else  c = 3;
    else  c = 4;
```
A. 1    B. 2    C. 3    D. 4

10. 设 x=5，则 y=x--和 y=--x 的结果分别为( )。

A. 5,5    B. 5,3    C. 5,4    D. 4,4

11．以下程序：
    boolean    a=false;
    boolean    b=true;
    boolean    c=(a&&b)&&(!b);
    int    result=c==false?1:2;
执行完后，c 与 result 的值是(    )。
    A．c=false; result=1;
    B．c=true; result=2;
    C．c=true; result=1;
    D．c=false; result=2;
12．下列关于基本数据类型的说法中，不正确的一项是(    )。
    A．boolean 是 Java 特殊的内置值，或者为真或者为假
    B．float 是带符号的 32 位浮点数
    C．double 是带符号的 64 位浮点数
    D．char 是 8 位 Unicode 字符
13．下列哪一个不是 Java 语言中的保留字？(    )
    A．if                              B．sizeof
    C．private                         D．null
14．设有定义语句：
    int    a[]={66,77,88};
则下面对此语句的叙述错误的是(    )。
    A．定义了一个名为 a 的一维数组
    B．a 数组有三个元素
    C．a 数组的元素的下标为 1～3
    D．数组中的每一个元素都是整型
15．给出如下程序代码：
    byte[]    array1,array2;
    byte    array3[][];
    byte[][]    array4;
则下列数组操作语句中哪一个是不正确的？(    )
    A．array1= array2                  B．array2= array3
    C．array2= array4                  D．array3= array4

二、填空题

1．在 Java 的基本数据类型中，char 型采用 Unicode 编码方案，每个 Unicode 码占用_____字节内存空间。其中，int 类型占用_____字节内存空间；boolean 类型占用_____字节内存空间。

2．设 x=2，则表达式(x++)/3 的值是_____。

3．若 x=5，y=10，则 x<y 和 x>=y 的逻辑值分别为_____和_____。

4．设 x 为 float 型变量，y 为 double 型变量，a 为 int 型变量，已知 x=2.5f，a=7，y=4.22，则表达式 x+a%3*(int)x%(int)y 的值为_____。

5．设 x = 2，则表达式(x++)*3 的值是_____。

6．设 x 为 float 型变量，y 为 double 型变量，a 为 int 型变量，b 为 long 型变量，c 为 char 型变量，则表达式 x+y*a/x+b/y+c 的值为_____类型。

7．Java 语言中，逻辑常量只有_____和_____两个值。

8．若 a、b 为 int 型变量且已分别赋值为 2、4，则表达式!(++a!=b−−)的值是_____。

9．较长数据要转换为短数据时需要进行_____类型转换。

10．设 x、y、max、min 均为 int 型变量，x、y 已赋值。用三目条件运算符，求变量 x、y 的最大值和最小值，并分别赋给变量 max 和 min，这两个赋值语句分别是_____和_____。

## 拓 展 实 践

【实践 2-1】 调试并修改以下程序，使其能正确求解 1!+2!+3!+…+100!。

```
class Ex2_1{
    public static void main(String[] args) {
        float sum=0.0,count=1.0;
        for(int i=1;i<=20;++i){
            count=1.0;
            for(int j=1;j<=i;++j){
                count*=j;
                sum+=count;
            }
        }
        System.out.println("1+2!+3!+...+100!的值为： "+sum);
    }
}
```

【实践 2-2】 下面的程序用于求 Fibonacci 数列：1，1，2，3，5，8，…的前 20 个数，并且输出时按照每行 5 个数输出。试补全程序。

```
public class Ex2_2{
    public static void main(String[] args) {
        System.out.println("** 菲波拉挈数列的前 20 个数为：**");
        long f1 = 1, f2 = 1;
        for (int i = 1; __【代码1】__ ; i ++) {
            System.out.print(f1 + "    " + f2 + "    ");
            if( __【代码2】__ ) {
                System.out.println();
```

         }
         f1 = ___【代码3】___;
         f2 = ___【代码4】___;
      }
   }
}

【实践2-3】 编程求100~200之间的所有素数,并计算它们的和。

【实践2-4】 利用循环语句输出如下图形。

```
                  1
                1 2 1
              1 2 4 2 1
            1 2 4 8 4 2 1
          1 2 4 8 16 8 4 2 1
        1 2 4 8 16 32 16 8 4 2 1
      1 2 4 8 16 32 64 32 16 8 4 2 1
    1 2 4 8 16 32 64 128 64 32 16 8 4 2 1
```

【实践2-5】 用嵌套的for循环语句改写例2-11的乘法九九表程序。

# 第3章

# 任务3——创建考试系统中的试题类

### 学习目标

本章通过完成对考试系统中基本类和对象的创建，介绍了 Java 语言的面向对象编程技术。

本章学习目标为
- ❖ 了解面向对象的基本特性。
- ❖ 掌握类的定义和对象的创建。
- ❖ 掌握方法、变量的定义与使用。
- ❖ 熟悉类的访问权限。
- ❖ 掌握继承的使用。
- ❖ 掌握抽象类和接口的使用。
- ❖ 了解包的创建和引用。

## 3.1 任务描述

本章任务是创建考试系统中所需要的试题类(Testquestion 类)，包括试题内容、答案、用户选择的答案等属性，以及获取试题、设置选择的答案、获取选择的答案、设置标准答案、获取标准答案、检查答案正确与否等方法。

## 3.2 技术要点

### 3.2.1 面向对象编程概述

面向对象编程(Object Oriented Programming, OOP)是当今最流行的程序设计技术，它具有代码易于维护、可扩展性好和代码可重用等优点。面向对象的设计方法的基本原理是按照人们习惯的思维方式建立问题的模型，模拟客观世界。从现实世界中客观存在的事物(即对象)出发，并且尽可能运用人类的自然思维方式来构造软件系统。Java 是一种面向对象的程序设计语言。

**1．面向对象编程的基本概念**

1) 对象(Object)

对象是系统中用来描述客观事物的一个实体，它是构成系统的一个基本单位。在面向对象的程序中，对象就是一组变量和相关方法的集合。其中，变量表明对象的属性；方法表明对象所具有的行为。

2) 类(Class)

类是具有相同属性和行为的一组对象的集合，它为属于该类的所有对象提供了统一的抽象描述，其内部包括属性和行为两个主要部分。可以说类是对象的抽象化表示，对象是类的一个实例。

3) 消息(Message)

对象之间相互联系和相互作用的方式称为消息。一个消息由五个部分组成：发送消息的对象、接收消息的对象、传递消息的方法、消息的内容以及反馈信息。对象提供的服务是由对象的方法来实现的，因此发送消息实际上就是调用对象的方法。通常，一个对象调用另一个对象中的方法，即完成了一次消息传递。

**2．面向对象的编程思想**

面向过程的程序设计，例如 C 程序设计采用的是一种自上而下的设计方法，把复杂的问题一层层地分解成简单的过程，用函数来实现这些过程，其特征是以函数为中心，用函数来作为划分程序的基本单位，数据在过程式设计中往往处于从属的位置，如图 3-1 所示。

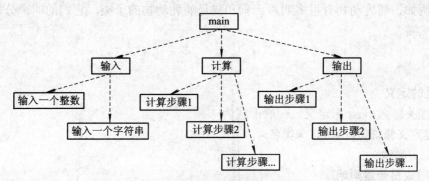

图 3-1　面向过程的程序设计

面向对象程序设计是把复杂的问题按照现实世界中存在的形式分解成很多对象，这些对象以一定的形式进行交互(通信、协调和配合)，以此来实现整个系统。在图 3-2 的例子中，无锡的同学 A 通过邮局将花送给在北京的同学 B。同学 A 只需将同学 B 的地址、花的品种告诉邮局，通过同学 B 所在地的邮局联系花商，使花商准备这些花，并与送花人联系送花即可。其中，可将同学 A、同学 B、邮电局、送花人看作对象。对象之间相互通信，发送消息，请求其他对象执行动作来完成送花这项任务。对于同学 A、B，则不必关心整个过程的细节。

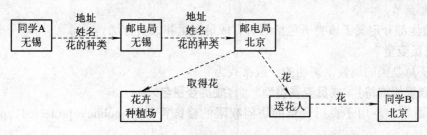

图 3-2　面向对象的程序设计举例

### 3. 面向对象的基本特性

面向对象的编程主要体现以下三个特性。

#### 1) 封装性

面向对象编程的核心思想之一就是封装性。封装性就是把对象的属性和行为结合成一个独立的单元，并且尽可能隐蔽对象的内部细节，对外形成一个边界，只保留有限的对外接口，使之与外部发生联系。封装的特性使得对象以外的部分不能随意存取对象的内部数据(属性)，保证了程序和数据不受外部干扰且不被误用。

#### 2) 继承性

继承是一个类获得另一个类的属性和方法的过程。在 Java 语言中，通常我们将具有继承关系的类称为父类(superclass，超类)和子类(subclass)。子类可以继承父类的属性和方法，同时又可以增加子类的新属性和新方法。例如，作为"人类"的子类"中国人"，除了继承了"人类"的属性和方法，同时也具有自己所特有的新属性和新方法。

#### 3) 多态性

多态性是指在继承关系中，父类中定义的属性或方法被子类继承之后，可以具有不同的数据类型或表现出不同的行为。这使得同一个属性或方法在父类及其各子类中具有不同的含义。例如，哺乳动物有很多叫声，狗和猫是哺乳动物的子类，它们的叫声分别是"汪汪"和"喵喵"。

### 3.2.2 类

#### 1. 类的定义

类通过关键词 class 来定义，一般形式为

    [类定义修饰符] class  &lt;类名&gt;
    {　　//类体
      [成员变量声明]
      [成员方法]
    }

说明：

(1) 类的定义通过关键字 class 来实现，所定义的类名应符合标识符的规定，一般类名的第一个字母大写。

(2) 类的修饰符用于说明类的性质和访问权限，包括 public、private、abstract、final。其中，public 表示可以被任何其他代码访问；abstract 表示抽象类；final 表示最终类，详细说明见后面章节。

(3) 类体部分定义了该类所包括的所有成员变量和成员方法。

#### 2. 成员变量

成员变量是类的属性，声明的一般格式为

    [变量修饰符]&lt;成员变量类型&gt;  &lt;成员变量名&gt;

Java 语言中，用于说明变量的访问权限的修饰符包括 public、protected、private 和 friendly(默认)。

成员变量分为实例变量和类变量。实例变量记录了某个特定对象的属性，在对象创建

时可以对它赋值,只适用于该对象本身。变量之前用 static 进行修饰,则该变量成为类变量。类变量是一种静态变量,它的值对于这个类的所有对象是共享的,因此它可以在同一个类的不同对象之间进行信息的传递。

#### 3．成员方法

成员方法定义类的操作和行为,一般形式为

[方法修饰符] <方法返回值类型> <方法名>([<参数列表>])
{
　　方法体
}

成员方法修饰符主要有 public、private、protected、final、static、abstract 和 synchronized 七种,前三种的访问权限、说明形式和含义与用于修饰成员变量时一致。

与成员变量类似,成员方法也分为实例方法和类方法。如果方法定义中使用了修饰符 static,则该方法为类方法。public static void main(String [] args)就是一个典型的类方法。

例如:定义一个 Animal 类。

```
public    class    Animal {
    String    name;        // 实例变量
    static    int    age;        // 类变量
    void    move(){        // 实例方法
        System.out.println("animal move");
    }
    static    void    eat(){    //类方法
        System.out.println("animal eat");
    }
}
```

#### 4．方法重载

方法重载是类的重要特性之一。重载是指同一个类的定义中有多个同名的方法,但是每个重载方法的参数类型、数量或顺序必须是不同的。每个重载方法可以有不同的返回类型,但返回类型并不足以区分所使用的是哪个方法。

例如:定义一个 Area 类,其中定义了同名方法 getArea,实现了方法的重载。

```
class    Area{
    double getArea(float r)              //计算圆的面积
    {
        return 3.14159*r*r;
    }
    double getArea(float l,float w)      //计算矩形的面积
    {
        return l*w;
    }
}
```

## 5. 修饰符

定义类及类成员时，可以通过一些关键字对它们的访问权限进行限制，这些关键字称为修饰符。最常用的修饰符是 public(公共的)、protected(保护的)和 private(私有的)，如果缺省修饰符，则使用默认的访问权限，如表 3-1 所示。

**表 3-1　常用修饰符及其访问范围**

| 可见度 | public | protected | private | 缺省 |
| --- | --- | --- | --- | --- |
| 同一类中可见 | 是 | 是 | 是 | 是 |
| 同一包中对子类可见 | 是 | 是 | 否 | 是 |
| 同一包中对非子类可见 | 是 | 是 | 否 | 是 |
| 不同包中对子类可见 | 是 | 是 | 否 | 否 |
| 不同的包中对非子类可见 | 是 | 否 | 否 | 否 |

该表中所涉及的包及子类的概念，我们将在后续章节进行详细介绍。对于 Java 中定义的类，只能被 public 或缺省修饰符修饰。其中 public 修饰的类可以供所有的类访问。Java 缺省修饰符限定的是包级访问权限，即在同一个包下的类都可以访问。类不能被 private 或 protected 修饰符修饰。

对于类的成员，若被声明为 public，则可以被任何地方的代码访问，即访问权限不受包的限制；若被声明为 private，则只能被同一个类中的其他成员所访问，并且该成员不能被子类继承；若被声明为 protected，则可由继承的子类访问，也可由包内其他元素访问。对于类的成员，Java 缺省的仍然是包级访问权限。

### 3.2.3 对象

#### 1. 对象的创建

对象的创建分为两步：

(1) 进行对象的声明，即定义一个对象变量的引用。

一般形式为

　　<类名>　　<对象名>；

例如：声明 Animal 类的一个对象 dog。

　　Animal　dog；

(2) 实例化对象，为声明的对象分配内存。这是通过运算符 new 实现的。

new 运算符为对象动态分配(即在运行时分配)实际的内存空间，用来保存对象的数据和代码，并返回对它的引用。该引用就是 new 分配给对象的内存地址。一般形式为

　　<对象名> =new　<类名>；

例如：

　　dog = new　Animal()；

以上两步也可合并，形式为

　　<类名>　　<对象名>=new　<类名>

例如：

　　Animal　dog = new　Animal()；

从图 3-3 中，我们可以看到对象的声明只是创建变量的引用，并不分配内存，要分配实际内存空间，必须使用 new 关键字。

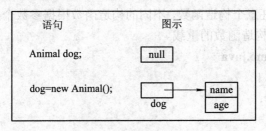

图 3-3  创建对象的过程

### 2．对象的引用

对象创建之后，通过"．"运算符访问对象中的成员变量和成员方法。

一般形式为

&lt;对象名&gt;．&lt;成员&gt;

由于类变量和类方法不属于某个具体的对象，因此我们也可以直接使用类型替代对象名访问类变量或类方法。

例如：访问 Animal 类中的类变量和类方法。

Animal.age=3;

Animal.eat();

**例 3-1  ObjectDemo.java**

```
1    public class ObjectDemo{
2        public static void main(String [] args){
3            Animal   a=new Animal();
4            Animal   b=new Animal();
5            a.name="Dog";
6            Animal.age=3;
7            b.name="Cat";
8            System.out.println(b.name+" is "+b.age+"  years old");
9        }
10   }
```

### 3．构造函数

构造函数是定义在类中的一种特殊的方法，在创建对象时被系统自动调用，主要完成对象的初始化，即为对象的成员变量赋初值。对于 Java 语言中的每个类，系统将提供缺省的不带任何参数的构造函数。如果程序中没有显式地定义类的构造函数，则创建对象时系统会调用缺省的构造函数。一旦程序中定义了构造函数，系统将不再提供该缺省的构造函数。

构造函数具有以下特点：

(1) 构造函数名必须和类名完全相同，类中其他成员方法不能和类名相同。

(2) 构造函数没有返回值类型，也不能返回 void 类型。其修饰符只能是访问控制修饰符，即 public、private、protected 中的任意一个。

(3) 构造函数不能直接通过方法名调用，必须通过 new 运算符在创建对象时自动调用。

(4) 一个类可以有任意个构造函数，不同的构造函数根据参数个数的不同或参数类型的不同进行区分，称之为构造函数的重载。

**例 3-2　AnimalDemo.java**

```
1    class    Animal2 {
2       String    name;
3       int   age;
4       Animal2(){
5         name="Dog";
6         age=3;
7       }
8       Animal2(String name,int age){
9         this.name=name;
10        this.age=age;
11      }
12   }
13   public class AnimalDemo{
14      public static void main(String args[]){
15        Animal2    a=new Animal2();
16        Animal2    b=new Animal2("cat",5);
17        System.out.println(a.name+" is "+a.age+" years   old");
18        System.out.println(b.name+" is "+b.age+" years   old");
19      }
20   }
```

程序运行结果为

Dog is 3 years old

Cat is 5 years old

在程序第 9 行和第 10 行出现了 this 关键字，一般用于实例方法和构造函数中，但不可以出现在类方法中。this 关键字在构造函数中时，代表使用该构造函数所创建的对象；当 this 出现在实例方法中时，代表正在调用该方法的当前对象。在例 3-2 中，this 用于处理成员变量与参数重名的情况。

### 3.2.4　继承

代码复用是面向对象程序设计的目标之一，通过继承可以实现代码复用。Java 中所有的类都是直接或间接地继承 java.lang.Object 类，Object 类位于所有类的顶部。子类不能继承父类中访问权限为 private 的成员变量和方法。子类可以重写父类的方法以及与父类同名的成员变量。与 C++不同的是，Java 不支持多重继承，即一个类从多个超类派生的能力。

## 1. 子类的创建

Java 中的继承通过 extends 关键字实现。创建子类的一般形式如下：

```
class 类名 extends 父类名{
    子类体
}
```

子类可以继承父类的所有特性，但其可见性由父类成员变量、成员方法的修饰符决定。对于被 private 修饰的类成员变量或方法，其子类是不可见的，也即不可访问；对于定义为默认访问(没有修饰符修饰)的类成员变量或方法，只有与父类同处于一个包中的子类可以访问；对于定义为 public 或 protected 的类成员变量或方法，所有子类都可以访问。

## 2. 成员变量的隐藏和方法的覆盖

子类中可以声明与父类同名的成员变量，这时父类的成员变量就被隐藏起来了，在子类中直接访问到的是子类中定义的成员变量。

同理，子类中也可以声明与父类相同的成员方法，包括返回值类型、方法名、形式参数都应保持一致，称为方法的覆盖。

如果在子类中需要访问父类中定义的同名成员变量或方法，则需要用关键字 super。Java 中通过 super 来实现对被隐藏或被覆盖的父类成员的访问。

super 的使用有三种形式：

(1) super.成员变量名：用于访问父类被隐藏的成员变量和成员方法。

(2) super.成员方法名([参数列表])：用于调用父类中被覆盖的方法。

(3) super([参数列表])：用于调用父类的构造函数。其中，super()只能在子类的构造函数中出现，并且永远都是子类构造函数中的第一条语句。

**例 3-3 InheritDemo.java**

```
1   class  Animal {
2       String    name="animal";
3       int     age;
4       void   move(){
5           System.out.println("animal move");
6       }
7   }
8   class Dog extends Animal{
9       String   name="dog";       //隐藏了父类的 name
10      float    weight;           //子类新增成员
11      void move(){               //覆盖了父类的方法 move()
12          super.move();          //用 super 调用父类的方法
13          System.out.println("Dog Move");
14      }
15  }
16  public class InheritDemo{
17      public static void main(String args[]){
```

```
18    Dog d=new Dog();
19    d.age=5;
20    d.weight=6;
21    System.out.println(d.name+" is "+d.age+" years old");
22    System.out.println("weight: "+d.weight);
23    d.move();
24  }
25 }
```

程序运行结果为

dog is 5 years old
weight: 6.0
animal move"
Dog Move

### 3. 构造函数的继承

子类对于父类的构造函数的继承遵循以下的原则：

(1) 子类无条件地继承父类中的无参构造函数。

(2) 若子类的构造函数中没有显式地调用父类的构造函数，则系统默认调用父类无参构造函数。

(3) 若子类构造函数中既没有显式地调用父类的构造函数，且父类中又没有无参构造函数的定义，则编译出错。

(4) 对于父类的有参构造函数，子类可以在自己的构造函数中使用 super 关键字来调用它，但必须是子类构造函数的第一条语句。子类可以使用 this(参数列表)调用当前子类中的其他构造函数。

**例 3-4  InheritDemo2.java**

```
1   class SuperClass {
2     SuperClass() {
3       System.out.println("调用父类无参构造函数");
4     }
5     SuperClass(int n) {
6       System.out.println("调用父类有参构造函数：" + n );
7     }
8   }
9   class SubClass extends SuperClass{
10    SubClass(int n) {
11      System.out.println("调用子类有参构造函数：" +·n );
12    }
13    SubClass(){
14      super(200);
15      System.out.println("调用子类无参构造函数");
```

```
16    }
17  }
18  public class  InheritDemo2{
19      public static void main(String arg[]) {
20          SubClass s1 = new SubClass();
21          SubClass s2 = new SubClass(100);
22      }
23  }
```

程序运行结果为

调用父类有参构造函数：200

调用子类无参构造函数

调用父类无参构造函数

调用子类有参构造函数：100

**4．多态**

在 Java 语言中，多态的实现必须具备三个条件：

(1) 存在继承。

(2) 有方法的覆盖。

(3) 存在父类对象的引用指向子类的对象。

当使用父类对象的引用指向子类的对象时，Java 的多态机制根据引用的对象类型来选择要调用的方法，由于父类对象引用变量可以引用其所有的子类对象，因此 Java 虚拟机直到运行时才知道引用对象的类型，所要执行的方法需要在运行时才能确定，而无法在编译时确定。

**例 3-5    PloyDemo.java**

```
1   class   Animal3 {
2       void    eat(){
3           System.out.println("animal eat");
4       }
5   }
6   class Dog   extends Animal3 {
7       void    eat (){
8           System.out.println("Dog eat bone");
9       }
10  }
11  class   Cat   extends Animal3 {
12      void    eat(){
13          System.out.println("Cat eat fish");
14      }
15  }
16  public class PloyDemo{
```

```
17    public static void main(String args[]){
18        Animal3   a;
19        a =new Dog();
20        a.eat();
21        a=new Cat();      //父类对象的引用指向子类的对象
22        a.eat();
23    }
24 }
```

在上例中，类 Animal3 和类 Dog 之间存在继承关系，子类 Dog 中实现了方法 eat()的覆盖，通过 a =new Dog()与 a=new Cat()实现了多态。我们可以看到，多态性与继承密切相关，它的含义就在于同一操作对于不同对象可以呈现不同的行为。这些不同的对象必须是一组各具个性却同属于一个继承关系的不同个体。

### 3.2.5 抽象类和接口

抽象类和接口体现了面向对象技术中对类的抽象定义的支持。因此，抽象类和接口之间存在着一定联系，同时又存在区别。

**1．抽象类**

定义抽象类的目的是建立抽象模型，为所有的子类定义一个统一的接口。在 Java 中用修饰符 abstract 将类说明为抽象类。一般格式如下：

```
abstract   class    类名{
    类体
    }
```

说明：

(1) 抽象类是不能直接实例化对象的类，也即抽象类不能使用 new 运算符去创建对象。

(2) 抽象类一般包括一个或若干个抽象方法。抽象方法需利用 abstract 修饰符进行修饰，抽象方法只有方法的声明部分，没有具体的方法实现部分。抽象类的子类必须重写父类的所有抽象方法才能实例化，否则子类仍然是一个抽象类。

(3) 抽象类中不一定包含抽象方法，但是包含抽象方法的类必须说明为抽象类。

**例 3-6  AbstractDemo.java**

```
1    abstract class    Animal4{
2        String    name;
3        Animal4(String name){
4            this.name=name;
5        }
6        void getname(){
7            System.out.println("Animal's name is "+name);
8        }
9        abstract void    move();
10   }
```

```
11    class Dog extends Animal4{
12        int age;
13        Dog(String name,int age){
14            super(name);
15            this.age=age;
16        }
17        void   move(){
18            System.out.println("Dog   is   running!");
19        }
20        void getage(){
21            System.out.println("Dog   is "+age+"   years   old");
22        }
23    }
24    class AbstractDemo{
25        public static void main(String args[]){
26            Dog d=new Dog("wangwang",5);
27            d.move();
28            d.getname();
29            d.getage();
30        }
31    }
```

程序运行结果为

Dog   is   running!

Animal's name is wangwang

Dog   is   5   years   old

## 2．接口

C++允许类有多个父类，这种特性称为多重继承。由于多重继承使得语言变得复杂且低效，因此 Java 语言不支持多重继承，而是采用接口技术取代 C++程序中的多继承性。一个类可以同时实现多个接口。接口与多继承有同样的功能，但是省却了多继承在实现和维护上的复杂性。如图 3-4 所示，作为父类的鸟与鸽子和大雁之间是单重继承，昆虫类派生出的蚂蚁与蜜蜂子类之间也是单重继承。单重继承虽然简单，但是也存在缺陷。例如，在鸟类和昆虫类中都包含"飞( )"这个方法，如果在一个程序中则存在着重复定义的累赘。我们可以提取出一个"飞行动物"的接口来解决这一问题，如图 3-5 所示。

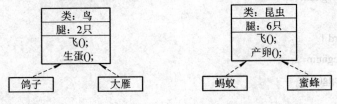

图 3-4　单重继承

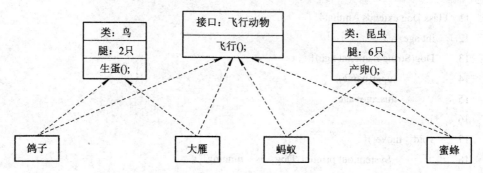

图 3-5 接口

接口通过关键字 interface 来定义。接口定义的一般形式为

[访问控制符] interface <接口名> {
    类型标识符 final 符号常量名 n = 常数；
    返回值类型 方法名([参数列表]);
    …
}

说明：

(1) 接口中的成员变量默认为 public、static、final，必须被显式地初始化，修饰符可以省略。

(2) 接口中的成员方法只能是抽象方法，默认为 public、abstract，修饰符可以省略。

(3) 接口不能被实例化，必须通过类来实现接口。

接口实现的一般形式为

class 类名[extends 父类名] implements 接口 1[,接口名 2…]{
    //类体
}

在实现接口的类中，一般必须覆盖实现所有接口中声明的方法，除非将实现的类声明为 abstract 类，并将未实现的方法声明为抽象方法。在例 3-7 中，Ant 类继承了 Insect 类的同时实现了 Flyanimal 接口；Pigeon 类继承了 Bird 类，同时实现了 Flyanimal 接口。

例 3-7 InterfaceDemo.java

```
1    interface  Flyanimal{
2        void   fly();
3    }
4    class    Insect {
5        int    legnum=6;
6    }
7    class   Bird {
8        int    legnum=2;
9        void  egg(){};
10   }
11   class Ant extends Insect implements   Flyanimal {
```

```
12      public void  fly(){
13          System.out.println("Ant can   fly");
14      }
15  }
16  class  Pigeon  extends  Bird implements  Flyanimal {
17      public void  fly(){
18          System.out.println("pigeon  can  fly");
19      }
20      public void  egg(){
21          System.out.println("pigeon  can  lay  eggs ");
22      }
23  }
24  public class InterfaceDemo{
25      public static void main(String args[]){
26          Ant   a=new Ant();
27          a.fly();
28          System.out.println("Ant's legs are "+ a.legnum);
29          Pigeon p= new Pigeon();
30          p.fly();
31          p.egg();
32      }
33  }
```

程序运行结果为

Ant can  fly

Ant's legs  are  6

pigeon  can  fly

pigeon  can  lay  eggs

我们可以从以下几点对接口和抽象类进行区别和比较：
- 抽象类和接口都可以有抽象方法。
- 接口中只可以有常量，不能有变量；抽象类既可以有常量，也可以有变量。
- 接口中只可以有抽象方法；抽象类中既可以有抽象方法，也可以有非抽象方法。

### 3. final 关键字

final 关键字可以修饰非抽象类、非抽象方法和变量。如果变量被修饰为 final，则该变量就是常量，常量必须显式地初始化，且只能被赋值一次。被 final 修饰的类不能被继承，没有子类。被 final 修饰的方法不能被子类的方法覆盖。

## 3.2.6 包

包是 Java 语言中有效地管理类的一个机制，是一组相关的类的集合，类似于操作系统平台对文件的管理时采用的目录树的管理形式。Java 中的包相当于目录，对包含的类文件进行组织管理，只是它们对目录的分隔表达方式不同。为了区别于各种平台，包中采用了"."来分隔目录。Java 语言每个类都包含在相应的某个包中。包机制引入的作用体现在以下几个方面：

(1) 能够实施访问权限的控制。

(2) 利用包可以区分名字相同的类。在同一包中不允许出现同名类，不同包中可以存在同名类。

(3) 利用包可以对不同的类文件划分和组织管理。

### 1．Java 预定义包

Java 为用户提供了 130 多个预先定义好的包。本书常用的包如下：

- java.applet：包含所有实现 Java Applet 的类。
- java.awt：包含抽象窗口工具集的图形、文本、窗口 GUI 类。
- java.awt.event：包含由 AWT 组件触发的不同类型事件的接口和类的集合。
- java.awt.font：包含与字体相联系的接口和类的集合。
- java.lang：包含 Java 程序设计所必需的最基本的类集，如 String、Math、Interger、System 和 Thread 等，用于提供常用功能。
- java.net：包含所有输入输出类。
- java.io：包含所有实现网络功能的类。
- javax.swing：包含所有图形界面设计中 swing 组件的类。

如果需要使用包中的类，则需要用 import 语句引入包。其中 java.lang 包是 Java 语言的核心类库，它包含了运行 Java 程序必不可少的系统类，系统自动为程序引入 java.lang 包中的类，因此，不需要使用 import 语句引入该包中的类。

### 2．包的创建

创建包用于将 Java 类放到特定的包中，包可以通过关键词 package 来创建。package 语句必须是 Java 语言程序的第一条语句。

包创建的一般形式为

　　package <包名 1>.[<包名 2>.[<包名 3>.…]]

package 语句通过使用"."来创建不同层次的包，这个包的层次对应于文件系统的目录结构。在 Java 源程序中一旦声明了 package 语句，则该程序编译时生成的 class 文件就会保存在指定的包中，否则将全部放在默认的无名包中，即和源文件相同的文件夹中。

在同一个 Java 源文件中只允许有一个 package 语句，多个源程序也可以包含相同的 package 语句，但 package 语句不是必需的。

例如：将 4 个 Java 程序放在同一目录下，编译后将产生如图 3-6 所示的目录结构。

```
//********程序 A.java********
class A {
    ⋮
}
```

```
//********程序 Library.java********
package jsit;
```

图 3-6　包对应的目录结构

```
class Library {
        ⋮
}
```

//*******程序 Book.java********

```
package jsit.library;
class Book {
        ⋮
}
```

//*******程序 Student.java********

```
package jsit.library;
class Student {
        ⋮
}
```

说明：

(1) MyProject 为当前工作目录，存放以上四个 Java 程序。

(2) A.java 中未定义包，因此编译生成的 class 文件放在缺省包中，即当前目录中。

(3) Library.java 中创建 jsit 包，编译后在当前目录生成 jsit 目录，并将生成的 Library.class 放在目录 MyProject\jsit 中。

(4) 包 jsit.library 中的类 Book 和 Student 放在目录 MyProject\jsit\library 中。

### 3．包的引用

如果在 Java 源文件中引用已定义好的类或接口，一般有两种方法。

方法一：直接使用包，即在要引用的类名前加上包名作为修饰符。一般用在引用其他包中的类或接口的次数较少的情况下。

例如：

    jsit.library.Book b = new jsit.library.Book();

方法二：使用包引用语句 import。

在 Java 程序中，可以定义多条 import 语句。如果有 package 语句，则 import 语句紧接在其后，否则 import 语句应位于程序的第一条语句处。

import 语句常用的形式有两种：

(1) import <包名>．<类名>：导入指定的一个 public 类或者接口。

(2) import　　<包名>．*：导入包中的当前类需要使用的所有类或接口。注意此时不能引用该包中其他文件夹中的类。这种方法一般不被推荐，因为它常导致程序加载许多不需要的类，增加了系统的负载，同时也加大了类名冲突的概率。因此一般建议使用第一种格式。

例如：

    import jsit.Library;
    import jsit.library.*;
    import java.io.*;

import jsit.util.Date;

在例 3-8 中，我们将例 3-2 中的 Animal2 类单独保存为 Animal.java，编译后在当前目录下生成 mypackage 目录，其中包含所生成的 Animal.class 文件。在例 3-9 的另一个文件 PackageDemo.java 中，如果要访问 Animal3 类，必须在程序第一条语句处通过 import 引入类或包。

**例 3-8　Animal.java**

```
1   package  mypackage;
2   class   Animal3 {
3     String   name;
4     int  age;
5     Animal3(){
6       name="Dog";
7       age=3;
8     }
9     Animal3(String name,int age){
10      this.name=name;
11      this.age=age;
12    }
13  }
```

**例 3-9　PackageDemo.java**

```
1   package  mypackage;
2   import mypackage.Animal3;
3   public class PackageDemo{
4     public static void main(String args[]){
5       Animal3   a=new Animal3();
6       Animal3   b=new Animal3("cat",5);
7       System.out.println(a.name+" is "+a.age+" years  old");
8       System.out.println(b.name+" is "+b.age+" years  old");
10    }
11  }
```

程序运行结果为

Dog is 3 years old

Cat is 5 years old

## 3.3　任务实施

Testquestion 类定义了关于试题的相关属性和操作。

```
class Testquestion{
    private String questionText = "";          //试题内容
    private String standardKey;                //答案
    private String selectedKey;                //选择的答案
    public String getQuestion(){               //获取试题
        return questionText ;
    }
    public void setQuestion(String s){
        questionText   = s;
    }
    public String getSelectedKey(){            //获取选择的答案
        return selectedKey;
    }
    public void setSelectedKey(String s){     //设置选择的答案
        selectedKey = s;
    }
    public void setStandardKey(String s){     //设置标准答案
        standardKey = s;
    }
    public String getStandardKey(String s){   //获取标准答案
        return standardKey;
    }
    public boolean checkKey(){                //检查答案正确与否
        if(standardKey.equals(selectedKey)){
            return true;
        }
    }
}
```

**【程序解析】**

Java程序中，在类中所定义的属性建议采用private访问权限，并通过定义方法set××××和get××××修改和获得属性值。这是一种良好的编程习惯，体现了面向对象程序中的封装性。

# 自　测　题

## 一、选择题

1．关于被私有访问控制符private修饰的成员变量，以下说法正确的是(　　)。
A．可以被三种类所引用：该类自身、与它在同一个包中的其他类、在其他包中的该类的子类

B. 可以被两种类访问和引用：该类自身、该类的所有子类
C. 只能被该类自身所访问和修改
D. 只能被同一个包中的类访问

2. 下列关于修饰符混用的说法，错误的是( )。
   A. abstract 不能与 final 并列修饰同一个类
   B. abstract 类中不可以有 private 的成员
   C. abstract 方法必须在 abstract 类中
   D. staic 方法中不能处理非 static 的属性

3. 能被其他类及类成员访问的控制符是( )。
   A. public            B. private
   C. static            D. protected

4. 为 AB 类的一个无形式参数、无返回值的方法 method 书写方法头，若直接使用类名 AB 作为前缀就可以调用它，该方法头的形式为( )。
   A. static void  method()         B. public void method()
   C. final void  method()          D. abstract void method()

5. 对于构造函数，下列叙述不正确的是( )。
   A. 构造函数是类的一种特殊函数，它的方法名必须与类名相同
   B. 构造函数的返回类型只能是 void 型
   C. 构造函数的主要作用是完成对类的对象的初始化工作
   D. 一般在创建新对象时，系统会自动调用构造函数

6. 下面是关于类及其修饰符的一些描述，不正确的是( )。
   A. abstract 类只能用来派生子类，不能用来创建 abstract 类的对象
   B. final 类不但可以用来派生子类，也可以用来创建 final 类的对象
   C. abstract 不能与 final 同时修饰一个类
   D. abstract 方法必须在 abstract 类中声明，但 abstract 类定义中可以没有 abstract 方法

7. 不使用 static 修饰符限定的方法称为对象(或实例)方法，下列哪一个说法是不正确的?( )
   A. 实例方法可以直接调用父类的实例方法。
   B. 实例方法可以直接调用父类的类方法。
   C. 实例方法可以直接调用其他类的实例方法。
   D. 实例方法可以直接调用本类的类方法。

8. 在 Java 中，一个类可同时定义许多同名的方法，这些方法的形式参数的个数、类型或顺序各不相同，传回的值也可以不相同。这种面向对象程序特性称为( )。
   A. 隐藏       B. 覆盖       C. 重载       D. Java 不支持此特性

9. 在使用 interface 声明一个接口时，只可以使用( )修饰符修饰该接口。
   A. private              B. protected
   C. private protected    D. public

10. 对于子类的构造函数说明，下列叙述中不正确的是( )。
    A. 子类无条件地继承父类的无参构造函数

B．子类可以在自己的构造函数中使用 super 关键字来调用父类的含参数构造函数，但这个调用语句必须是子类构造函数的第一个可执行语句

C．在创建子类的对象时，将先执行继承自父类的无参构造函数，然后再执行自己的构造函数

D．子类不但可以继承父类的无参构造函数，也可以继承父类的有参构造函数

## 二、填空题

1．this 是_____的引用；super 是对_____的引用。

2．在 Java 程序中，通过类的定义只能实现_____重继承，但通过接口的定义可以实现_____重继承关系。

3．当类的成员未用访问权限修饰符修饰时，Java 默认此成员的访问权限是_____。

4．最终类不能被_____，定义最终类的关键字是_____。

5．如果子类中的某个方法的名字、返回值类型和参数列表与它的父类中的某个方法完全一样，则称子类中的这个方法_____了父类的同名方法。

6．同类中多个方法具有相同的方法名，不同的_____称为方法的重载。

7．如果子类中的某个方法的_____、_____和_____与它的父类中的某个方法完全一样，则称子类中的这个方法覆盖了父类的同名方法。

8．在接口中声明成员变量时，变量在缺省情况下是_____、_____、_____。

9．接口中的成员方法只能是抽象方法，默认为_____、_____。

# 拓 展 实 践

【实践 3-1】 调试并修改以下程序，使其能正确编译运行。

```
public class Student
{   String name="张三";
    int age;
    public Student()
    {
     age=18;
    }
    public   void static main(String args[])
    {
        System.out.println("姓名："+name+",年龄："+age);
    }


 }
```

【实践 3-2】 实现一个 Person 的类和它的子类 Student。Person 类只定义了一个属性

name(姓名)以及有参构造函数，通过构造函数可以对 name 进行初始化。子类 Student 有新增加属性 stuID(学号)。完成下列程序，使其功能为：定义一个学生对象(张三，20080601)，输出他的姓名和学号。

```
// PeopleDemo.java
class People{
    String name;
    People(String name){
        _____【代码 1】_____ ;        //对成员变量 name 初始化
    }
}
class Student extends People{
    String stuID;
    Student(String name,String stuID){
        _____【代码 2】_____ ;        //对继承自父类的成员变量 name 初始化
        _____【代码 3】_____ ;        //对成员变量 stuID 初始化
    }
}
public class  PeopleDemo{
    public static void main(String arg[]) {
        _____【代码 4】_____ ;        //定义对象
        _____【代码 5】_____ ;        //输出对象的姓名和学号
    }
}
```

【实践 3-3】 分别定义两个接口 Photograph(拍照)和 Mp3(播放 MP3)，定义一个类 Phone(电话)，定义一个手机 Mobile 类继承了 Phone，实现 Photograph 和 Mp3 接口。

【实践 3-4】 定义考试系统中的用户类(Register 类)。其中，每个 Register 对象对应一个注册用户，保存相关的姓名(name)、密码(password)、性别(sex)、年龄(age)和班级(class)。

# 第4章 任务4——利用 Java API 查阅常用类

 学习目标

本章通过利用 Java API 查阅常用类,介绍了 Java 常用类及其方法。
本章学习目标为
❖ 熟悉 java.lang 中的 Math 类。
❖ 熟悉 java.lang 中的 String 类和 StringBuffer 类。
❖ 熟悉 java.util 中的 Date 类。
❖ 熟悉 java.util 中的 Vector 类。
❖ 掌握 Java API 文档的使用。

## 4.1 任务描述

学会利用 Java API 查阅编程时所需使用的类或接口,这是每个 Java 程序员都应该掌握的基本技能。本章任务是学会利用 Java API 文档查阅 Java 常用类。

## 4.2 技术要点

类库就是 Java API(Application Programming Interface,应用程序接口),是系统提供的已实现的标准类的集合。在程序设计中,合理和充分利用类库提供的类和接口,不仅可以完成字符串处理、绘图、网络应用、数学计算等多方面的工作,而且可以大大提高编程效率,使程序简练、易懂。

Java 类库中的类和接口大多封装在特定的包里,每个包具有自己的功能。附录 B 列出了 Java 中一些常用的包及其简要的功能。有关类的介绍和使用方法,Java 中提供了极其完善的技术文档。我们只需了解技术文档的格式就能方便地查阅文档。

本章所涉及的常用类分别在 java.lang 包和 java.util 包中。java.lang 是 Java 语言中使用最广泛的包。它所包括的类是其他包的基础,由系统自动引入,程序中不必用 import 语句就可以使用其中的任何一个类。java.lang 中所包含的类和接口对所有实际的 Java 程序都是必要的。除了 java.lang 外,其他的包都需要在 import 语句引入之后才能使用。下面我们分别介绍几个常用的类。

## 4.2.1 字符串类

java.lang 包中提供了 String 类和 StringBuffer 类，用于处理字符串。与其他许多程序设计语言不同，Java 语言将字符串作为内置的对象来处理，其中 String 类是不可变类。一个 String 对象所包含的字符串内容创建后不能被改变，而 StringBuffer 对象创建的字符串内容可以被修改。

### 1．String 类

Java 使用 String 类作为字符串的标准格式。Java 编译器把字符串转换成 String 对象。String 对象一旦创建了，就不能被改变。

1) 创建 String 对象

创建字符串的方法有多种，通常我们用 String 类的构造函数来建立字符串。String 类常用的构造函数有：

(1) String()：初始化一个新的 String 对象，使其包含一个空字符串。

例如：

  String s1 = new String( );

  s1= "2008,北京欢迎您!";

(2) String(String value )：初始化一个新的 String 对象，使其包含和参数字符串相同的字符序列。

例如：

  String s2;

  s2 = "2008,北京欢迎您!";

以上两个语句可以合并为一条语句，也是最常用的字符串常量创建的方法。

例如：

  String s3 = "2008,北京欢迎您!";

(3) String(char[]value)：分配一个新的 String 对象，使它代表字符数组参数包含的字符序列。

例如：

  char chararray[]={'北','京','欢','迎','您','!'};

  String s4= new String(chararray );

### 例 4-1　TestString.java

```
1    public class TestString {
2        public static    void   main(String args[]){
3            String s1 = "2008,北京欢迎您!";
4            String s2;
5            s2 = "2008,北京欢迎您!";
6            String s3 = new String();
7            s3 = "2008,北京欢迎您!";
8            String s4 = new String("2008,北京欢迎您!");
9            char chararray[]={ '北','京','欢','迎','您','!'};
```

```
10      String s5 = new String(chararray);
11      String s6 = new String(chararray,0,2 );
12      System.out.println(s1);
13      System.out.println(s2);
14      System.out.println(s3);
15      System.out.println(s4);
16      System.out.println(s5);
17      System.out.println(s6);
18   }
19  }
```

程序运行结果为

2008,北京欢迎您!

2008,北京欢迎您!

2008,北京欢迎您!

2008,北京欢迎您!

北京欢迎您

北京

2) 字符串的访问

Java 语言提供了多种处理字符串的方法，常用的方法有：

(1) int length()：获取字符串的长度，也即字符串中字符的个数。

例如：

String s = "2008,北京欢迎您!";

int  len = s1.length();

则 len 的值为 11。

(2) char charAt(int index)：获取给定的 index 处的字符。其中，index 的取值范围是 0～字符串长度 –1。

例如：

String s = "2008,北京欢迎您!";

char ch= s.charAt(3);

则 ch 中的字符为"8"。

charAt 方法常用于将字符串中的字符逐一读出并进行比较等操作。例 4-2 中通过键盘输入字符串，检查该串是否为"回文"，例如，"abcdcba"。

例 4-2　**Palindrome.java**

```
1   import java.util.Scanner;
2   public class Palindrome {
3      public static void main(String args[]) {
4      int i,j;
5         char ch1 ,ch2;
6         String str;
```

```
7       boolean flag = true;
8       Scanner s = new Scanner(System.in);
9       System.out.print ("输入字符串:");
10      str =s.next();
11      for (i = 0, j = str.length() - 1; i < j; i ++, j --) {
12          ch1 = str.charAt(i); ch2 = str.charAt(j);
13          if (ch1 != ch2) {
14              flag = false;
15              break;
16          }
17      }
18      if (flag) System.out.println("字符串" + str + "是回文");
19      else System.out.println("字符串" + str + "不是回文");
20      }
21  }
```

在例 4-2 中通过创建 Scanner 对象从键盘读入字符串,详细介绍请参见第 10 章相关内容。

3) 字符串的比较

Java 语言提供了字符串的比较方法,这些方法有些类似于操作符。常用 equals、equalsIgnoreCase、regionMatches 和 compareTo 方法来实现对字符串的比较。一般格式如下:

(1) s1.equals(s2):如果 s1 等于 s2,返回 true,否则返回 false。

(2) s1. equalsIgnoreCase(s2):功能同 equals 方法,忽略大小写。

(3) s1. compareTo(s2):如果 s1<s2,则返回小于 0 的值;如果 s1=s2,则返回 0;如果 s1>s2,则返回大于 0 的值。

(4) s1. compareToIgnoreCase(s2):功能同 compareTo 方法,忽略大小写。

**例 4-3 StrCompare.java**

```
1   public class StrCompare {
2       public static void main(String[] args) {
3           String s1="Beijing";
4           String s2=s1;
5           String s3="beijing";
6           String s4="Jiangsu";
7           if (s1.equals(s2)) {
8               System.out.println("字符串 s1==字符串 s2");
9           }
10          else {
11              System.out.println("s1!=s2");
12          }
13          if(s1.equals(s3)) {
```

```
14        System.out.println(" 字符串 s1==字符串 s3(忽略大小写)");
15    }
16    else {
17        System.out.println("字符串 s1!=字符串 s3(不忽略大小写) ");
18    }
19
20    if(s1.equalsIgnoreCase(s3)) {
21        System.out.println("字符串 s1==字符串 s3(忽略大小写)");
22    }
23    else {
24        System.out.println("字符串 s1!=字符串 s1 ");
25    }
26
27    if (s1.compareTo(s4)<0) {
28        System.out.println("字符串 s1<字符串 s4");
29    }
30    else if (s1.compareTo(s4)==0){
31        System.out.println("字符串 s1==字符串 s4");
32    }
33    else{
34        System.out.println("字符串 s1>字符串 s4");
35    }
36  }
37 }
```

程序运行结果为

　　字符串 s1==字符串 s2

　　字符串 s1!=字符串 s3(不忽略大小写)

　　字符串 s1==字符串 s3 (忽略大小写)

　　字符串 s1<字符串 s4

4) 字符串的搜索

在字符串中查找字符和子串，确定它们的位置。常用的方法为 indexOf 和 lastIndexOf。调用形式如下：

(1) s1. indexOf (int char)：返回 s1 中字符 char 在字符串中第一次出现的位置。

(2) s1. lastIndexOf (int char)：返回 s1 中字符 char 在字符串中最后一次出现的位置。

(3) s1. indexOf (s2)：返回 s2 在 s1 中第一次出现的位置。

(4) s1. lastIndexOf (s2)：返回 s2 在 s1 中最后一次出现的位置。

5) 字符串的连接和替换

(1) 连接字符串。String 类的 concat( )方法用于将指定的字符串与参数中的字符串连接，生成一个新的字符串。一般形式如下：

- s1.concat(s2)：将两个字符串连接起来。
- s1.concat("字符串常量")：将字符串和字符串常量连接起来。

例如：

　　String s1="北京";

　　String s3=s2.concat("欢迎您！");!

这两个语句将 s1 和 s2 连接生成新的字符串"北京欢迎您!"，s1 和 s2 的值不发生变化。

(2) 修改字符串。修改字符串的常用方法有：replace、toLowerCase、toUpperCase、trim 等。调用形式如下：

- s1.replace(oldchar,newchar)：用新字符 newchar 替代旧字符 oldchar，若指定字符不存在，则不替代。
- s1.toLowerCase()：将 s1 中的所有大写字母转换为小写字母。
- s1.toUpperCase()：将 s1 中的所有小写字母转换为大写字母。
- s1.trim()：删除 s1 中的首、尾空格。

例如：

　　String s1="Java ";

　　String　s2=s1.replae('a', 'b');

则字符串 s2 为："Jbvb"。

　　String s3=s1.toLowerCase();

　　String s4=s1. toUpperCase();

则字符串 s3 为："java"；字符串 s4 为："JAVA"。

### 2．StringBuffer 类

缓冲字符串类 StringBuffer 与 String 类相似，它具有 String 类的很多功能，甚至更丰富。它们主要的区别是 StringBuffer 对象可以方便地在缓冲区内被修改，如增加、替换字符或子串。StringBuffer 对象可以根据需要自动增长存储空间，故特别适合于处理可变字符串。当完成了缓冲字符串数据操作后，可以通过调用其方法 StringBuffer.toString()或 String 构造函数把它们有效地转换回标准字符串格式。

1) 创建 StringBuffer 对象

可以使用 StringBuffer 类的构造函数来创建 StringBuffer 对象。StringBuffer 类常用的构造函数如表 4-1 所示。

表 4-1　StringBuffer 常用的构造函数

| 常用构造函数 | 用途 |
| --- | --- |
| StringBuffer() | 创建一个空 StringBuffer 对象，初始长度为 16 个字符的空间 |
| StringBuffer(int length) | 创建一个长度为 length 的 StringBuffer 对象 |
| StringBuffer(String str) | 创建一个 StringBuffer 对象，其内容初始化为指定的字符串 str |

例如：用多种方法创建 StringBuffer 对象。

StringBuffer s1=new StringBuffer();

s1.append("Java");

StringBuffer s2=new StringBuffer(10);

S2.insert(0, "Java");

StringBuffers3=new StringBuffer("Java");

2) StringBuffer 类的常用方法

StringBuffer 类是可变字符串，因此它的操作主要集中在对字符串的改变上。

(1) 读取和修改字符。读取 StringBuffer 对象中字符的方法有 charAt 和 getChar，这与 String 对象方法一样。在 StringBuffer 对象中，设置字符及子串的方法有 setCharAt 和 replace；删除字符及子串的方法有 delete 和 deleteCharAt。一般形式如下：

● s1.setCharAt(int index,char ch)：用 ch 替代 s1 中 index 位置上的字符。

● s1.replace(int start,int end,s2)：s1 中从 start(含)开始到 end(不含)结束之间的字符串以 s2 代替。

● s1.delete(int start,int end)：删除 s1 中从 start(含)开始到 end(不含)结束之间的字符串。

● s1.deleteCharAt(int index)：删除 s1 中 index 位置上的字符。

例如：

StringBuffers1=new StringBuffer("Java");

s1.setCharAt(1, 'b');           //字符串 s1 为 Jbva

s1.replace(1,3, "ab");          //字符串 s1 为 Jaba

s1.delete(1,3);                 //字符串 s1 为 Ja

s1.deleteCharAt(1);             //字符串 s1 为 J

(2) 插入和追加字符串。可以在 StringBuffer 对象的字符串之中插入字符串，或在其之后追加字符串，经过扩充之后形成一个新的字符串，方法有 append 和 insert。一般形式如下：

● s1.append(s2)：将字符串 s2 加到 s1 之后。

● s1.insert(int offset,s2)：从 s1 的 offset 起始处开始插入字符串 s2。

例如：

StringBuffer   s1=new StringBuffer("I am ");

s1.append("a teacher");         //字符串 s1 为 I am a teacher

s1.insert(6, " computer");      //字符串 s1 为 I am a computer teacher

### 4.2.2  Math 类

Math 类位于 java.lang 包中，提供了用于几何学、三角学以及几种一般用途方法的浮点函数，用以执行很多数学运算。Math 类定义的方法是静态的，可以通过类名直接调用。表 4-2 列出了 Math 类的常用方法。

表 4-2  Math 类的常用方法

| 常用方法 | 用途 |
|---|---|
| static double sin(double a) | 三角函数正弦 |
| static double cos(double a) | 三角函数余弦 |
| static double tan(double a) | 三角函数正切 |
| static double asin(double a) | 三角函数反正弦 |
| static double acos(double a) | 三角函数反余弦 |
| static double atan(double a) | 三角函数反正切 |
| public static double exp(double a) | 返回 a 的 e 值 |
| static double log(double a) | 返回 a 的自然对数 |
| static double pow (double y, double x) | 返回以 y 为底数，以 x 为指数的幂值 |
| static double sqrt(double a) | 返回 a 的平方根 |
| static int abs(int a) | 返回 a 的绝对值 |
| static int max(int a，int b) | 返回 a 和 b 的最大值 |
| static int min(int a，int b) | 返回 a 和 b 的最小值 |
| static int ceil(double a) | 返回大于或等于 a 的最小整数 |
| static int floor(double a) | 返回小于或等于 a 的最大整数 |
| public static double random() | 返回一个伪随机数，其值介于 0 和 1 之间 |

此外，Math 类还定义了两个双精度常量：
- doubleE：常量 E(2.7182818284590452354)。
- doublePI：常量 PI(3.14159265358979323846)。

例 4-4  MathDemo.java

```
1   public class MathDemo{
2       public static void main(String args[]){
3           float a=16,b=-4;
4           System.out.println("exp(a)="+Math.exp(a));
5           System.out.println("log(a)="+Math.log(a));
6           System.out.println("sqrt(a)="+Math.sqrt(a));
7           System.out.println("abst(b)="+Math.abs(a));
8           System.out.println("max(a,b)="+Math.max(a,b));
9       }
10  }
```

### 4.2.3  Date 类

Date 类位于 java.util 包中。使用 Date 类的无参构造函数创建的对象可以获取本地当前的时间。常用构造函数及方法见表 4-3 所示。

表 4-3　Date 类的常用构造函数及方法

| 常用构造函数及方法 | 用 途 |
|---|---|
| Data() | 用当前的日期和时间初始化对象 |
| Data(long miillisec) | 接收一个参数，该参数等于从 1970 年 1 月 1 日午夜起至今的毫秒数的大小 |
| long　getTime() | 返回自 1970 年 1 月 1 日至今的毫秒数的大小 |
| setTime(long time) | 设置此 Date 对象，以表示 1970 年 1 月 1 日午夜起至今的以毫秒为单位的时间值 |
| String　toString() | 把 Date 对象转换为字符串形式并返回结果 |

**例 4-5　DataDemo.java**

```
1    import java.util.*;
2    public class DataDemo {
3      public static void main(String[] args) {
4        Date now = new Date();
5        long nowLong = now.getTime();
6        System.out.println("Value is " + nowLong);
7      }
8    }
```

### 4.2.4　Vector 类

java.util.Vector 提供了向量(Vector)类，以实现类似动态数组的功能。创建了一个向量类的对象后，可以往其中随意地插入不同类的对象，既不需顾及类型也不需预先选定向量的容量，并可方便地进行查找。对于预先不知或不愿预先定义数组大小，且需频繁进行查找、插入和删除工作的情况，可以考虑使用向量类。

Vector 向量对象是通过 capacity(容量)和 capacityIncrement(增长幅度)两个因素来实现存储优化管理的。容量因素的值总是大于向量的长度，因为当元素被添加到向量中时，向量存储长度的增加是以增长幅度因素指定的值来增加的，应用程序可以在插入大量元素前，先根据需要增加适量的向量容量，这样，可以避免增加多余的存储空间。

Vector 运行时创建一个初始的存储容量 initialCapacity，存储容量是以 capacityIncrement 变量定义的增量增长的。初始的存储容量和 capacityIncrement 可以在 Vector 的构造函数中定义。第二个构造函数只创建初始存储容量。第三个构造函数既不指定初始的存储容量也不指定 capacityIncrement。

Vector 类提供的访问方法支持类似数组运算和与 Vector 大小相关的运算。类似数组的运算允许向量中增加、删除和插入元素。它们也允许测试矢量的内容和检索指定的元素，与大小相关的运算允许判定字节大小和矢量中元素的数目。Vector 常用构造函数及方法如表 4-4 所示。其中，向量的元素都是 Object 类，所以对 Vector 的元素增加或者读取都要进行类型转换。

表 4-4  Vector 类的常用构造函数及方法

| 常用构造函数及方法 | 用　途 |
| --- | --- |
| public Vector() | 构造一个空向量，使其内部数据数组的大小为 10，其标准容量增量为零 |
| public Vector(int initialCapacity) | 构造一个包含指定集合中的元素的向量，这些元素按其集合的迭代器返回元素的顺序排列 |
| public Vector(int initialCapacity,int capacityIncrement) | 使用指定的初始容量和容量增量构造一个空的向量 |
| addElement(Object obj) | 把组件加到向量尾部，同时大小加 1，向量容量比以前大 1 |
| elementAt(int index) | 回指定索引处的组件 |
| insertElementAt(Object obj, int index) | 把组件加到指定索引处，此后的内容向后移动 1 个单位 |
| setElementAt(Object obj, int index) | 把组件加到指定索引处，此处的内容被代替 |
| remove(int index) | 移除此向量中指定位置的元素 |
| remove(Object o) | 移除此向量中指定元素的第一个匹配项，如果向量不包含该元素，则元素保持不变 |
| removeElement(Object obj) | 把向量中所有组件移走，向量大小为 0 |

例 4-6 演示了 Vector 的使用，包括 Vector 的创建、向 Vector 中添加元素、从 Vector 中删除元素、统计 Vector 中元素的个数和遍历 Vector 中的元素。

**例 4-6　VectorDemo.java**

```
1    import java.util.*;
2    public class VectorDemo{
3        public static void main(String[] args){
4            Vector   v = new Vector(2);            //使用 Vector 的构造函数进行创建
5            v.addElement("vector0");               //使用 add 方法直接添加字符串对象
6            v.addElement("vector1");
7            v.addElement("vector3");
8            v.addElement("vector4");
9            v.remove("vector2");                   //删除指定内容的元素
10           v.remove(1);                           //按照索引号删除元素
11           int size = v.size();                   //获得 Vector 中已有元素的个数
12           System.out.println("size:" + size);
13           for(int i = 0;i < v.size();i++){       //遍历 Vector 中的元素
14               System.out.println(v.get(i));
15           }
16       }
```

17    }

程序运行结果为

size: 3

vector0

vector3

vector4

程序编译时会出现警告错误,主要问题出在第 4 行的 Vector v = new Vector(2);语句中,这是在 JDK 1.5 的泛型警告,只需加上类型名称 即可:

Vector<Strings>    v = new Vector<Strings> (2);

## 4.3  任务实施

Java 类库中的预定义类和接口数以千计,程序员可以利用它们来编写自己的应用程序。这些类按其功能分组构成了各种包。Java API 文档(Java API documentation)列出了 Java 类库中每个类的 public 和 protected 成员以及每个接口的 public 成员,是学习和使用 Java 语言中最常使用的参考资料之一。该文档对所有的类和接口以及它们的成员提供了详细的说明。这一节我们将介绍如何查看 Java API 文档中的类库。

我们在 Sun 公司网站 http://java.sun.com/javase/6/docs/api/index.html 可以在线查看 Java API 文档,如图 4-1 所示。

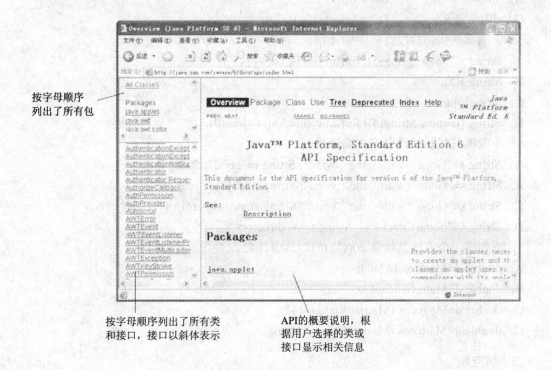

图 4-1  在线查看 Java API

通常，我们利用 Java API 文档查找以下内容：

(1) 包含某个类或接口的包。

(2) 某个类或接口与其他类和接口的关系。

(3) 了解类或接口的常量，通常声明为 public static final 域。

(4) 了解构造函数的形式，确定如何初始化某个类的对象。

(5) 了解类的成员方法的声明，包括参数的类型、个数、方法返回类型以及可能抛出的异常。

## 自 测 题

### 一、选择题

1. 下面哪些语句能够正确地生成五个空字符串？（ ）

A．String a[]=new String[5]; for(int i=0;i<5;a[i++]=" ");

B．String a[5];

C．String[5] a;

D．String []a=new String[5]; for( int i=0;i<5;a[i++]=null);

2. 执行下列代码后，哪个结论是正确的？（ ）

String[] s=new String[ ]

A．s[0]=" "            B．s[0] 为 null

C．s[0]未定义         D．s.length()为 0

3. 下面哪些代码片段会产生编译错误？（ ）

A．String a[]=new String[5]; for(int i=0;i<5;a[++]="");

B．String a[5];

C．String[5] a;

D．String []a=new String[5]; for(int i=0;i<5;a[i++]=null);

4. 下面哪些代码片段会产生编译错误？（ ）

A．String s="Gone   with   the   wind"; String t="good"; String k=s+t;

B．String s="Gone   with   the   wind"; String t; t=s[3]+ "one";

C．String s="Gone   with   the   wind"; String standard=s.toUpperCase();

D．String s="home directory"; String t=s+"directory".

5. 下列哪一个方法是计算 cos(42)的？其中，42 是角度。（ ）

A．double d=Math.cos(42)的;

B．double d=Math.cosine(42);

C．double d=Math.cos (Math.toRadians(42));

D．double d=Math.cos (Math.toDegrees(42));

### 二、填空题

1. 字符串中查询指定字符或子串时，可用_____和_____方法。

2．StringBuffer()构造函数为字符串分配_____字符的缓存。

3．凡生成 StringBuffer 一个对象后，还可用_____方法或_____方法来设定缓存大小。

4．因为 String 是固定长度字符串，所以修改它必须通过_____。

5．在字符串中查询指定字符串或子串时可以用_____和_____方法。

## 拓 展 实 践

【实践 4-1】 调试并修改以下程序，使之输出"Hello"及其长度。
```
public class Ex4_1 {
    String str;
    public void Ex4_1(String str) {
    this.str = str;
    }
    int getlength(){
     return(str.length);
    }
    public static void main(String[] args) {
       Ex4_1 test = new Ex4_1("Hello");
       System.out.println("字符串是:"+test.str+" 长度为："+test.getlength());
    }
}
```

【实践 4-2】 下面程序的功能为：键盘输入一个字符串和一个字符，若该字符存在字符串，则以空格替代该字符。试完善以下程序。
```
import java.util.*;
import java.io.*;
public class Ex4_2{
    public static void main(String[] args) {
      String str1 = new String();
      String str2 = new String();
      char ch;
      Scanner reader= new Scanner(System.in);
      System.out.println("输入字符串：");
      str1=_____【代码 1】_____;          //输入字符串
      System.out.println("输入要删除的字符：");
      str2=_____【代码 2】_____;          //输入要删除的字符，以字符串的形式输入
      ch=_____【代码 3】_____;            //将字符串 str2 转换为字符
      str2=_____【代码 4】_____;          //用空格替代指定字符
```

```
        System.out.println("删除字符后的字符串    "+str2);
    }
}
```

【实践 4-3】 键盘输入两个字符串,验证第一个字符串是否为第二个字符串的子串。

【实践 4-4】 给出利用 Java API 文档查阅 System.out.println 方法的相关介绍。

# 第 5 章

# 任务 5——定义用户年龄的异常类

 **学习目标**

本章通过自定义用户输入的年龄异常类，介绍了 Java 程序中的异常处理机制。
本章学习目标为
- 熟悉异常类的层次结构，能够区别 Error 类和 Exception(异常)类及其处理。
- 了解 Java 的异常处理机制。
- 掌握在程序中使用 try-catch-finally 语句结构处理异常的方法。
- 掌握异常的声明和抛出。
- 掌握自定义异常的方法。

## 5.1 任务描述

学生在线考试系统中，用户注册需要输入年龄，若输入不合理的年龄，我们将在程序中抛出异常，并做相关处理。为此，本章任务是自定义一个关于年龄的异常类。

## 5.2 技术要点

在进行程序设计时，错误的产生是不可避免的，其中错误包括语法错误和运行错误。一般称编译时被检测出来的错误为语法错误，这种错误一旦产生程序将不被运行。然而，并非所有错误都能在编译期间检测到，有些问题可能会在程序运行时才暴露出来。例如，想打开的文件不存在、网络连接中断、受控操作数超出预定范围、除数为 0 等。这类在程序运行时代码序列中产生的出错情况称为运行错误。这种运行错误倘若没有及时进行处理，可能会造成程序中断、数据遗失乃至系统崩溃等问题。这种运行错误也就是我们常说的"异常"。

在不支持异常处理的传统程序设计语言中，设计的程序要包含很长的代码来识别潜在的运行错误的条件。传统的检测错误的方法包括使用一些可以设置为真或假的变量来对错误进行捕获，相似的错误条件必须在每个程序中分别处理，这显然麻烦而且低效。例如在 C 语言中，通过使用 if 语句来判断是否出现了错误，同时，要调用函数并通过被调用函数的返回值感知在被调用函数中产生的错误事件并进行处理。这种错误处理机制会导致把大部分精力花在出错处理上；且只把能够想到的错误考虑到，对其他情况无法处理；程序可读性也很差，大量的错误处理代码混杂在程序中；出错返回信息量太少，无法更确切地了解错误状况或原因。

例 5-1 的程序中没有任何异常处理的相关代码，编译时能顺利通过，但运行时屏幕显示如图 5-1 所示的界面，并中断程序的运行。

**例 5-1　TestException.java**

```
1    class TestException1{
2      public static void main(String args[]){
3        int a=8,b=0;
4        int c=a/b;          //除数为0，出现异常
5        System.out.print(c);
6      }
7    }
```

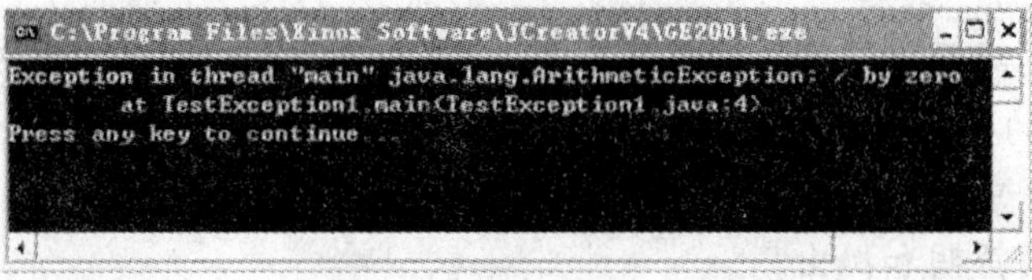

图 5-1　运行时错误提示

程序出错原因是因为除数为 0。Java 发现这个错误之后，便由系统抛出"ArithmeticException"这个类的异常，用来说明错误的原因，以及出错的位置是在 TestException1.java 程序中的第 4 行，并停止运行程序。因此，如果没有编写处理异常的程序代码，则 Java 的默认异常处理机制会先抛出异常，然后终止程序运行。

上例中出现的异常比较简单，在编程中完全可以避免，但是有的异常在程序的编写过程中是无法预知的。例如，要访问的文件不存在，网络连接的过程中发生中断等。为了处理程序运行中一些无法避免的异常，Java 语言提供了异常处理机制，为方法的异常终止和出错处理提供了清楚的接口，同时将功能代码和异常处理的代码进行分开编写。

### 5.2.1　异常类

**1．异常类的层次结构**

Java 中的所有异常都是 Throwable 类或子类，而 Throwable 类又直接继承于 Object 类。Throwable 类有两个子类：java.lang.Error 类与 java.lang.Exception 类。Exception 类又进一步细分为 RuntimeException(运行异常)类和 Non-RuntimeException(非运行异常)类。图 5-2 显示了各异常之间的继承关系。

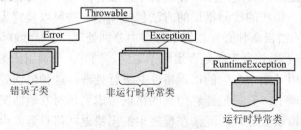

图 5-2　异常类的层次结构

## 2. Error 类及其子类

Error 类专门用来处理严重影响程序运行的错误,一般情况下我们不会设计程序代码去捕捉这种错误,其原因在于即使捕捉到它,也无法给予适当的处理。例如,虚拟机错误、动态链接失败等。表 5-1 列出一些常见的 Error 类。

表 5-1 常见的 Error 类

| 异常类名 | 用 途 |
|---|---|
| LinkageError | 动态链接失败 |
| VirtualMachineError | 虚拟机错误 |
| AWTError | AWT 错误 |

## 3. Exception 类及其子类

相对于 Error 类,Exception 类包含了一般性的异常,这些异常通常在捕捉到之后可以做一些妥善的处理,以确保程序继续运行。从异常类的继承层次结构图中可以看出,Exception 类的若干子类中包含运行时异常类(RuntimeException)和非运行时异常类。

1) 运行时异常

运行异常是在 Java 运行系统执行过程中的异常,对于 RuntimeException 类的异常,即使不编写异常处理的程序代码,依然可以编译成功,因为该异常是在程序运行时才有可能发生的,例如算术异常(除数为 0)、数组下标越界等。由于这类异常产生得比较频繁,并且通过仔细编程完全可以避免。如果显式地通过异常处理机制去处理,则会影响整个程序的运行效率。因此,对于 RuntimeException 类,一般由系统自动检测,并将它们交给缺省的异常处理程序。表 5-2 列出几种常见的运行时异常类。

表 5-2 常见运行时异常类

| 异 常 类 | 用 途 |
|---|---|
| ArithmeticException | 除数为零的异常 |
| IndexOutOfBoundsException | 下标越界异常 |
| ArrayIndexOutOfBoundsException | 访问数组元素的下标越界异常 |
| StringIndexOutOfBoundsException | 字符串下标越界异常 |
| ClassCaseException | 类强制转换异常 |
| NullpointerException | 当程序试图访问一个空数组中的元素,或访问一个空对象中的方法或变量时产生的异常 |

2) 非运行时异常

非运行时异常是由编译器在编译时检测是否会发生在方法的执行过程中的异常。对于非运行时的异常类,即使通过仔细编程也无法避免。例如,要访问的文件不存在等情况。这类异常通常都在 JDK 说明文档中定义的方法后面通过 throws 关键字将异常抛出,编程时必须捕获并做相应处理。如图 5-3 所示,java.io.Reader 类中定义了 read 方法:

public int read(CharBuffer    target) **throws IOException**

在编程中，若要使用 read 方法，则必须对其可能产生的 IOException 异常进行捕获和相应的处理。

图 5-3　java.io.Reader 类的 read 方法

表 5-3 列出了常见的非运行时异常。

**表 5-3　常见的非运行时异常**

| 异常类名 | 用　　途 |
| --- | --- |
| ClassNotFoundException | 指定类或接口不存在的异常 |
| IllegalAccessException | 非法访问异常 |
| IOException | 输入输出异常 |
| FileNotFoundException | 找不到指定文件的异常 |
| ProtocolException | 网络协议异常 |
| SocketException | Socket 操作异常 |
| MalformedURLException | 统一资源定位器(URL)格式不正确的异常 |

### 5.2.2　异常的捕获和处理

例 5-1 中异常发生后，系统自动把这个异常抛了出来，但是抛出来之后没有程序代码去捕捉(catch)异常并进行相应的处理。Java 中的异常处理是由 try、catch 与 finally 三个关键字所组成的程序块进行的。其语法为

```
try{
    正常程序段，可能抛出异常；
}
catch (异常类 1　异常变量) {
    捕捉异常类 1 有关的处理程序段；
}
catch (异常类 2　异常变量) {
```

# 第 5 章 任务 5——定义用户年龄的异常类

```
        捕捉异常类 2 有关的处理程序段；
    }
        ⋮
    finally{
        一定会运行的程序代码；
    }
```

### 1. try 块——捕获异常

try 用于监控可能发生异常的程序代码块是否发生异常，如果发生异，try 部分将抛出异常类所产生的对象并立刻结束执行，而转向异常处理代码 catch 部分。try 块中。对于系统产生的异常或程序块中未 try 监视所产生的异常，将一律由 Java 运行系统自动将异常对象抛出。

### 2. catch 块——处理异常

抛出的对象如果属于 catch()括号内欲捕获的异常类，则 catch 会捕获此异常，然后进入到 catch 块里继续运行。catch 包括两个参数：一个是类名，指出捕获的异常类型，必须是 Throwable 类的子类；一个是参数名，用来引用被捕获的对象。catch 块所捕获的对象并不需要与它的参数类型精确匹配，它可以捕获参数中指出的异常类的对象及其所有子类的对象。

在 catch 块中，对异常处理的操作根据异常的不同而执行不同的操作。例如，可以进行错误恢复或者退出系统，通常的操作是打印异常的相关信息，包括异常的名称、产生异常的方法名、方法调用的完整、执行栈的轨迹等。异常类常用方法如表 5-4 所示。

表 5-4 异常类常用方法

| 常 用 方 法 | 用 途 |
| --- | --- |
| void String getMessage() | 返回异常对象的一个简短描述 |
| void String toString() | 获取异常对象的详细信息 |
| void printStackTrace() | 在控制台上打印异常对象和它的追踪信息 |

**例 5-2　TryCatchDemo.java**

```
1   public class TryCatchDemo{
2       public static void main(String args[]){
3           try {
4               int a=8,b=0;
5               int c=a/b;
6               System.out.print(c);
7           }
8           catch(ArithmeticException e)    {
9               System.out.println("发生的异常简短描述是："+e.getMessage());
10              System.out.println("发生的异常详细信息是："+e.toString());
```

```
11    }
12   }
13 }
```
程序运行结果如图 5-4 所示。

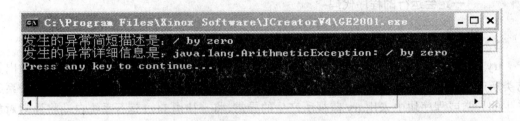

图 5-4   try-catch 示例

**3. finally 块——清除工作**

finally 块是可选的，通过 finally 语句可以为异常处理提供一个统一的出口，使得在控制流转到程序的其他部分以前，能够对程序的状态作统一的处理。不论在 try 代码块中是否发生了异常，finally 代码块中的语句都会被执行。通常在 finally 语句中可以进行资源的清除工作。例如，关闭打开的文件，删除临时文件等。

**例 5-3   TryCatchFinally.java**

```
1  public class TryCatchFinally{
2    public static void main(String args[]){
3      try {
4          int   arr[]=new int[5];
5          arr[5]=100;
6      }catch(ArrayIndexOutOfBoundsException e)   {
7          System.out.println("数组越界!");
8      }catch(Exception e){
9          System.out.println("捕获所有其他 Exception 类异常!");
10     }
11     finally {
12         System.out.println("程序无条件执行该语句!");
13     }
14   }
15 }
```

程序运行结果为

数组越界!

程序无条件执行该语句!

当代码中可能出现多种异常时，可以分别用多个 catch 语句捕获，往往将最后一个 catch 子句的异常类指定为所有异常类的父类 Exception，这样可以在发生的异常不能和 catch 子句中所提供的异常类型匹配时，将异常全部交于 catch(Exception e)对应的程序代码来处理。但要注意，异常子类必须在其任何父类之前使用，若将 catch(Exception e)作为第一条 catch 子句，则所有异常将被其捕获，而不能执行其后的 catch 子句。

### 5.2.3 异常的抛出

异常的抛出可以分为两大类：一类是由系统自动抛出(例 5-2 和例 5-3)；另一类则是通过关键字 throw 将异常对象显式地抛出。显式抛出异常从某种程度上实现了将处理异常的代码从正常流程代码中分离开，使得程序的主线相对完整，同时增加了程序的可读性和可维护性。异常沿着调用层次向上抛出，交由调用它的方法来处理。

异常抛出的语法如下：

　　throw　new　异常类( )；

其中，异常类必须为 Throwable 类及其子类。

**例 5-4　TestException2.java**

```
1   class TestException2
2   {static void throwOne(int i)
3       {if(i==0)
4           throw  new  ClassNotFoundException();
5       }
6   public static void main(String   args[])
7       {
8       throwOne(0);
9       }
10  }
```

例 5-4 中，方法 throwOne()通过 throw 将产生的 classNotFoundException 的异常对象抛出。但是该程序仍然有编译错误，这是因为在 throwOne()方法处没有进行异常类的声明，同时在 main()方法中没有对异常进行捕获和处理。

### 5.2.4 异常的声明

如果程序中定义的方法可能产生异常，可以直接在该方法中捕获并处理该异常，也可以向上传递，由调用它的方法来处理异常。这时需要在该方法名后面进行异常的声明，表示该方法中可能有异常产生。一个 throws 子句列出了可能抛出的异常类型。若该方法中可能抛出多个异常，则将异常类型用逗号分隔。

包括 throws 子句的方法声明的一般格式如下：

　　<类型说明> 方法名(参数列表)　throws　<异常类型列表>
　　{
　　　　方法体；
　　}

**例 5-5　TestException3.java**

```
1   class TestException3{
2       static void throwOne(int i) throws ArithmeticException {
```

```
3        if(i==0)
4          throw  new ArithmeticException("i 值为零");
5        }
6     public static void main(String   args[]){
7        try{
8          throwOne(0);
9        }
10       catch(ArithmeticException e){
11         System.out.println("已捕获到异常错误: "+e.getMessage());
12       }
13     }
14   }
```

程序运行结果为

　　已捕获到异常错误: i 值为零

### 5.2.5 自定义异常类

Java 系统定义了有限的异常用以处理可以预见的、较为常见的运行错误，对于某个应用所特有的运行错误，有时则需要创建自己的异常类来处理特定的情况。用户自定义的异常类，只需继承一个已有的异常类就可以了，包括继承 Execption 类及其子类，或者继承已自定义好的异常类。如果没有特别说明，可以直接用 Execption 类作为父类。

自定义类的格式如下：

```
class   异常类名 extends  Exception
{
    ⋮
}
```

由于 Exception 类并没有定义它自己的任何方法，而它继承了 Throwable 类提供的方法，所以，任何异常都继承了 Throwabe 定义的方法，常用方法如表 5-4 所示。也可以在自定义的异常类中覆盖这些方法中的一个或多个方法。

自定义异常不能由系统自动抛出，只能在方法中通过 throw 关键字显式地抛出异常对象。使用自定义异常的步骤如下：

(1) 首先通过继承 java.lang.Exception 类声明自定义的异常类。
(2) 在方法的声明部分用 throws 语句声明该方法可能抛出的异常。
(3) 在方法体的适当位置创建自定义异常类的对象，并用 throw 语句将异常抛出。
(4) 调用该方法时对可能产生的异常进行捕获，并处理异常。

例 5-6 演示了如何创建自定义的异常类以及如何通过 throw 关键字抛出异常。

**例 5-6　MyException.java**

```
1   class MyException  extends  Exception {
2      private  int  num;
```

```
3      MyException(int a) {
4          num = a;
5      }
6      public  String   toString() {
7          return "MyException[" + num + "]";
8      }
9  }
10  class ExceptionDemo {
11     static void test(int i) throws MyException {
12         System.out.println("调用  test(" + i + ")");
13         if(i > 10)
14             throw new MyException(i);
15         System.out.println("正常退出 ");
16     }
17     public static void main(String args[]) {
18         try {
19             test(5);
20             test(15);
21         }
22         catch (MyException e) {
23             System.out.println("捕捉 " + e.toString());
24         }
25     }
26  }
```

程序运行结果为

调用 test(5)

正常退出

调用 test(15)

捕捉 MyException[15]

## 5.3 任 务 实 施

例 5-7 中是自定义年龄异常,当输入的年龄大于 50 或小于 18 时,将抛出异常。

**例 5-7　Age.java**

```
1  class AgeException extends Exception{
2      String message;
3      AgeException(String name,int m){
```

```
4        message=name+"的年龄"+m+"不正确";
5     }
6    public String toString(){
7        return message;
8     }
9  }
10   class User{
11      private int age=1;
12      private String   name;
13      User(String name){
14       this.name=name;
15      }
16      public void setAge(int age) throws AgeException{
17        if(age>=50||age<=18)
18           throw new AgeException(name,age); //方法抛出异常，导致方法结束
19        else
20           this.age=age;
21      }
22      public int getAge(){
23        System.out.println("年龄"+age+": 输入正确");
24        return age;
25      }
26  }
27   public class Age{
28      public static void main(String args[]){
29       User 张三=new User("张三");
30       User 李四=new User("李四");
31        try {
32             张三.setAge(-20);
33             System.out.println("张三年龄是：  "+张三.getAge());
34          }
35       catch(AgeException e){
36             System.out.println(e.toString());
37        }
38        try {
39             李四.setAge(18);
40             System.out.println("李四年龄是：  "+李四.getAge());
41             }
```

```
42          catch(AgeException e){
43              System.out.println(e.toString());
44          }
45      }
46  }
```

程序运行结果如图 5-5 所示。

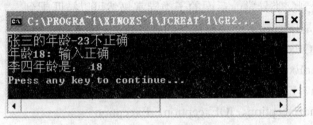

图 5-5　自定义年龄异常

## 自 测 题

一、选择题

1. 哪个关键字可以抛出异常？（　）
   A．transient　　　B．finally　　　C．throw　　　D．static
2. 对于下面代码，哪个叙述是正确的？（　）
   ```
   class test{
     public static void main(String args[]) {
       int a[]=new int[10];
       System.out.println(a[10]);
     }
   }
   ```
   A．编译时将产生错误　　　　　　B．编译时正确，运行时将产生异常
   C．编译时将产生异常　　　　　　D．输出空
3. 异常对象从产生和被传递给 Java 运行系统的过程称为（　）。
   A．捕获异常　　B．抛弃异常　　C．抛出异常　　D．处理异常
4. 如果一个程序段中有多个 catch 块，程序会（　）。
   A．把每个 catch 块都执行一次
   B．把每个符合条件的 catch 块都执行一次
   C．找到适合的异常类型后就不再执行其他 catch 块
   D．找到适合的异常类型后继续执行后面的 catch 块
5. 对于已经被定义过可能抛出异常的语句，在编程时（　）。
   A．必须使用 try/catch 语句处理异常
   B．程序出现错误，必须使用 try/catch 语句处理异常

C. 不使用 try/catch 语句会出现编译错误
D. 不使用 try/catch 语句不会出现编译错误

6. 下面关于捕获异常的顺序的说法正确的是(　　)。
A. 应先捕获父类异常，再捕获子类异常
B. 应先捕获子类异常，再捕获父类异常
C. 有继承关系的异常不能在同一个 try 块中被捕获
D. 如果先匹配到父类异常，后面的子类异常仍然可以被匹配到

7. 以下哪一种是按照异常应该被捕获的顺序排列的？(　　)
A. Exception, IOException, FileNotFoundException
B. FileNotFoundException、Exception、IOException
C. IOException、FileNotFoundException、Exception
D. FileNotFoundException、IOException、Exception

8. 下列错误不属于 Error 类的是(　　)。
A. 动态链接失败　　　　　B. 虚拟机错误
C. 线程死锁　　　　　　　D. 被零除

## 二、填空题

1. 异常类可分为两大类：_____与_____。这两大类均继承自_____类。

2. 对于_____异常，即使不编写异常处理的程序代码，依然可以编译成功；对于_____类异常，一般由系统自动检测，并将它们交给缺省的异常处理程序；对于_____异常类，例如 IOException，这一类异常即使通过仔细编程也无法避免。

3. 异常的抛出可以分为两大类：一类是_____抛出；另一类则是通过_____抛出。

4. Java 中的异常处理是由_____、_____、_____三个关键字所组成的程序块。

5. 关键字_____用于异常的抛出；关键字_____用于异常的声明。

## 拓 展 实 践

【实践 5-1】 调试并修改以下程序，使其能正确捕获到异常，并处理。
```
public class Ex5_1{
    public static void main(String[] args) {
        try {
            int num[] = new int [10];
            System.out.println("num[10] is " + num[10]);
        }
```

```
            catch (Exception ex){
                System.out.println("Exception");
            }
            catch (RuntimeException ex){
                System.out.println("RuntimeException");
            }catch (ArithmeticException ex){
                System.out.println("ArithmeticException");
            }
        }
    }
```

【实践 5-2】 完善下面的程序，使之完成以下功能：键盘输入两个 a 和 b，计算 a/b 的值，对于除数不能为 0 和运算结果小于 0 的异常进行捕获并处理。

```
public class Ex5_2{
    static double cal(double a, double b)
                    _____【代码1】_____        ;    //IllegalArgumentException 异常的声明
    {   double value;
        if ( b == 0 )
        {   //抛出 IllegalArgumentException 异常，并定义消息字符串为"除数不能为 0"
                    _____【代码2】_____        ;
        } else {
            value = a/b;
            if ( value < 0 )
            {   //抛出 IllegalArgumentException 异常，并定义消息字符串为"运算结果小于 0"
                    _____【代码3】_____        ;
            }
        }
        return value;
    }
    public static void main(String[] args)
    {   double result;
        try
        {   double a = Double.parseDouble(args[0]);
            double b = Double.parseDouble(args[1]);
            result = cal(a, b);
            System.out.println("运算结果是: " + result);
        }
                    _____【代码4】_____        ;    //处理 llegalArgumentException 异常
        {
            System.out.println("异常说明: "+e.getMessage());
```

            }
        }
    }

【实践5-3】 从键盘接收输入的 5 个学生的成绩，计算平均分。自定义两个异常类，分别处理录入成绩时可能出现的情况，一个是 NumException 类，用来处理当成绩为负数时所引发的异常；另一个是 MaxException 类，用来处理当成绩超过 100 分时所引发的异常。

# 第二篇

# 学生在线考试系统(单机版)

# 第6章

## 任务6——创建登录界面中的容器与组件

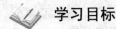
学习目标

本章通过创建考试系统中用户登录界面，介绍 Java 图形用户界面的编程基础。
本章学习目标为
❖ 了解 AWT 和 Swing 的区别和联系。
❖ 掌握容器的概念及其分类。
❖ 掌握容器 JFame、JPanel 和 JDialog 的使用。
❖ 掌握组件 JButton、JLabel、JTextFiled、JTextArea 和 JPasswordField 的使用。
❖ 掌握将组件添加到容器中的方法。

## 6.1 任务描述

本章所要完成的任务是创建用户登录界面中的容器与组件。用户登录界面设计为图形用户界面(Graphics User Interface，GUI)，作为整个考试系统的入口，它需要用户进行必要的身份验证，因此包含了最基本的要素——提供用户名和密码输入的编辑区域，引导用户进入相应功能模块的【登录】、【注册】、【取消】按钮，如图6-1所示。本章我们将详细介绍如何构建一个用户登录界面，以及创建界面上的相关组件的方法。

图 6-1 用户登录界面

## 6.2 技术要点

### 6.2.1 AWT 和 Swing

Java 的抽象窗口工具包(Abstract Window Toolkit，AWT)提供了支持 GUI 设计的类和接口，AWT 由 java.awt 包提供。

AWT 中的图形函数与操作系统所提供的图形函数之间有着一一对应的关系。也就是说，当我们利用 AWT 来构建图形用户界面的时候，实际上是在利用操作系统所提供的图形库。由于不同操作系统的图形库所提供的功能是不一样的，在一个平台上存在的功能在另外一个平台上则可能不存在，因此为了实现 Java 语言"一次编译，到处运行"的特性，AWT 不得不通过牺牲功能来实现其平台无关性，也即 AWT 只拥有所有平台上都存在的组件的公有集合。例如，在 Motif 平台上，按钮是不支持图片显示的，因此 AWT 按钮不能插入图片。由于 AWT 是依靠本地方法来实现其功能的，因此通常把 AWT 控件称为重量级组件。

由于 AWT 不能满足图形化用户界面发展的需要，Java 2(JDK 1.2)推出后，增加了一个新的 Swing 包，由 javax.swing 提供。Swing 是在 AWT 的基础上构建的一套新的图形界面系统。它提供了比 AWT 更强大和更灵活的组件，并且所有组件都完全用 Java 书写，因此具有良好的跨平台性。由于在 Swing 中没有使用本地方法来实现图形功能，因此通常把 Swing 组件称为轻量级组件。

在实际应用中，由于 AWT 是基于本地方法的 C/C++程序，其运行速度比较快，对于一个嵌入式应用来说，目标平台的硬件资源往往非常有限，AWT 成为了嵌入式 Java 的第一选择。Swing 是基于 AWT 的 Java 程序，其运行速度比较慢，也就是通过牺牲速度来实现应用程序的功能。一般在标准版的 Java 中，我们为了强化应用程序的功能而提倡使用 Swing。

**1. Swing 框架**

对 Swing 最普遍的错误概念是认为其设计目的是用来替代 AWT 的。事实上，Swing 是建立在 AWT 之上的。Swing 能利用 AWT 的下层组件，包括图形、颜色、字体、工具包和布局管理器。在 javax.swing 包中，定义了两种类型的组件：顶层容器(JFrame、JApplet、JDialog 和 JWindow)和轻量级组件。Swing 组件都是 Container 类的直接子类或间接子类。

Swing 提供了许多新的图形界面组件。Swing 组件以"J"开头，除了有与 AWT 类似的按钮(JButton)、标签(JLabel)、复选框(JCheckBox)、菜单(JMenu)等基本组件外，还增加了一个丰富的高层组件集合，如表格(JTable)、树(JTree)等。

Swing 的基本框架如图 6-2 所示。

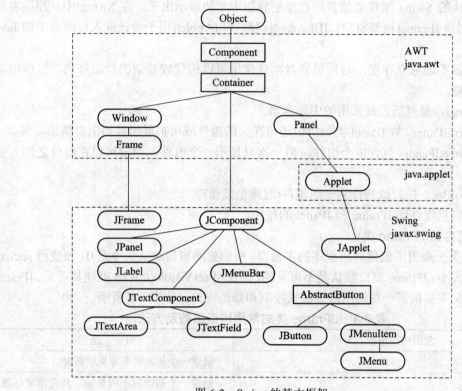

图 6-2 Swing 的基本框架

本书主要以 Swing 中的组件进行图形界面设计，涉及到的字体、颜色、布局等则是利用 AWT 工具包的相关类，详细内容我们将在后续章节进行介绍。

**2. 建立 GUI 的步骤**

Java 中的图形界面的程序设计包括以下几个步骤：

(1) 创建组件：组件的建立通常在应用程序的构造函数或 main()方法内完成。

(2) 将组件加入容器：所有的组件必须加入到容器中才可以被显示出来，而容器可以加入另一个容器中。

(3) 配置容器内组件的位置：让组件固定在特定位置，或利用布局管理来管理组件在容器内的位置，让 GUI 的显示更具灵活性。

(4) 处理由组件所产生的事件：处理事件使得组件具有一定功能。例如，在按下按钮后，有方法来完成一系列的功能。

### 6.2.2 容器

Java 图形用户界面中最基本的组成元素就是组件，组件的作用就是描述以图形化的方式显示在屏幕上并能与用户进行交互的 GUI 元素，例如按钮、文本框等。一般的组件是不能独立地显示出来的，必须依赖于容器才能显示。容器是一种比较特殊的组件，它可以包含其他的组件，也可以包含容器，称为容器的嵌套。Swing 中的容器包括顶层容器和中间容器。

顶层容器是可以独立存在的容器，可以把它看成一个窗口。顶层容器是进行图形编程的基础，其他的 Swing 组件必须依附在顶层容器中才能显示出来。在 Swing 中，顶层容器有三种，分别是 JFrame(框架窗口)、JDialog(对话框)和 JApplet(用于设计嵌入在网页中的 Java 小程序)。

中间容器不能独立存在，与顶层容器结合使用可以构建较复杂的界面布局。这些中间容器主要包括：

- JPanel：最灵活、最常用的中间容器。
- JScrollPane：与 JPanel 类似，但还可在大的组件或可扩展组件周围提供滚动条。
- JTabbedPane：包含多个组件，但一次只显示一个组件，用户可以在组件之间方便地切换。
- JToolBar：按行或列排列一组组件(通常是按钮)。

本章我们重点讲解 JFrame 和 JPanel 的使用。

### 1. 顶层容器(JFrame 类)

JFrame 类一般用于创建应用程序的主窗口，所创建的窗口默认大小是 0，须使用 setSize 设置窗口的大小；JFrame 窗口默认是不可见的，须使用 setVisible(true)才能使其可见。JFrame 类通过继承父类提供了一些常用的方法来控制和修饰窗口，如表 6-1 所示。

表 6-1 JFrame 类的常用构造函数及方法

| 常用构造函数及方法 | 用途 |
| --- | --- |
| JFrame() | 创建一个初始时不可见的新窗口 |
| JFrame(String title) | 创建一个初始时不可见的、具有指定标题的新窗口 |
| public void setDefaultCloseOperation(int operation) | 设置用户在窗口上单击"关闭"时执行的操作 |
| void setLayout(LayoutManager mgr) | 设置窗口的布局管理器 |
| void setSize(int width, int height) | 设置窗口的大小 |
| void setLocation(int x, int y) | 设置窗口的左上角坐标 |
| void setTitle(String title) | 设置窗口标题栏显示的标题 |
| void setVisible(boolean b) | 设置窗口的显示或隐藏属性 |

利用 JFrame 类创建一个窗口的方法有两种，即直接定义 JFrame 类的对象来创建一个窗口，或者通过继承 JFrame 类来创建一个窗口。通常我们利用第二种方法，因为通过继承可以创建自己的变量或方法，更具灵活性。

方法一：直接定义 JFrame 类的对象创建一个窗口。

**例 6-1　JFrameDemo1.java**

```
1   import javax.swing.*;
2   public class JFrameDemo1{
3       public static void main( String args[]) {
4           JFrame    f = new JFrame("一个简单窗口");
5           f.setLocation(300, 300);
```

```
6       f.setSize(300,200);
7       f.setResizable(false);
8       f.setVisible( true);
9       f.setDefaultCloseOperation(f.EXIT_ON_CLOSE);
10     }
11 }
```

方法二：通过继承 JFrame 类创建一个窗口。

**例 6-2    JFrameDemo2.java**

```
1  import javax.swing.*;
2  class MyFrame extends JFrame{
3      MyFrame(String title){
4          super(title);
5          setLocation(300,300);
6          setSize(300,200);
7          setResizable(false);
8          setVisible(true);
9          setDefaultCloseOperation(EXIT_ON_CLOSE);
10     }
11 }
12 public class   JFrameDemo2{
13     public static void main( String args[]) {
14         new MyFrame("一个简单窗口");
15     }
16 }
```

运行 JFrameDemo1.java 和 JFrameDemo2.java 程序的结果是一致的，屏幕上将会显示出一个 300×200，位于显示器左上角(300,300)的空白窗口。该窗口除了标题之外什么都没有，因为还没有在窗口中添加任何组件，显示效果如图 6-3 所示。

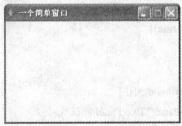

图 6-3   Swing 窗口

**2．中间容器(JPanel 类)**

JPanel 类在 Java 中又称为面板，属于中间容器，本身也属于一个轻量级容器组件。由于 JPanel 类透明且没有边框，因此不能作为顶层容器，不能独立显示。它的作用就在于放置 Swing 轻量级组件，然后作为整体安置在顶层容器中。使用 JPanel 类结合布局管理器，通过容器的嵌套使用,可以实现对窗口的复杂布局。正是因为这些优点,使得 JPanel 类成为最常用的容器之一。JPanel 类的常用构造函数和方法如表 6-2 所示。

表 6-2  JPanel 类的常用构造函数及方法

| 常用构造函数及方法 | 用　途 |
|---|---|
| JPanel() | 创建一个 JPanel 中间容器 |
| JPanel(LayoutManager layout) | 创建一个 JPanel 中间容器,具有指定的布局管理 |
| void add(Component comp) | 将组件添加到 JPanel 面板上 |
| void setBackground(Color c) | 设置 JPanel 的背景色 |
| void setLayout(LayoutManager mgr) | 设置 JPanel 的布局管理 |

如图 6-4 所示,在窗口中定义三种颜色的区域,其中定义两个中间容器 pan1 和 pan2,分别将 pan2(黄色)放置于 pan1(红色)中,pan1 放在顶层容器 fr(绿色)中。

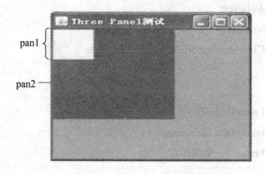

图 6-4  JPanel 示例

**例 6-3  TwoPanel.java**

1　import java.awt.*;
2　import javax.swing.*;
3　class　TwoPanel extends JFrame {
4　　public TwoPanel( String title){
5　　super(title);
6　}
7　public static void main(String args[]) {
8　　TwoPanel fr=new TwoPanel("Two Panel 测试");
9　　JPanel pan1 = new JPanel();
10　　JPanel pan2 = new JPanel();
11　　fr.setLayout(null);
12　　fr.getContentPane().setBackground(Color.green);
13　　fr.setSize(250,250);
14　　pan1.setLayout(null);

```
15    pan1.setBackground(Color.red);
16    pan1.setSize(150,150);
17    pan2.setBackground(Color.yellow);
18    pan2.setSize(50,50);
19    **pan1.add(pan2);**
20    **fr.getContentPane().add(pan1);**
21    fr.setVisible(true);
22  }
23 }
```

从上例中可以看到，JFrame 属于顶层容器，可以用来放置 Swing 组件，但是不能将组件(按钮、标签等)直接放置在 JFame 定义的窗口中，而是必须先获得与 JFrame 关联的内容面板(ContentPane)，然后将组件添加到该内容面板中。

pan1 作为组件添加至窗口 fr 中，采用的语句是：

fr.getContentPane().add(pan1);

不能直接写成 fr.add(pan1)。

若要将组件放置于 JPanel 中，不需要使用 getContentPane()，而是让 JPanel 对象直接使用 add 方法即可，例如，pan1.add(pan2)。

### 3. 对话框(JOptionPane)

利用 JDialog 类可以创建对话框，但是必须创建对话框中的每一个组件，但大多对话框只需显示提示的文本，或者进行简单的选择，这时候可以利用 JOptionPane 类。

通过创建 JOptionPane 对象所得到的对话框是模式对话框，也即必须先关闭对话框窗口才能回到产生对话框的父窗口上。然而通常并不是通过新建一个 JOptionPane 对象创建对话框，而是直接使用 JOptionPane 所提供的一些静态方法。可以创建四种类型的标准对话框：消息对话框、输入对话框、确认对话框和选项对话框。这些静态方法都是以 showXXXDialog 的形式出现的，例如，showMessageDialog()显示消息对话框；showConfirmDialog()显示确认对话框；showInputDialog()显示输入对话框；showOptionDialog()显示选项的对话框。

表 6-3 列出了对话框的类型；表 6-4 列出了 JOptionPane 的常用静态方法。

表 6-3 对 话 框 类 型

| 对 话 框 类 型 | 说　明 |
| --- | --- |
| 消息对话框 | 只含有一个按钮，通常是确定按钮 |
| 确认对话框 | 通常会问用户一个问题，用户回答是或不是 |
| 输入对话框 | 可以让用户输入相关的信息，当用户按下确定按钮后，系统会得到用户所输入的信息。也可以提供 JComboBox 组件让用户选择相关信息，避免用户输入错误 |
| 选项对话框 | 可以让用户自定义对话类型，最大的好处是可以改变按钮上的文字 |

表 6-4　JOptionPane 常用静态方法

| 常用静态方法 | 说　明 |
|---|---|
| void　showMessageDialog(Component parentComponent, Object message) | 标题为"message"的消息对话框 |
| void　showMessageDialog(Component parentComponent, Object message, String title, int messageType) | 由 messageType 参数确定的默认图标来显示信息的对话框 |
| void　showMessageDialog(Component parentComponent, Object message, String title, int messageType, Icon icon) | 显示指定所有参数的消息对话框 |
| int　showConfirmDialog(Component parentComponent,Object message,String title,int optionType, int messageType,Icon icon) | 显示指定所有参数的确认对话框 |
| Object　showInputDailog(Component parentComponent,Object message,String title,int messageType,Icon icon ,Object[] selectionValues,Object initialSelectionValue) | 显示指定所有参数的输入对话框 |

对于表 6-4 中的部分参数说明如下：

① parentComponent：指示对话框的父窗口对象，一般为当前窗口。也可以为 null，即采用缺省的 Frame 作为父窗口，此时对话框将设置在屏幕的正中央。

② message：定义对话框内显示的描述性文字。

③ title：对话框的标题。

④ Component：在对话框内要显示的组件(如按钮)。

⑤ Icon：在对话框内要显示的图标。

⑥ messageType：其值一般可以为 ERROR_MESSAGE(错误消息)、INFORMATION_MESSAGE(提示信息)、WARNING_MESSAGE(警告信息)、QUESTION_MESSAGE(问题消息)和 PLAIN_MESSAGE(普通消息)。

⑦ optionType：它决定在对话框的底部所要显示的按钮选项。一般可以为 DEFAULT_OPTION(默认)、YES_NO_OPTION(Yes 和 No 按钮)、YES_NO_CANCEL_OPTION(Yes、No 和 Cancel 按钮)、OK_CANCEL_OPTION(Ok 和 Cancel 按钮)等。

对话框的使用示例：

■ 显示消息对话框如图 6-5 所示。

　　JOptionPane.showMessageDialog(this,"这是消息对话框!","消息对话框示例",JOptionPane.WARNING_MESSAGE);

■ 显示确认对话框如图 6-6 所示。

图 6-5　消息对话框

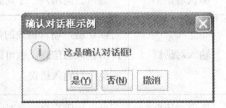
图 6-6　确认对话框

JOptionPane.showConfirmDialog(this,"这是确认对话框!","确认对话框示例",    JOptionPane.YES_NO_CANCEL_OPTION,JOptionPane.INFORMATION_MESSAGE);

- 显示输入对话框如图 6-7 所示。

  String inputValue = JJOptionPane.showInputDialog(this,"这是输入对话框","输入对话框示,JOptionPane.INFORMATION_MESSAGE);

- 显示选项对话框如图 6-8 所示。

  Object[] options = { "钢琴", "小提琴", "古筝" };

  int response=JOptionPane.showOptionDialog(this,"请选择演奏的乐器", "选项对话框示例",JOptionPane.DEFAULT_OPTION,JOptionPane.QUESTION_MESSAGE,null,options,options[1]);

图 6-7  输入对话框

图 6-8  选项对话框

### 6.2.3 组件

**1．按钮（JButton 类）**

按钮是图形用户界面中非常重要的一种组件，一般对应一个事先定义好的功能操作，并对应一段代码。当用户单击按钮时，系统自动执行与该按钮相关联的程序，从而完成预先指定的功能。

JButton 类的常用构造函数及方法如表 6-5 所示。

表 6-5  JButton 类的常用构造函数及方法

| 常用构造函数及方法 | 用  途 |
| --- | --- |
| JButton() | 创建一个按钮 |
| JButton(Icon) | 创建一个带有 Icon 图标的按钮 |
| JButton(String) | 创建一个显示字符串 String 的按钮 |
| JButton(String, Icon) | 创建一个带有字符串和图标的按钮 |
| void setText(String) | 设置按钮所显示的文本 |
| String getText() | 获得按钮所显示的文本 |

例如：

　　JButton b1 = new JButton("确定");

　　ImageIcon buttonIcon = new ImageIcon("Ok.gif");

　　JButton b2 = new JButton("确定", buttonIcon);

**2．标签(JLabel 类)**

JLabel 类用于创建用户不能修改只能查看其内容的文本显示区域，一般具有信息说明的作用，每个标签用一个 JLabel 类的对象表示。JLabel 可以提供带图标的标签，并且可以设置图标和文字的相对位置。

JLabel 类的常用构造函数及方法如表 6-6 所示。

表 6-6 JLabel 类的常用构造函数及方法

| 常用构造函数及方法 | 用 途 |
| --- | --- |
| JLabel(String text ) | 创建一个显示字符串 String 的标签 |
| JLabel(Icon image) | 创建一个带有 Icon 图标的标签 |
| JLabel(String text, Icon image) | 创建一个带有字符串和图标的标签 |
| JLabel(String text,Icon icon,int align) | 创建一个带有字符串和图标的标签，align 表示水平对齐方式，其值可以为 LEFT、RIGHT 或 CENTER |
| void setText(String) | 设置标签所显示的文本 |
| String getText() | 获得标签所显示的文本 |

例 6-4 显示了一个纯文本的标签和带有图标及文本的标签，程序运行结果如图 6-9 所示。

**例 6-4　JlabelDemo.java**

```
1   import javax.swing.*;
2   public class JLabelDemo extends JFrame{
3     JLabelDemo(){
4       super("JLabel 示例");
5       JPanel pan=new   JPanel();
6       JLabel   jlab1=new JLabel("文本标签");
7       ImageIcon icon = new ImageIcon("angel.gif");
8       JLabel jlab2 = new JLabel("这是图标文本标签", icon, SwingConstants.LEFT);
9       pan.add(jlab1);
10      pan.add(jlab2);
11      this.getContentPane().add(pan);
12      setLocation(300, 300);
13      setSize(250,200);
14      setResizable(false);
15      setVisible( true);
16      setDefaultCloseOperation(EXIT_ON_CLOSE);
17    }
18    public static void main( String args[]) {
19      new JLabelDemo ();
20    }
21  }
```

图 6-9　JLabel 示例

**3．文本组件(JTextComponent 类)**

JTextComponent 类是所有 Swing 文本组件的父类，表 6-7 所提供的常用方法可以被其子类 JTextField、JTextArea 和 JPasswordField 直接使用。

### 表6-7 JTextComponent 类的常用方法

| 常用方法 | 用途 |
| --- | --- |
| getText() | 返回 TextComponent 中包含的文本 |
| setText(String) | 将 TextComponent 文本设置为指定文本 |

1) 文本框(JTextField 类)

JTextField 类是单行文本输入组件，用于接收用户的输入，构造函数如表6-8 所示。

### 表6-8 JTextField 类的常用构造函数

| 常用构造函数 | 用途 |
| --- | --- |
| JTextField(int) | 创建一个空的文本区 |
| JTextField(String, int) | 创建一个指定文本和字符数的文本区 |

例如：

  JTextField username=new JTextField(15);

2) 文本区(JTextArea 类)

JTextArea 类提供可以编辑或显示多行文本的区域，默认情况下，文本区是可编辑的。setEditable(false)方法可以将文本区设置为不可编辑。JTextArea 类提供了多种构造函数，用于创建文本区组件的对象，常用的构造函数及方法如表6-9 所示。

### 表6-9 JTextAread 类的常用构造函数及方法

| 常用构造函数 | 用途 |
| --- | --- |
| JTextArea() | 创建一个空的文本区 |
| JTextArea(int, int) | 创建一个指定行数和列数的文本区 |
| JTextArea(String, int, int) | 创建一个指定文本、行数和列数的文本区 |

文本区不自动具有滚动功能，但是可以通过创建一个包含 JTextArea 实例的 JScrollPane 的对象实现。

例如：

  JScrollPane scroll =new JScrollPane(new JTextArea());

3) 密码框(JPasswordField 类)

JPasswordField 类是 JTextField 类的子类，提供了一个专门用来输入密码的文本框。由于安全的原因，密码框一般不直接显示用户输入的字符，而是通过其他字符表示用户的输入，例如星号(*)。其中，利用 setEchoChar 方法可以对输入的字符进行设置，使其以其他字符形式显示。JPasswordField 类的常用构造函数及方法如表6-10 所示。

### 表6-10 JTextField 类的常用构造函数及方法

| 常用构造函数及方法 | 用途 |
| --- | --- |
| JPasswordField( ) | 创建一个空的密码框 |
| char[] getPassword( ) | 返回密码框中所包含的文本 |
| void setEchoChar(char c) | 设置密码框的回显字符 |

虽然 JPasswordField 类继承了 getText 方法，但是还是应该使用 getPassword 方法来获得用户输入的内容，因为 getText 方法返回的是密码框中的可见字符串而不是用户输入的值。

例如：

JPasswordField passwordText=new JPasswordField(15);

passwordText.setEchoChar('*');

## 6.3 任务实施

用户登录界面如图 6-1 所示，包括组件 JLabel、JTextField 和 JButton。程序设计代码如例 6-5 所示。

**例 6-5　Login_GUI.java**

```
1    import java.awt.Font;
2    import java.awt.Toolkit;
3    import javax.swing.JButton;
4    import javax.swing.JFrame;
5    import javax.swing.JLabel;
6    import javax.swing.JOptionPane;
7    import javax.swing.JPanel;
8    import javax.swing.JPasswordField;
9    import javax.swing.JTextField;
10   //定义主类
11   public class Login_GUI{
12       public static void main(String[] args){
13           new LoginFrame();
14       }
15   }
16   //定义窗体
17   class LoginFrame extends JFrame{
18       private Toolkit tool;
19       public LoginFrame()    {
20           int w,h;
21           LoginPanel lp;
22           setTitle("用户登录");
23           tool = Toolkit.getDefaultToolkit();
24           setSize(300,200);
25           //设置窗体居中显示
26           w= (Toolkit.getDefaultToolkit().getScreenSize().width - this.getWidth()) / 2;
27           h = (Toolkit.getDefaultToolkit().getScreenSize().height - this.getWidth())/2;
```

```
28        setLocation(w, h);
29        setResizable(false);
30        lp = new LoginPanel(this);
31        this.getContentPane().add(lp);
32        setDefaultCloseOperation(JFrame.EXIT_ON_CLOSE);
33        setVisible(true);
34    }
35 }
36 //定义中间容器放置组件
37 class LoginPanel extends JPanel{
38     private JLabel namelabel,pwdlabel,titlelabel;
39     private JTextField namefield;
40     private JPasswordField pwdfield;
41     private JButton loginbtn,registerbtn,cancelbtn;
42     private JFrame iframe;
43     public LoginPanel(JFrame frame){
44        iframe = frame;
45        titlelabel = new JLabel("欢迎使用考试系统");
46        titlelabel.setFont(new Font("隶书",Font.BOLD,24));
47        namelabel = new JLabel("用户名：");
48        pwdlabel = new JLabel("密    码：");
49        namefield = new JTextField(16);
50        pwdfield = new JPasswordField(16);
51        pwdfield.setEchoChar('*');
52        loginbtn = new JButton("登录");
53        registerbtn = new JButton("注册");
54        cancelbtn = new JButton("取消");
55         add(titlelabel);
56         add(namelabel);
57         add(namefield);
58         add(pwdlabel);
59         add(pwdfield);
60         add(loginbtn);
61         add(registerbtn);
62         add(cancelbtn);
63    }
64 }
```

【程序解析】

(1) 程序第1~9行分别导入本程序中所需的类。例如，import javax.swing.JLabel 表示导入 javax.swing 包中的 JLabel 类。由于程序中只涉及了 Swing 和 AWT 包，因此可以用以下两条语句替代：

  import java.awt. * ;

  import javax.swing.*;

但是前者导入包的方式性能更优，因为如果程序中有多个 import 语句采用后者导入包，Java 编译器必须搜索所有的包，来查找相应类的具体位置。

  (2) 第 18、23、26～28 行中，Java 给我们提供了一个工具类(Toolkit)，以此来获得当前屏幕的宽度和高度，从而设置窗体居中。坐标的设置如图 6-10 所示。

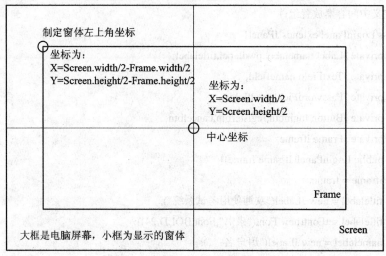

图 6-10　窗体居中显示的坐标设置

  事实上，我们也可以不利用创建 Toolkit 对象的方法，而是直接利用 setLocationRelativeTo(null) 设置窗体居中。例如：

  setSize(300,200);

  setLocationRelativeTo(null);

  (3) 程序运行的界面并不与图 6-1 所示完全一致，因为没有设置布局方式，放置于 JPanel 的组件默认是流布局，也就是从左到右，从上到下依次排列。关于布局管理我们将在下一章详细介绍。

# 自　测　题

**一、选择题**

1. Java 图形开发包支持 Java 语言的哪一项特性？（　）
  A．安全性       B．跨平台性
  C．健壮性       D．多态性
2. 下列哪一项不属于 AWT 提供的图形图像工具？（　）
  A．形状        B．按钮
  C．颜色        D．字体

3. 下列说法中说法错误的是( )。
A. JFrame 可以作为最外层的容器单独存在
B. JPanel 可以作为最外层的容器单独存在
C. JFrame 实例化时，没有大小也不可见
D. JPanel 类可以作为对象放入 JFrame 容器
4. 进行 Java 基本的 GUI 设计需要用到的包是( )。
A. java.io　　　B. java.sql　　　C. java.awt　　　D. java.util
5. Container 是下列哪一个类的子类？( )
A. Graphics　　B. Windows　　C. Applet　　　D. Component
6. 下列哪一项不属于 Swing 的顶层对象？( )
A. JDialog　　　B. JFrame　　　C. JApplet　　　D. JPanel

二、填空题

1. Java 图形用户界面技术的发展经历了两个阶段，具体体现在开发包上是_____和_____。
2. JPanel 既是_____又是_____。
3. Java 的 Swing 包中定义了两种对象：_____和_____。
4. Swing 对象都是 AWT 的 Container 类的_____子类和_____子类。
5. 容器的_____是指将一个包含多个对象的容器作为一个对象加入另一个容器中。

## 拓 展 实 践

【实践 6-1】 调试并修改以下程序，对标签内容设置指定的字体。

```
import javax.swing.JFrame;
import javax.swing.JLabel;
public class Ex6_1 {
  public static void main(String[] args){
    JFrame frame=new JFrame();
    JLabel label1=new JLabel("JAVA   Programming");
     Font   font1=label1.getFont();
    font1=new   Font("Courier", font1.getStyle(),   20);
    label1.setFont(font1);
    frame.getContentPane().add(label1);
    frame.setVisible(true);
  }
}
```

【实践 6-2】 完善下面程序段，使之功能为：创建一窗体，在屏幕中间显示并且标题栏为"第一个窗体"。

```
    import    【代码1】 ;
    import    【代码2】 ;            //导入相应包
    public class Ex6_2 extends JFrame {
        public Ex6_2(){
            【代码3】      ;        //调用父类构造函数,设置窗体标题栏
            【代码4】      ;        //设置窗体大小为 300×150
            【代码5】      ;        //设置窗体居中显示
            setVisible(true);
        }
        public static void main(String [] args){
            【代码6】      ;
        }
    }
```

【实践 6-3】 在用户登录界面中加入图片,并进行适当的修饰,设置相关内容的字体、颜色,使得界面美观大方。

# 第7章 任务7——设计用户登录界面的布局

 学习目标

本章通过对考试系统中用户登录界面的布局设计，介绍 Java 图形用户界面设计中布局管理器的应用。

本章学习目标为

❖ 掌握 FlowLayout 流布局的使用。
❖ 掌握 BorderLayout 边界布局的使用。
❖ 掌握 GridLayout 表格布局的使用。
❖ 了解 GridBagLayout 网格包布局的使用。
❖ 掌握多种布局方式的综合运用。

## 7.1 任务描述

本章任务是对用户登录界面进行布局设计。通过上一章的学习，我们已经完成了将组件添加到容器中的任务，但是进行图形界面设计，不仅仅只是将组件加到容器中，为使界面合理、美观，我们还应该控制组件在容器中的位置，即进行布局设计。事实上，在第 6 章的例 6-5 中由于没有使用布局管理，实际的显示效果如图 7-1 所示，而设置了布局管理的界面如图 7-2 所示。

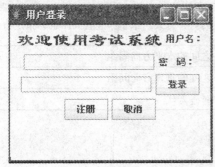 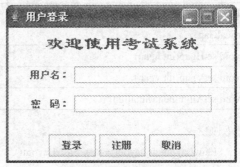

图 7-1 未设置布局管理的用户登录界面　　图 7-2 设置了布局管理的用户登录界面

## 7.2 技 术 要 点

本章工作任务中的技术要点是简单布局管理。布局设计可以通过直接编码，按照像素尺寸来设置 GUI 中的组件。例如，在窗口中把一个按钮放在(10，10)处。但是利用这种方法进行布局设计时，由于系统间的差异，用户界面在每个系统中的显示效果不尽相同。

为了使生成的图形用户界面具有良好的平台无关性，Java 语言提供了布局管理器(Layout Managers)来管理组件在容器中的布局，而不使用直接设置组件的位置和大小的方式。每个容器都有一个布局管理器，容器中组件的大小和定位都由其决定。当容器需要对某个组件进行定位时，就会调用其对应的布局管理器。常用的布局管理有 java.awt 包中定义的五种布局管理器类，分别是 FlowLayout(流式布局)、BorderLayout(边界布局)、GridLayout(网格布局)、GridBagLayout(网格包布局)和 CardLayout(卡片布局)以及 javax.swing 提供的 BoxLayout(盒式布局)。

当一个容器被创建后，它们有默认布局管理器。其中，JFrame 和 JDialog 的默认布局管理器是 BorderLayout；JPanel 和 JApplet 的默认布局管理器是 FlowLayout。程序设计中可以通过 setLayout()方法重新设置容器的布局管理器。

### 7.2.1 流式布局(FlowLayout 类)

FlowLayout 类布局方式是将组件从容器的左上角开始，依次从左到右、从上到下放置。当容器被重新设置大小后，则布局也会随之发生改变：各组件的大小不变，但相对位置会发生变化。

表 7-1 所示是 FlowLayout 类的常用构造函数及方法。

表 7-1  FlowLayout 类的常用构造函数及方法

| 常用构造函数及方法 | 用 途 |
| --- | --- |
| FlowLayout() | 使用缺省居中对齐方式，组件间的水平和竖直间距为缺省值 5 个像素 |
| FlowLayout(int alignment) | 使用指定的对齐方式(FlowLayout.LEFT，FlowLayout.RIGHT，FlowLayout.CENTER)，水平和竖直间距为缺省值 5 个像素 |
| FlowLayout(int alignment,int horizontalGap, int verticalGap) | 使用指定的对齐方式，水平和竖直间距也为指定值 |
| void setHgap(int hgap) | 设置组件之间的水平方向间距 |
| void setVgap(int vgap) | 设置组件之间的垂直方向间距 |
| void setAlignment(int align) | 设置组件对齐方式 |

例如：

  FlowLayout mylayout = new FlowLayout();

  FlowLayout  exLayout = new FlowLayout(FlowLayout.RIGHT);

  setLayout(exlayout);    //为容器设置新布局

**例 7-1**  FlowLayoutDemo.java

  1 import javax.swing.*;

  2 import java.awt.*;

  3 public class FlowLayoutDemo extends JFrame {

```
4      public FlowLayoutDemo() {
5          setLayout(new FlowLayout());
6          setFont(new Font("Helvetica", Font.PLAIN, 14));
7          getContentPane().add(new JButton("Button 1"));
8          getContentPane().add(new JButton(" Button 2"));
9          getContentPane().add(new JButton("Button 3"));
10         getContentPane().add(new JButton("Button 4"));
11     }
12     public static void main(String args[]) {
13         FlowLayoutDemo window = new FlowLayoutDemo();
14         window.setTitle("FlowLayoutDemo Application");
15         window.pack();
16         window.setVisible(true);
17     }
18 }
```

pack( )是从类 java.awt.Window 继承的方法,作用是自动调整界面大小,使组件刚好在容器中显示出来。使用 pack()方法后,可以不需使用 setSize 方法设置窗口大小。从图 7-3 中可以看到,当容器大小发生变化时,随之变化的是组件之间的相对位置。

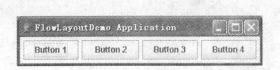 

图 7-3  FlowLayout 类的布局效果

## 7.2.2  边界布局(BorderLayout 类)

BorderLayout 类的布局方式提供了更复杂的布局控制方法,它包括五个区域:North、South、East、West 和 Center,其方位依据上北下南左西右东而定。当容器的尺寸发生变化时,各组件的相对位置不变,但中间部分组件的尺寸会发生变化,南北组件的高度不变,东西组件的宽度不变。

表 7-2 所示为 BorderLayout 类的常用构造函数及方法。

表 7-2  BorderLayout 类的常用构造函数及方法

| 常用构造函数及方法 | 用途 |
| --- | --- |
| BorderLayout() | 各组件间的水平和竖直间距为缺省值 0 个像素 |
| BorderLayout(int horizontalGap, int verticalGap) | 各组件间的水平和竖直间距为指定值 |
| void setHgap(int hgap) | 设置组件之间的水平方向间距 |
| void setVgap(int vgap) | 设置组件之间的垂直方向间距 |

如果容器使用了 BorderLayout 类的布局方式,则用 add()方法往容器中添加组件时必须

指明添加的位置,否则组件将无法正确显示(不同的布局管理器,向容器中添加组件的方法也不同)。

例如:

add("West", new Button("West"));

add("North", new Button("North"));

add(new Button("West"), BorderLayout.SOUTH);

若没有指明放置位置,则表明为默认的"Center"方位。每个区域只能添加一个组件,若添加多个,则只能显示最后一个。如果想在一个区域添加多个组件,则必须先在该区域放一个 JPanel 容器,再将多个组件放在该 JPanel 容器中。若某个区域或若干个区域没有放置组件,东、西、南、北区域将不会有预留,而中间区域将置空。

BorderLayout 类的布局效果如图 7-4 所示。

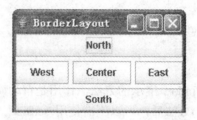

图 7-4　BorderLayout 类的布局效果

### 例 7-2　**BorderLayoutDemo.java**

```
1   import javax.swing.*;
2   import java.awt.*;
3   public class BorderLayoutDemo extends JFrame {
4       public BorderLayoutDemo(){
5           setLayout(new BorderLayout(5,5));
6           setFont(new Font("Helvetica", Font.PLAIN, 14));
7           getContentPane().add("North", new JButton("North"));
8           getContentPane().add("South", new JButton("South"));
9           getContentPane().add("East",   new JButton("East"));
10          getContentPane().add("West",   new JButton("West"));
11          getContentPane().add("Center",new JButton("Center"));
12      }
13      public static void main(String args[]) {
14          BorderLayoutDemo window = new BorderLayoutDemo();
15          window.setTitle("BorderWindow Application");
16          window.pack();
17          window.setVisible(true);
18      }
19  }
```

## 7.2.3 网格布局(GridLayout 类)

GridLayout 类的布局方式可以使容器中的各组件呈网格状分布。容器中各组件的高度和宽度相同,当容器的尺寸发生变化时,各组件的相对位置不变,但各自的尺寸会发生变化。各组件的排列方式为从左到右,从上到下。与 BorderLayout 类相类似,如果想在一个网格单元中添加多个组件,则必须先在该网格单元放一个中间容器,再将多个组件放在该中间容器中。

表 7-3 所示为 GridLayout 类的常用构造函数及方法。

表 7-3 GridLayout 类的常用构造函数及方法

| 常用构造函数及方法 | 用 途 |
| --- | --- |
| public GridLayout() | 在一行中放置所有的组件,各组件间的水平间距为 0 像素 |
| public GridLayout(int rows, int cols) | 生成一个 rows 行、cols 列的管理器,最多能放置 rows×cols 个组件 |
| public GridLayout(int rows, int cols, int horizontalGap, int verticalGap) | 各组件间的水平和竖直间距为指定值 |
| setRows(int rows) | 指定行数 |
| setColumns(int cols) | 指定列数 |

表 7-3 中,rows 或 cols 可以有一个为 0。若 rows 为 0,则表示每行放置 cols 个组件,根据具体组件数,可以有任意多行;若 cols 为 0,则表示共有 rows 行,根据具体组件数,每行可以放置任意多个组件。

GridLayout 类的布局效果如图 7-5 所示。

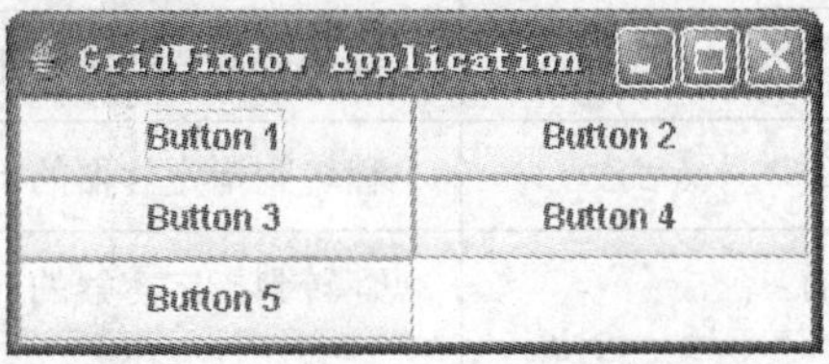

图 7-5 GridLayout 类的布局效果

### 例 7-3 GridLayoutDemo.java

```
1   import javax.swing.*;
2   import java.awt.*;
3   public class GridLayoutDemo extends JFrame {
4       public GridLayoutDemo() {
5           setLayout(new GridLayout(3,2));
6           setFont(new Font("Helvetica", Font.PLAIN, 14));
7           getContentPane().add(new JButton("Button 1"));
8           getContentPane().add(new JButton("Button 2"));
```

```
 9    getContentPane().add(new JButton("Button 3"));
10    getContentPane().add(new JButton("Button 4"));
11    getContentPane().add(new JButton("Button 5"));
12  }
13  public static void main(String args[]) {
14    GridLayoutDemo window = new GridLayoutDemo();
15    window.setTitle("GridWindow Application");
16    window.pack();
17    window.setVisible(true);
18  }
19 }
```

### 7.2.4 卡片布局(CardLayout 类)

CardLayout 类的布局方式可以帮助用户处理两个或更多的组件共享同一显示空间。共享空间的组件之间的关系就像一摞牌，组件摞在一起，只有最上面的组件是可见的。CardLayout 可以像换牌一样处理这些共享空间的组件，为每张牌定义一个名字，可按名字选牌；可以按顺序向前或向后翻牌；也可以直接选第一张或最后一张牌。

表 7-4 所示为 CardLayout 类的常用构造函数及方法。

表 7-4　CardLayout 类的常用构造函数及方法

| 常用构造函数及方法 | 用　　途 |
|---|---|
| CardLayout() | 组件距容器左右边界和上下边界的距离为缺省值 0 个像素 |
| CardLayout(int horizontalGap, int verticalGap) | 组件距容器左右边界和上下边界的距离为指定值 |
| void first(Container parent) | 翻转到容器的第一张卡片 |
| void next(Container parent) | 翻转到指定容器的下一张卡片 |
| void previous(Container parent) | 翻转到指定容器的前一张卡片 |
| void last(Container parent) | 翻转到容器的最后一张卡片 |
| void show(Container parent, String name) | 显示指定卡片 |

与 BorderLayout 类和 GridLayout 类相类似，每张牌中只能放置一个组件，如果想在一张牌中放置多个组件，则必须先在该牌中放一个容器，再将多个组件放在该容器中。

假设将容器 jp_card 设置为 CardLayout 类的布局方式，则一般步骤如下：

(1) 创建 CardLayout 对象作为布局管理。例如：

　　CardLayout cards=new CardLayout();

(2) 使用容器的 setLayout()方法为容器设置布局方式。例如：

　　JPanel jp_cards= new JPanel();

jp_cards.setLayout(cards);

(3) 容器调用 add(String a, Component b)方法，将组件 b 加入到容器中，并为组件取一个代号，该代号是一个字符串，以供更换显示组件时使用。例如：

final static String CARD1 = "第一张卡片";

final static String CARD2= "第二张卡片";

jp_cards.add(p1,CARD1);

jp_cards.add(p2,CARD2);

(4) 使用 CardLayout 类提供的 show()方法，根据容器名字 jp_card 和组件代号显示这一组件。例如：

cards.show(CARD1, jp_cards,);

cards.show(CARD2, jp_cards);

例 7-4 中，在第一张卡片(CARD1)上放置的是三个按钮，在第二张卡片(CARD1)上放置的是一个标签，通过一个下拉列表进行选择。其中的事件编程我们将在后续章节详细介绍。

**例 7-4　CardLayoutDemo.java**

```
1    import java.awt.*;
2    import java.awt.event.*;
3    import javax.swing.*;
4    public class CardLayoutDemo extends JFrame implements ItemListener{
5        JPanel jp_cards;
6        JPanel cp,p1,p2;
7        CardLayout cards;
8        JComboBox  c;
9        final static String CARD1 = "第一张卡片";
10       final static String CARD2= "第二张卡片";
11       public CardLayoutDemo () {
12           setLayout(new BorderLayout());
13           setFont(new Font("Helvetica", Font.PLAIN, 14));
14           cards=new CardLayout();      //步骤 1
15           cp = new JPanel();
16           c = new JComboBox();
17           c.addItem(CARD1);
18           c.addItem(CARD2);
19           cp.add(c);
20           this.getContentPane().add("North", cp);
21           jp_cards = new JPanel();
22           jp_cards.setLayout(cards);    //步骤 2
23           p1 = new JPanel();
24           p1.add(new JButton("按钮 1"));
25           p1.add(new JButton("按钮 2"));
```

```
26      p1.add(new JButton("按钮 3"));
27      p2 = new JPanel();
28      p2.add(new JLabel("标签显示"));
29      jp_cards.add(,CARD1,p1);                    //步骤 3
30      jp_cards.add(CARD2, p2);
31      this.getContentPane().add("Center", jp_cards);
32      c.addItemListener(this);
33   }
34   public void  itemStateChanged(ItemEvent e) {
35      cards.show(jp_cards,(String)e.getItem() );   //步骤 4
36   }
37   public static void main(String args[]) {
38      CardLayoutDemo window = new CardLayoutDemo ();
39      window.setTitle("CardLayout  Demo");
40      window.pack();
41      window.setVisible(true);
42   }
43 }
```

图 7-6 所示为程序运行结果。

图 7-6  CardLayout 类的布局效果

## 7.2.5 空布局(null 布局)

在布局设计中，如果需要精确地指定各个组件的位置和大小，可以首先利用 setLayout(null)语句将容器的布局设置为 null 布局(空布局)。再调用组件的 setBounds(int x, int y, int width,int height)方法设置组件在容器中的大小和位置。

在例 7-5 中，窗口和按钮的大小由 setBounds()方法设置并给出绝对位置，这样做的好处是可以自由设置组件位置和大小；缺点是当窗口改变时许多组件可能无法显示，字体变化后按钮标签等控件无法显示其全部内容。

**例 7-5  NullLayoutDemo.java**

```
1    import java.awt.*;
2    import javax.swing.*;
3    public class NullLayoutDemo{
```

# 第7章 任务7——设计用户登录界面的布局

```
4    JFrame fr;
5    JButton a,b;
6    NullLayoutDemo() {
7        fr = new JFrame();
8        fr.setBounds(100,100,250,150);
9        fr.setLayout(null);
10       a=new JButton("按钮 a");
11       b=new JButton("按钮 b");
12       fr.getContentPane().add(a);
13       a.setBounds(30,30,80,25);
14       fr.getContentPane().add(b);
15       b.setBounds(150,40,80,25);
16       fr.setTitle("NullLayoutDemo");
17       fr.setVisible(true);
18   }
19   public static void main(String args[]){
20       new NullLayoutDemo();
21   }
22 }
```

图 7-7    setBounds()方法的布局效果

图 7-7 所示为程序运行结果。

## 7.3 任务实施

在第 6 章的例 6-5 中没有显式地设置布局方式,由于界面中的组件首先放置于 JPanel 容器中,而 JPanel 的默认布局是 FlowLayout 的布局方式,因此所有组件是从左到右,从上到下依次放置的,并随着窗口大小的改变,位置也发生变化。如果要设计出如图 7-2 所示的布局效果,可以使用布局管理器。程序设计中只需要为例 6-5 中的 LoginPanel 类添加相关布局管理的代码即可。

**例 7-6    LoginPanel.java**

```
1  class LoginPanel extends JPanel {
2      private static final long serialVersionUID = 1L;
3      private JLabel namelabel,pwdlabel,titlelabel;
4      private JTextField namefield;
5      private JPasswordField pwdfield;
6      private JButton loginbtn,registerbtn,cancelbtn;
7      private JPanel panel1,panel2,panel3,panel21,panel22;
8      private JFrame iframe;
9      public LoginPanel(JFrame frame){
```

```
10    iframe = frame;
11    titlelabel = new JLabel("欢迎使用考试系统");
12    titlelabel.setFont(new Font("隶书",Font.BOLD,24));
13    namelabel = new JLabel("用户名：");
14    pwdlabel = new JLabel("密    码：");
15    namefield = new JTextField(16);
16    pwdfield = new JPasswordField(16);
17    pwdfield.setEchoChar('*');
18    loginbtn = new JButton("登录");
19    registerbtn = new JButton("注册");
20    cancelbtn = new JButton("取消");
21    panel1 = new JPanel();
22    panel2 = new JPanel();
23    panel3 = new JPanel();
24    panel21 = new JPanel();
25    panel22 = new JPanel();
26    //添加组件，采用边界布局
27    BorderLayout bl = new BorderLayout();
28    setLayout(bl);
29    panel1.add(titlelabel);
30    panel21.add(namelabel);
31    panel21.add(namefield);
32    panel22.add(pwdlabel);
33    panel22.add(pwdfield);
34    panel2.add(panel21,BorderLayout.NORTH);
35    panel2.add(panel22,BorderLayout.SOUTH);
36    panel3.add(loginbtn);
37    panel3.add(registerbtn);
38    panel3.add(cancelbtn);
39    add(panel1,BorderLayout.NORTH);
40    add(panel2,BorderLayout.CENTER);
41    add(panel3,BorderLayout.SOUTH);
42    }
43 }
```

【程序解析】

程序采用的主要布局方式是 BorderLayout，由于 BorderLayout 的每个区域只能放置一个组件，因此通过定义中间容器实现容器嵌套，将多个组件放置在中间容器中，将中间容器作为一个组件放置在 BorderLayout 中的指定区域。

# 自 测 题

## 一、选择题

1. 下列说法错误的一项是( )。
A. 采用 BorderLayout 布局管理器时，添加对象的时候需要在 add()方法中说明添加到哪一个区域
B. 采用 BorderLayout 布局管理时，每一个区域只能且必须有一个对象
C. 采用 BorderLayout 布局管理时，容器大小发生变化时，对象之间的相对位置不变，对象大小改变
D. 采用 BorderLayout 布局管理时，不一定要所有的区域都有对象

2. 下列说法中错误的一项是( )。
A. 布局管理器对窗口进行布局时，不用考虑屏幕的分辨率
B. 布局管理器对窗口进行布局时，不用考虑窗口的大小
C. GUI 程序设计必须使用布局管理组件，不能通过直接精确定位组件
D. 采用 BorderLayout 布局管理时，不一定要所有的区域都有对象

3. 下列说法中错误的一项是( )。
A. 采用 GridLayout 布局管理器，容器中每个对象平均分配容器的空间
B. 采用 GridLayout 布局管理器，容器中每个对象形成一个网格状的布局
C. 采用 GridLayout 布局管理器，容器中的对象按照从左到右、从上到下的顺序放入容器
D. 采用 GridLayout 布局管理器，容器大小改变时，每个对象将不再平均分配容器空间

4. 容器 JPanel 和 JApplet 缺省使用的布局编辑策略是( )。
A. BorderLayout　　B. FlowLayout　　C. GridLayout　　D. CardLayout

5. 布局管理器可以管理对象的哪个属性？( )
A. 大小　　B. 颜色　　C. 名称　　D. 字体

## 二、填空题

1. 布局管理器能够对窗口进行布局，而与屏幕的_____无关。
2. FlowLayout 是_____、_____和_____的默认布局管理器。
3. BorderLayout 是_____、_____和_____的默认布局管理器。
4. 采用 GridLayout 布局管理器的容器，其中的各对象呈_____布局。
5. FlowLayout 的变化规律是：对象大小_____，但是对象之间的相对位置_____。

# 拓 展 实 践

【实践 7-1】 调试并修改以下程序，使其运行结果为在定义的窗口中显示【确定】、【取

消】按钮。

```java
import javax.swing.*;
public class Ex7_1 extends JFrame{
    Ex7_1(){
        super("程序调试");
        JButton jbtn1=new JButton("确定");
        JButton jbtn2=new JButton("取消");
        this.getContentPane().add(jbtn1);
        this.getContentPane().add(jbtn2);
    }
    public static void main( String args[]) {
        new Ex7_1 ();
    }
}
```

【实践 7-2】 利用所学布局方式,设计一个手机键盘界面,包括显示屏、数字键、控制键等。

【实践 7-3】 通过 setBounds 方法直接设置户登录界面中组件的位置,运行效果同图 7-2 所示。

# 第8章 任务8——处理登录界面中的事件

**学习目标**

本章通过处理登录界面中的相关事件,介绍考试系统中用户登录模块中的事件处理和Java的事件处理机制。

本章学习目标为
- ❖ 熟悉事件处理机制中的三要素,即事件源、事件(对象)及事件监听器。
- ❖ 理解事件类、事件监听器接口与事件处理者的对应关系。
- ❖ 掌握动作事件的相关定义及事件处理。
- ❖ 熟悉键盘事件、焦点事件、鼠标事件、窗口事件的相关定义及事件处理。

## 8.1 任务描述

本章的任务是完善用户登录界面中的事件处理。在第7章中介绍了利用Swing创建的图形界面,可以通过AWT中的布局管理器对界面中的组件进行布局。但点击界面中的按钮没有任何相关程序的执行,这是因为程序中缺少对这些组件上所发生的一系列操作的响应,也就是缺少相应这些组件行为的代码。

事实上,我们希望程序有如下的一系列的响应:

(1) 在考试系统登录界面中,程序根据用户点击不同按钮的操作,进入相关的功能模块。

(2) 输入正确的用户名及密码后,点击【登录】按钮可以进入考试界面进行考试,如图8-1所示;当输入的用户名或密码有误时,系统将提示相关错误信息,如图8-2所示;对于新用户,可以点击【注册】按钮,进行用户注册,如图8-3所示。

图8-1 登录界面中的【登录】按钮事件响应1

图 8-2 登录界面中的【登录】按钮事件响应2    图 8-3 登录界面中的【注册】按钮事件响应

在 Java 中,要想使图形用户界面对用户的操作产生响应,就必须对相应的组件添加事件处理代码。

## 8.2 技术要点

本章任务的技术要点是事件处理。事件是用户对一个动作的启动。常用的事件包括用户单击一个按钮,在文本框内输入及鼠标、键盘、窗口等的操作。所谓的事件处理,是指当用户触发了某一个事件时,系统所做出的响应。Java 采用的是委派事件模型的处理机制,也称为授权事件模型。当用户与组件进行交互,触发了相应的事件时,组件本身并不直接处理事件,而是将事件的处理工作委派给事件监听器。不同的事件,可以交由不同类型的监听器去处理。这种事件处理的机制使得处理事件的应用程序逻辑与生成那些事件的用户界面逻辑(容器与组件)彼此分离,相互独立存在。

图 8-4 描述了委派事件模型的运作流程。我们可以看到,事件处理机制中包含了以下三个要素:事件源、事件(对象)及事件监听器。

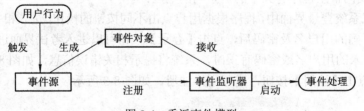

图 8-4 委派事件模型

事件源是产生事件的组件,每个事件源可以产生一个或多个事件。例如,文本框 JTextField 获得焦点时,按回车键则产生动作事件,而修改文本框内容时产生的则是文本事件。为了能够响应所产生的事件,事件源必须注册事件监听器,以便让事件监听器能够及时接收到事件源所产生的各类事件。当接收到一个事件时,监听器将会自动启动并执行相关的事件处理代码来处理该事件。

Java 中的所有事件都放在 java.awt.AWTEvent 包中,这些事件都是从 java.util.EventObject 类继承而来的,而 java.util.EventObject 类又继承于 java.lang.Object 类。事件处理类及其继承关系如图 8-5 所示。图中,有阴影的 7 个类是最基础的事件类,分别是动作事件 (ActionEvent)、调整事件(AdjustmentEvent)、选择事件(ItemEvent)、文本事件(TextEvent)、窗口事件(WindowsEvent)、键盘事件(KeyEvent)和鼠标事件(MouseEvent)。我们将在本章重点介绍动作事件、键盘事件、焦点事件、鼠标事件和窗口事件,其他部分事件类将结合考试系统的其他功能模块在后续章节中进行介绍。

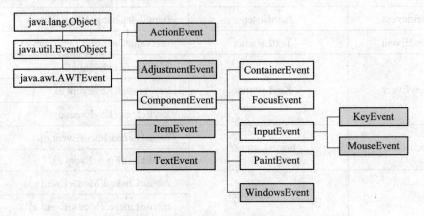

图 8-5 事件处理类及其继承关系

表 8-1 列出了常见的用户行为、事件源和相关的事件类型。其中,Component 是所有 GUI 组件的父类,因此每个组件都可以触发 ComponentEvent 下的 FocusEvent、FocusEvent、MouseEvent、KeyEven 事件。在 java.awt.event 包中,提供 AWT 事件所需的大部分的事件类和事件监听器接口,一些 Swing 组件所特有的事件监听器接口则在 javax.swing.event 中声明。如 ListSelectionEvent 是包含在 javax.swing.event 中的类。

表 8-1 常见用户行为、事件源和事件类型

| 用 户 行 为 | 事 件 源 | 事件类名称 |
| --- | --- | --- |
| 点击按钮 | JButton | ActionEvent |
| 在文本域按下回车键 | JTextField | ActionEvent |
| 选定一个新项 | JComBox | ItemEvent, ActionEvent |
| 选定(多)项 | JList | LsitSelectionEvent |
| 点击复选框 | JCheckBox | ItemEvent, ActionEvent |
| 选定菜单项 | JMenuItem | ActionEvent |
| 移动滚动条 | JScrollBar | AdjustmentEvent |
| 窗口打开、关闭、图标(最小化、还原或正在关闭) | Window | WindowsEvent |
| 组件获得或失去焦点 | Component | FocusEvent |
| 释放或按下键 | Component | KeyEvent |
| 移动鼠标 | Component | MouseEvent |

对于表 8-1 中的事件类都有与之对应的事件监听器。Java 中的事件监听器大多以接口形式出现。事件类、事件监听器接口以及事件监听器委派的事件处理者之间存在一定的对应关系,如表 8-2 所示。

表 8-2　事件类、事件监听器接口与事件处理者的关系

| 事 件 类 | 事件监听器接口 | 事件监听器委派的事件处理者 |
| --- | --- | --- |
| ActionEvent | ActionListener | actionPerformed(ActionEvent e) |
| Itemevent | ItemListener | itemStateChanged(ItemEvent e) |
| TextEvent | TextListener | textValueChanged(TextEvent e) |
| KeyEvent | KeyListener | keyType(KeyEvent e) |
| | | keyPressed(KeyEvent e) |
| | | keyRelease(KeyEvent e) |
| FocusEvent | FocusListener | focusGained(FocusEvent e) |
| | | focusLost(FocusEvent e) |
| MouseEvent | MouseListener | mouseClicked(MouseEvent e) |
| | | mouseEntered(MouseEvent e) |
| | | mousExited(MouseEvent e) |
| | | mousePressed(MouseEvent e) |
| | MouseMotionListener | mouseReleased(MouseEvent e) |
| | | mouseDragged(MouseEvent e) |
| | | mouseMoved(MouseEvent e) |
| WindowsEvent | WindowsListener | windowsClosing(WindowsEvent e) |
| | | windowsOpen(WindowsEvent e) |
| | | windowsConified(WindowsEvent e) |
| | | windowsDeiconified(WindowsEvent e) |
| | | windowsClosed(WindowsEvent e) |
| | | windowsActivated(WindowsEvent e) |
| | | windowsDeactivated(WindowsEvent e) |

## 8.2.1 动作事件(ActionEvent 类)

当用户按下按钮组件(JButton)、双击列表(JList)中的选项、选择菜单项(JMenuItem)，或是在文本框(JTextField)或文本区(TextArea)输入文字后按下【Enter】键的同时，即触发了动作事件。此时，触发事件的组件将 ActionEvent 类的对象传送给向它注册的监听器 ActionListener，由 ActionListener 负责启动并执行相关代码来处理这个事件。

表 8-3 列出了 ActionEvent 类的常用方法。

表 8-3　ActionEvent 类的常用方法

| 方　　法 | 用　　途 |
| --- | --- |
| Public String getActionCommand() | 获取触发动作事件的事件源的命令字符 |
| public Object getSource() | 获取发生 ActionEvent 事件的事件源对象的引用 |

动作事件的监听器接口 ActionListener 中只包含一个方法，语法格式如下：
    public void actionPerform(ActionEvent e)
重写该方法对 ActionEvent 事件进行处理，当 ActionEvent 事件发生时该方法被自动调用，形式参数 e 引用传递过来的动作事件对象。
在 Java 图形用户界面中，处理事件时所必需的步骤是：
(1) 确定接受响应的组件并创建它。
(2) 实现相关事件监听接口。
(3) 注册事件源的动作监听器。
(4) 事件触发时要进行的相关处理。

如图 8-6 所示，我们在窗口中设置了三个按钮，用户点击【确定】按钮屏幕输出"确定"，点击【返回】按钮则输出"确定"，按下【退出】按钮则可以关闭应用程序窗口。具体程序代码参见例 8-1。

图 8-6　动作事件示例

**例 8-1　ButtonListener.java**

```
1   import java.awt.*;
2   import java.awt.event.*;
3   import javax.swing.*;
4   class   ButtonListener extends JFrame implements ActionListener{   //实现监听
5     JButton ok, cancel,exit;
6     public   ButtonListener(String title){
7       super(title);
8       this.setLayout(new FlowLayout());
9       ok = new JButton("确定");
10      cancel = new JButton("返回");
11      exit = new JButton("退出");
12      ok.addActionListener(this);                              //注册监听器
13      cancel.addActionListener(this) ;
14      exit.addActionListener(this);
15      getContentPane().add(ok);
16      getContentPane().add(cancel);
```

```
17      getContentPane().add(exit);
18    }
19    //完成事件触发时的相关处理
20    public  void  actionPerformed(ActionEvent  e){
21        if(e.getSource()==ok)
22          System.out.println("确定");
23    if(e.getSource()==cancel)
24      System.out.println("返回");
25    if(e.getSource()==exit)
26    System.exit(0);;
27    }
28    public static void main(String args[]) {
29        ButtonListener pd=new ButtonListener("ActionEvent Demo");
30        pd.setSize(250,100);
31        pd.setVisible(true);
32    }
33 }
```

例 8-1 是利用容器类实现监听接口的，要对容器中的 GUI 组件进行监听，必须在容器类定义时用 implements 声明要实现哪些接口，并在类中实现这些接口的所有抽象方法。

实际应用中，我们也可以用专门的顶层类来实现监听接口，优点是可以将处理事件的代码与创建 GUI 界面的程序代码分离；缺点是在监听类中无法直接访问组件。我们将例 8-1 进行改写，其中 ButtonListener1 类负责创建 GUI 界面，MyListener 类负责监听 ActionEvent 事件，利用一个监听器类实现了对多个可能产生同类型事件的组件进行监听和处理。

**例 8-2    ButtonListener1.java**

```
1    import java.awt.*;
2    import java.awt.event.*;
3    import javax.swing.*;
4    class  ButtonListener1 extends JFrame {    //创建 GUI 界面
5      JButton ok, cancel,exit;
6      public  ButtonListener1(String   title){
7        super(title);
8        this.setLayout(new FlowLayout());
9        ok = new JButton("确定");
10       cancel = new JButton("返回");
11       exit = new JButton("退出");
12       ok.addActionListener(new MyListener());
13       cancel.addActionListener(new MyListener());;
14       exit.addActionListener(new MyListener());;
15       getContentPane().add(ok);
```

```
16      getContentPane().add(cancel);
17      getContentPane().add(exit);
18   }
19   public static void main(String args[]) {
20      ButtonListener pd=new ButtonListener("ActionEvent Demo");
21      pd.setSize(250,100);
22      pd.setVisible(true);
23   }
24 }
25 class  MyListener implements ActionListener{    //监听动作事件
26   public void actionPerformed(ActionEvent e){
27      if(e.getActionCommand()=="确定")
28         System.out.println("确定");
29      if(e.getActionCommand()=="返回")
30         System.out.println("返回");
31      if(e.getActionCommand()=="退出")
32         System.exit(0);
33   }
34 }
```

## 8.2.2 键盘事件(KeyEvent 类)

键盘事件是由具有键盘焦点的组件在用户按下或释放键盘某个键时引发的 KeyEvent 事件。处理 KeyEvent 事件的监听器接口是 KeyListener，其中包含三个抽象方法。Java 规定，接口中的方法必须全部实现，因此尽管在实际应用中可能仅需要用到一个或者其中几个方法，但每次实现 KeyListener 接口的类都必须实现其所有抽象方法。

对于后续章节所介绍的 MouseListener、MouseMotionListener、WindowListener 也存在类似情况。

表 8-4 所示为 KeyListener 接口中的所有方法。

表 8-4　KeyListener 接口中的所有方法

| 方　　法 | 用　　途 |
| --- | --- |
| void keyTyped(KeyEvent e) | 当敲击键时被调用 |
| void keyPressed(KeyEvent e) | 当按下键时被调用 |
| void keyReleased(KeyEvent e) | 当放开键时被调用 |

在例 8-3 中，定义了 JTextField 组件 tf，用于接收键盘的输入；JTextArea 组件 ta，用于显示当前所触发 KeyEvent 事件的种类。

例8-3  KeyEventDemo.java

```
1    import java.awt.*;
2    import java.awt.event.*;
3    import javax.swing.*;
4    public class KeyEventDemo extends JFrame implements KeyListener{
5      static KeyEventDemo   frm=new KeyEventDemo();
6      static JTextField tf=new JTextField(20);
7      static JTextArea ta=new JTextArea("",5,20);
8      public static void main(String args[]){
9        frm.setSize(200,150);
10       frm.setTitle("KeyEvent Demo");
11       frm.setLayout(new FlowLayout(FlowLayout.CENTER));
12       tf.addKeyListener(frm);
13       ta.setEditable(false);
14       frm.add(tf);
15       frm.add(ta);
16       frm.setVisible(true);
17     }
18     // 当 tf 组件触发 KeyEvent 事件时, 根据事件的种类执行下列的程序代码
19     public void keyPressed(KeyEvent e){    //当按键按下时
20       ta.setText("");
21       ta.append("keyPressed() 被调用\n");
22     }
23     public void keyReleased(KeyEvent e){   //当按键放开时
24       ta.append("keyReleased() 被调用\n");
25     }
26     public void keyTyped(KeyEvent e){      //键入内容时
27       ta.append("keyTyped() 被调用\n");
28     }
29   }
```

程序运行结果如图 8-7 所示。

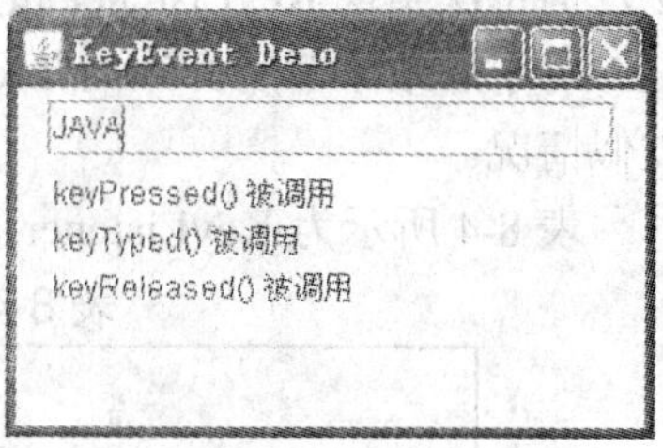

图 8-7  键盘事件示例

## 8.2.3  焦点事件(FocusEvent 类)

组件获得或失去焦点(focus)时, 都会产生该焦点事件。所有的组件都能产生 FocusEvent 事件, 比较常见的是 JTextField 和 JButton 上的焦点事件。当鼠标单击文本框时, 文本框将获得焦点, 获得焦点的文本框内出现闪烁的光标表示可以接收键盘的输入, 如图 8-8 所示。当按钮获得焦点时, 将出现一个虚框, 如图 8-9 所示。FocusEvent 事件相关的 FocusListener 接口中包含两个抽象方法 focusGained 和 focusLost, 如表 8-5 所示。

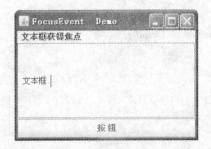
图 8-8 文本框获得焦点

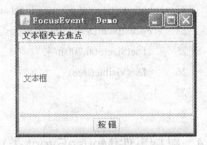
图 8-9 文本框失去焦点

表 8-5　FocusListener 接口中的所有方法

| 方　　法 | 用　　途 |
| --- | --- |
| void focusGained(FocusEvent e) | 在组件获得焦点时被调用 |
| void focusLost(FocusEvent e) | 在组件失去焦点时被调用 |

例 8-4 演示了文本框上 FocusEvent 事件的处理,程序运行效果如图 8-8 和图 8-9 所示,当用鼠标单击文本框时,标签处提示"文本框获得焦点";当用鼠标单击按钮时,标签处提示"文本框失去焦点"。

**例 8-4　FocusEventDemo.java**

```
1   import java.awt.*;
2   import java.awt.event.*;
3   import javax.swing.*;
4   public class FocusEventDemo extends JFrame implements FocusListener{
5     JTextField tf=new JTextField("  文本框  ");
6     JButton jb=new JButton(" 按 钮 ");
7     JLabel jlab=new JLabel(" ");
8     public FocusEventDemo(String title){
9       super(title);
10      this.getContentPane().add(jlab,"North");
11      this.getContentPane().add(tf,"Center");
12      this.getContentPane().add(jb,"South");
13      tf.addFocusListener(this);
14    }
15    public void focusGained(FocusEvent e){
16      if(e.getSource()==tf)
17        jlab.setText("  文本框获得焦点");
18    }
19    public void focusLost(FocusEvent e){
20      if(e.getSource()==tf)
21        jlab.setText("  文本框失去焦点");
22    }
```

```
23    public static void main(String[] args){
24      FocusEventDemo f=new FocusEventDemo("FocusEvent   Demo");
25      f.setSize(300,200);
26      f.setVisible(true);
27    }
28 }
```

### 8.2.4 鼠标事件(MouseEvent 类)

鼠标事件是用户使用鼠标在某个组件上进行某种动作时发生的事件。例如鼠标单击组件、鼠标移入组件区域、鼠标移出组件区域等都会发生 MouseEvent 事件。

MouseEvent 类的主要方法如表 8-6 所示。

表 8-6  MouseEvent 类的常用方法

| 方法 | 用途 |
| --- | --- |
| Point getPoint() | 以 Point 对象形式返回鼠标事件发生的坐标点 |
| int getX()<br>int getY() | 返回发生鼠标事件时鼠标指针的 X, Y 坐标 |
| int getButton() | 获得发生了状态改变的鼠标按钮 |

表中，getButton()方法的返回值如下：

- MouseEvent.NOBUTTON(=0)：无鼠标按钮发生状态改变。
- MouseEvent.BUTTON1(=1)：鼠标左键发生状态改变。
- MouseEvent.BUTTON2(=2)：鼠标中键发生状态改变。
- MouseEvent.BUTTON3(=3)：鼠标右键发生状态改变。

与 MouseEvent 相对应的鼠标事件监听接口为 MouseListener 和 MouseMotionListener。

MouseListener 接口主要处理鼠标单击、按下、释放、移入组件和移出组件的事件，该接口包含五个方法，如表 8-7 所示。

表 8-7  MouseListener 接口中的方法

| 方法 | 用途 |
| --- | --- |
| void mouseClicked(MouseEvent e) | 鼠标被点击时调用的方法 |
| void mouseEntered(MouseEvent e) | 鼠标进入组件时调用的方法 |
| void mouseExited(MouseEvent e) | 鼠标移出组件时调用的方法 |
| void mousePressed(MouseEvent e) | 鼠标被按下时调用的方法 |
| void mouseReleased(MouseEvent e) | 鼠标从按下的状态中释放时调用的方法 |

MouseMotionListener 接口负责处理与鼠标拖放和移动相关的事件，该接口包含两个方法，如表 8-8 所表示。

表 8-8　MouseMotionListener 接口中的所有方法

| 方　法 | 用　途 |
| --- | --- |
| void mouseDragged(MouseEvent e) | 在鼠标键未被按下的状态下，移动鼠标时调用的方法 |
| void mouseMoved(MouseEvent e) | 在鼠标键被按下的状态下，移动鼠标时调用的方法 |

## 8.2.5　窗口事件(WindowEvent 类)

窗口事件是发生在窗口对象上的事件。当用户或应用程序在打开、关闭、最大或最小化窗口等时触发 WindowEvent 事件。处理 WindowEvent 事件需要实现 WindowListener 接口，其中声明了 7 个用来处理不同事件的抽象方法，如表 8-9 所示。

表 8-9　WindowListener 接口中的所有方法

| 方　法 | 用　途 |
| --- | --- |
| windowActivated(WindowEvent e) | 窗口被激活时调用 |
| windowClosed(WindowEvent e) | 窗口被关闭时调用 |
| windowClosing(WindowEvent e) | 窗口正在被关闭时调用 |
| windowDeactivated(WindowEvent e) | 窗口从激活状态到非激活时调用 |
| windowDeiconified(WindowEvent e) | 窗口由最小化状态变成正常状态时调用 |
| windowIconified(WindowEvent e) | 窗口由正常状态变成最小化状态时调用 |
| windowOpened(WindowEvent e) | 窗口打开时调用 |

例 8-5 是鼠标事件和窗口事件的综合应用实例。窗口中的标签区域为鼠标的活动区域，利用 MouseListener、MouseMotionListener 对鼠标状态进行监听，并把鼠标当前状态显示在下方的文本框内。同时，利用 WindowListener 对当前窗口的状态进行监听，当窗口被激活时，文本框显示响应提示信息。程序运行效果如图 8-10 所示。

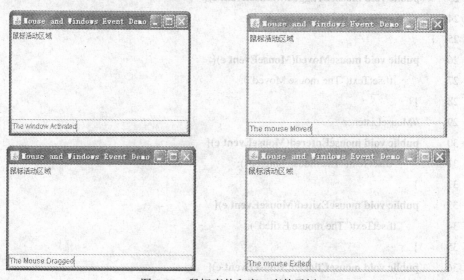

图 8-10　鼠标事件和窗口事件示例

**例 8-5　MouseAndWindowEvent.java**

```java
1   import java.awt.*;
2   import java.awt.event.*;
3   import javax.swing.*;
4   public class MouseAndWindowsEvent   implements
            MouseListener,MouseMotionListener,WindowListener{
5       private JFrame f;
6       private JTextField tf;
7       public static void main(String args[]){
8           MouseAndWindowsEvent ml = new MouseAndWindowsEvent();
9           ml.go();
10      }
11      public void go(){
12          JFrame f = new JFrame("Mouse and Windows Event Demo");
13          f.getContentPane().add( new Label("鼠标活动区域"), "North" );
14          tf = new JTextField(30);
15          f.getContentPane().add(tf, "South");
16          f.addMouseListener(this);
17          f.addMouseMotionListener(this);
18          f.addWindowListener(this);
19          f.setSize(330,200);
20          f.setVisible(true);
21      }
22      //MouseMotionListener
23      public void mouseDragged(MouseEvent e){
24          tf.setText("The Mouse Dragged");
25      }
26      public void mouseMoved(MouseEvent e){
27          tf.setText("The mouse Moved");
28      }
29      //MouseListener
30      public void mouseEntered(MouseEvent e){
31          tf.setText("The mouse Entered");
32      }
33      public void mouseExited(MouseEvent e){
34          tf.setText("The mouse Exited");
35      }
36      public void mouseClicked(MouseEvent e){
37          tf.setText("The mouse Clicked");
```

```
38     }
39     public void mousePressed(MouseEvent e){}
40     public void mouseReleased(MouseEvent e){}
41     public void windowClosing(WindowEvent e){
42         System.exit(1);
43     }
44     public void windowClosed(WindowEvent e){}
45     public void windowOpened(WindowEvent e){}
46     public void windowIconified(WindowEvent e){}
47     public void windowDeiconified(WindowEvent e){}
48     public void windowDeactivated(WindowEvent e){}
49     public void windowActivated(WindowEvent e){
50         tf.setText("The window Activated");
51     }
52 }
```

## 8.3 任务实施

在第7章的例7-7中没有编写对界面组件的事件处理的程序,因此点击按钮无任何反应。根据本章8.1节登录模块的事件处理预览中的介绍,登录模块中主要涉及的为鼠标点击按钮所触发的动作事件 ActionEvent。本节我们将在例7-7 的基础上将事件处理代码补充完整,主要对【登录】、【注册】、【取消】三个按钮添加事件处理代码。

在例7-7 中的 LoginPanel 类中,首先注明所要实现的事件处理的接口,如:
　　class LoginPanel extends JPanel implements ActionListener
并在其构造方法 LoginPanel 中对三个按钮注册动作事件监听器。

```
loginbtn.addActionListener(this);        //登录按钮
registerbtn.addActionListener(this);     //注册按钮
cancelbtn.addActionListener(this);       //取消按钮
```
相关事件的处理代码段如例8-6 所示。

**例8-6** 登录模块中的事件处理代码。

```
1  public void actionPerformed(ActionEvent e){
2      if(e.getSource()==loginbtn){
3          if(namefield.getText().trim().equals("")){
4              JOptionPane.showMessageDialog(null,"\t 请输入用户名!
","用户名空提示",JOptionPane.OK_OPTION);
5          }
6          else{
7              if(new String(pwdfield.getPassword()).equals("")){
```

```
    8                    JOptionPane.showMessageDialog(null,"\t请输入密码！",
"密码空提示",JOptionPane.OK_OPTION);
    9                }
   10                else{
   11                    if(namefield.getText().trim().equals("JSIT")
&&(new String(pwdfield.getPassword()).equals("123456"))){
   12                        new Test_GUI(namefield.getText().trim());//进入考试界面
   13                        iframe.dispose();
   14                    }
   15                }
   16            }
   17        }
   18        if(e.getSource()==registerbtn){
   19            new Register_GUI();    //进入注册界面
   20            iframe.dispose();
   21        }
   22        if(e.getSource()==cancelbtn){
   23            System.exit(0);
   24        }
   25    }
   26 }
```

【程序解析】

(1) 程序第 7 行使用的是 JPasswordField 类的 getPassword 方法，此处也可直接用 pwdfield.getText().equals("")语句替代。

(2) 对于程序第 11 行，实际操作中用户名和密码应保存在文件中，目前还未学习文件的操作，因此我们假定用户名为"JSIT"，密码为"123456"。

(3) 程序第 12 行演示了如何从当前的登录窗口进入考试界面，同时在程序第 13 行关闭了当前的登录窗口。

(4) 程序第 13 行演示了如何从当前的登录窗口进入注册界面，同时在程序第 20 行关闭了当前的登录窗口。

若要使得程序正确运行，还需要另外定义 Test_GUI 和 Register_GUI 类。在考试系统中，它们分别完成考试和注册界面的显示，本节我们先将其定义为两个简单的窗口。该类可以定义在 Login_GUI.java 中，也可以分别定义在两个不同的文件中，分别命名为 Test_GUI.java 和 Register_GUI.java。我们将在后面章节陆续将其完善。

# 自 测 题

## 一、选择题

1. 下列说法中错误的一项是(　　)。

A. 授权处理模块把事件的处理和事件源分开，将处理交付外部的处理实体进行
B. 监听器要处理某类型的事件，必须实现与该类事件相应的接口
C. 在 Java 中，每一个事件类都有一个与之相对应的接口
D. 监听器要处理某类型的事件，不一定必须实现与该类事件相应的接口

2. JTextField 的事件监听器接口是(　　)。
  A. ChangeListener              B. ItemListener
  C. JActionListener             D. ActionListener

3. 下述哪个事件表明一个 java.awt.Component 组件上有一个按键按下？(　　)
  A. KeyEvent                    B. KeyDownEvent
  C. KeyPressEvent               D. KeyPressedEvent

4. 在类中若要处理 ActionEvent 事件，则该类需要实现的接口是(　　)。
  A. ActionListener              B. Runnable
  C. Serializable                D. Event

5. 监听事件和处理事件(　　)。
  A. 都由 Listener 完成           B. 都由相应事件 Listener 处登记过的对象完成
  C. 由 Listener 和对象分别完成   D. 由 Listener 和窗口分别完成

二、填空题

1. 在事件处理的过程中，涉及的三类对象是：_____、_____和_____。
2. Java 中的 AWT 事件中的低级事件是指基于_____和_____的事件。
3. MouseEvent 事件可以实现的监听接口是_____和_____。
4. WindowEvent 属于_____事件，而 ActionEvent 属于_____事件。
5. Java 事件可以分为_____事件和_____事件。

## 拓 展 实 践

【实践 8-1】 调试并修改以下程序，使其实现对窗口事件的监听：当窗口正在关闭时，控制台输出"The window closing"，打开窗口后输出"The window opened"，当窗口为非激活状态时，输出"The window deactived"，窗口被激活后输出"The window activated"。

```
import java.awt.event.*;
import javax.swing.*;
import java.awt.*;
public class Ex8_1 extends JFrame implements WindowListener{
    public Ex8_1(){
        Container con=this.getContentPane();
        con.setLayout(new FlowLayout());
        setBounds(0,0,200,200);
```

```
            setVisible(true);
        }
        public static void main(String args[]){
            new Ex8_1();
        }
        public void windowClosing(WindowEvent e){
            System.out.println("The window closing ");
            System.exit(0);
        }
        public void windowOpened(WindowEvent e){
            System.out.println("The window opened");}
        public void windowDeactivated(WindowEvent e) {
            System.out.println("The window deactived");
        }
        public void windowActivated(WindowEvent e){
            System.out.println("The window activated");
        }
    }
```

【实践 8-2】完善下列程序，使之完成的功能为：窗口中显示两个按钮，按下"Yellow"按钮则窗口背景显示为黄色，按下"Green"按钮则可显示为绿色。

```
        import java.awt.*;
        import java.awt.event.*;
        import javax.swing.*;
        public class Ex8_2 extends JFrame implements ActionListener {
            static   Ex8_2   frm=new Ex8_2();
            static JButton btn1=new JButton("Yellow");
            static JButton btn2=new JButton("Green");
            public static void main(String args[]) {
                _____【代码 1】_____;    //把事件监听者 frm 向 btn1 注册
                _____【代码 2】_____;;   //把事件监听者 frm 向 btn2 注册
                frm.setTitle("Action Event");
                frm.setLayout(new FlowLayout(FlowLayout.CENTER));
                frm.setSize(200,150);
                frm.getContentPane().add(btn1);
                frm.getContentPane().add(btn2);
                frm.setVisible(true);
            }
            public void actionPerformed(ActionEvent e)         {
                _____【代码 3】_____;        // 取得事件源对象
```

```
            if(btn==btn1)                    //如果是按下 btn1 按钮
                  【代码 4】           ;      //设置背景色为黄色
            else if(btn==btn2)               //如果是按下 btn2 按钮
                  【代码 5】           ;      //设置背景色为绿色
         }
    }
```

【实践 8-3】 编写 Java 应用程序，设计一个简单的计算器，包括四个按钮，分别命名为"加"、"减"、"乘"和"除"，并加入三个文本框，分别用于存放两个操作数和运算结果。

# 第9章
# 任务9——设计用户注册界面

 **学习目标**

本章通过设计考试系统中的注册界面，介绍 Java 中的选择性组件及相关事件的处理以及复杂的布局管理。

本章学习目标为

❖ 掌握 JComboBox、JCheckBox、JRadioButton 组件的创建及 ItemEvent 事件的处理。
❖ 掌握 JList 组件的创建及 ListSelectionEvent 事件的处理。
❖ 熟悉网格包布局管理器、盒式布局的使用及多种布局方式的综合应用。

## 9.1 任务描述

本章的任务是设计用户注册界面，并完成相关功能。在用户登录的界面中，通过单击【注册】按钮，进入用户注册界面，如图 9-1 所示。注册界面中除了标签、按钮、文本框、密码框等熟悉的组件，还新增了作为性别选择的单选按钮以及提供所属班级选择的组合框等组件。当用户填写好正确信息后，单击【注册】按钮，系统将把当前用户信息保存至用户信息文件。由于文件读写相关操作将在后续章节进行讲解，因此在本章为了保证程序的完整性，我们暂时显示一个简单的窗口以提示注册成功，如图 9-1 所示。

图 9-1 用户注册界面

## 9.2 技 术 要 点

本章技术要点是 GUI 程序设计中的选择性组件及其相关事件、常用复杂的布局方式——网格包布局(GridBagLayout)和盒式布局(BoxLayout)。

### 9.2.1 选择性组件

**1. 组合框(JComboBox 类)**

组合框是一些项目的简单列表,用户可以看到它的一个选项及其旁边的箭头按钮。当用户单击箭头按钮时,选项列表被展开,用户可以从中进行选择。其优点在于节省空间,使界面更加紧凑。同时,它也限制用户的选择范围,并且能够避免对输入数据有效性的繁琐验证。默认情况下,JComboBox 是不可编辑的,但可以调用 setEditable(true)将其设置为可编辑状态。

JComboBox 类的常用构造函数及方法如表 9-1 所示。

表 9-1　JComboBox 类的常用构造函数及方法

| 常用构造函数及方法 | 用　　途 |
| --- | --- |
| JComboBox() | 创建一个空的组合框 |
| JComboBox(Object[] items) | 创建包含指定数组中的元素的组合框 |
| JComboBox(Vector items) | 创建包含指定 Vector 内所有元素的组合框 |
| void addItem(Object anObject) | 为项列表添加项 |
| Object getSelectedItem() | 返回当前所选项 |
| void setSelectedIndex(int index) | 选择第 index 个元素(第一个元素 index 值为 0) |
| void setEditable(boolean aFlag) | 确定 JComboBox 字段是否可编辑 |

例如:创建一个显示城市名字的组合框。

　String city[]={"北京","上海","广州"};

　JComboBox jcity =new JComboBox(city);

JComboBox 可以触发 ActionEvent 和 ItemEvent 事件。选中一个新的选项时,JComboBox 会触发两次 ItemEvent 事件,一次是取消前一个选项,另一次是选择当前选项。产生 ItemEvent 事件后,JComboBox 紧接着触发 ActionEvent 事件,具体示例参见本章例 9-1。

**2. 列表框(JList 类)**

列表框的作用与组合框基本相同,也是提供一系列的选择项供用户选择,但是列表框允许用户同时选择多项。可以在创建列表时,将其各选择项加入到列表中。

JList 类的常用构造函数及方法如表 9-2 所示。

表 9-2  JList 类的常用构造函数及方法

| 常用构造函数及方法 | 用途 |
| --- | --- |
| JList() | 创建一个空的列表框 |
| JList(Object[] items) | 创建包含指定数组中的元素的列表框 |
| add(String item) | 将标签为 item 的选项加入列表中 |
| void addItem(Object anObject) | 为项列表添加项 |
| add(String item,int index) | 将标签为 item 的选项加入列表中指定序号处 |
| getSelectedItem() | 获得已选中的选择项文本 |
| getSelectedItems() | 获得所有已选择的选项组成的字符数组 |
| getSelectedIndex() | 获得已选中的选择项的序号 |
| getSelectedIndexs() | 获得所有已选择的选项组成的整型数组 |
| select(int index) | 选中指定序号的选项 |
| deselect(int index) | 不选指定序号的选项 |
| remove(String item) | 将指定标签的选项删除 |
| remove(int index) | 将指定序号的选项删除 |

例如：创建一个关于颜色的列表框。

```
JList colorlist=new JList(3,true);    //列表的构造函数
colorlist.add("red");                 //将字符串加到列表中
colorlist("green");
colorlist("blue");
```

JList(3,true)中的 3 表明该列表只显示三个选项；true 表示可做多重选择，若为 false，则只能做单一的选择。

### 3．单选按钮(JRadioButton 类)

单选按钮 JRadioButton 是提供用户从一组选项中选择唯一的选项的按钮。

JRadioButton 类的常用构造函数及方法如表 9-3 所示。

表 9-3  JRadioButton 类的常用构造函数及方法

| 常用构造函数及方法 | 用途 |
| --- | --- |
| JRadioButton() | 创建一个未选的空单选按钮 |
| JRadioButton(String) | 创建一个标有文字的未选的单选按钮 |
| JRadioButton(String, boolean) | 创建一个标有文字的单选按钮，并指定状态为选中 |

单选按钮可以像按钮一样添加到容器中，但要实现多选一的功能，必须将单选按钮分组，需要创建一个 ButtonGroup 的实例，并用 add 方法把单选按钮添加到该实例中。具体方法如下所示，显示效果如图 9-2 所示。

```
JRadioButton rad1,rad2;
rad1=new JRadioButton("男");
rad2=new JRadioButton ("女",true);
```

图 9-2  单选按钮

```
ButtonGroup btg= new ButtonGroup( );
btg.add(rad1);
btg.add(rad1);
panel = new JPanel();
panel.add(rad1);
panel.add(rad2);
```

**4．复选框(JCheckBox 类)**

JCheckBox 组件提供一种简单的"开/关"输入设备，它带有一个文本标签。每个复选按钮只有两种状态：true 表示选中；false 表示未被选中。创建复选按钮对象时可以同时指明其文本标签，这个文本标签简要地说明了复选按钮的含义。其功能与单选按钮(JRadioButton)类似，所不同的是复选框可以实现多选多。

JCheckBox 类的常用构造函数及方法如表 9-4 所示。

表 9-4 JCheckbox 类的常用构造函数及方法

| 常用构造函数及方法 | 用 途 |
| --- | --- |
| JCheckBox() | 创建一个未选的空复选框 |
| JCheckBox(String) | 创建一个标有文字的未选复选框 |
| JCheckBox(Icon) | 创建有一个图标的未选复选框 |
| JCheckBox(String, Icon) | 创建带有指定文本和图标的未选复选框 |
| boolean isSelected() | 若复选框处于选中状态，该方法返回 true，否则返回 false |
| String getText(String) | 获取复选框的名称 |

复选按钮的构造函数如下：

JCheckBox()

JCheckBox(String str, boolean tf)

其中，str 指明对应的文本标签；tf 是一个逻辑值，或为 true，或为 false。

如果要获得复选按钮的状态，可以调用方法 getState()获得：若按钮被选中，返回 true，否则返回 false。调用方法 setState()可以在程序中设置是否选中复选按钮。

例如：创建一个关于字型的复选框，显示效果如图 9-3 所示。

JCheckBox bold = new JCheckBox( "Bold" );    //粗体

JCheckBox italic= new JCheckBox("Italic");    //斜体

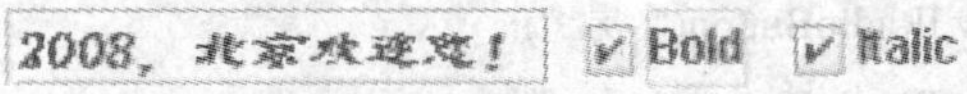

图 9-3 复选框

## 9.2.2 选择事件

**1．ItemEvent 类**

选择事件是在具有选择某个项目功能的组件上发生的事件，能够引发选择事件的 Swing 组件，包括复选框、复选框菜单项、组合框、单选按钮。

ItemEvent 类的常用方法如表 9-5 所示。

表 9-5  ItemEvent 类的常用方法

| 常 用 方 法 | 用 途 |
| --- | --- |
| Object getItem() | 获得触发事件的组件 |
| int getStateChange() | 返回 Item 组件改变的状态(DESELECTED 或 SELECTED) |
| ItemSelectable getItemSelectable() | 返回触发选中状态变化事件的事件源(对象引用) |

ItemEvent 类用两个静态常量表示选项状态：

■ ItemEvent.SELECTED：代表选项被选中。

■ ItemEvent.DESELECTED：代表选项未被选中。

处理 ItemEvent 事件时需要实现 ItemListener 接口，该接口中只包含一个抽象方法，当选项的选择状态发生改变时被调用。

  public void itemStateChanged(ItemEvent e)

例 9-1 中，当鼠标选中组合框中新的选项时，JComboBox 将触发两次 ItemEvent 事件，随后触发 ActionEvent 事件。

**例 9-1  ItemeventDemo.java**

```
1    import java.awt.*;
2    import java.awt.event.*;
3    import javax.swing.*;
4    public class ItemeventDemo  extends JFrame implements ItemListener,ActionListener{
5       JRadioButton opt1;
6       JRadioButton  opt2;
7       ButtonGroup btg;
8       JTextArea   ta;
9       JComboBox comb;
10      JLabel sex,city;
11      public ItemeventDemo(String   title){
12         super(title);
13         setLayout(new FlowLayout(FlowLayout.LEFT));
14         sex=new JLabel("性    别: ");
15         city=new JLabel("       籍    贯:");
16         opt1=new JRadioButton(" 男 ");
17         opt2=new JRadioButton(" 女 ");
18         btg=new   ButtonGroup();
19         btg.add(opt1);
20         btg.add(opt2);
21         opt1.addItemListener(this);
22         opt2.addItemListener(this);
23         ta=new JTextArea (8,35);
```

```
24        comb=new JComboBox();
25        comb.addItem("北 京");
26        comb.addItem("上 海");
27        comb.addItem("南 京");
28        comb.addItem("广 州");
29        comb.addItem("成 都");
30        comb.addItem("昆 明");
31        comb.addItemListener(this);
32        comb.addActionListener(this);
33        getContentPane().add(sex);
34        getContentPane().add(opt1);
35        getContentPane().add(opt2);
36        getContentPane().add(city);
37        getContentPane().add(comb);
38        getContentPane().add(ta);
39        setTitle(title);
40        setSize(300,250);
41        setVisible(true);
42    }
43    public static void main(String args[]){
44        new ItemeventDemo("Itemevent Demo");
45    }
46    //ItemEvent 事件发生时的处理操作
47    public void itemStateChanged(ItemEvent e){
48        String str;
49        if(e.getSource()==opt1)          //如果 opt1 被选择
50            ta.append("\n 性 别："+"男");
51        else if(e.getSource()==opt2)     //如果 opt2 被选择
52            ta.append("\n 性 别："+"女");
53        if(e.getSource()==comb){
54            str=comb.getSelectedItem().toString();
55            ta.append("\n 籍 贯:"+str+" =>ItemEvent 事件 ");
56        }
57    }
58    public void actionPerformed(ActionEvent e){
59        String str;
60        if(e.getSource()==comb){
61            str=comb.getSelectedItem().toString();
62            ta.append("\n 籍 贯:"+str+" =>ActionEvent 事件 ");
```

```
63      }
64    }
65  }
```

程序运行效果如图 9-4 所示。

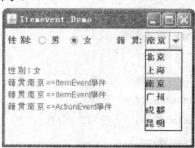

图 9-4  选择事件运行效果

例 9-2 根据复选框中的选择将文本显示为不同的字型：Bold(粗体)和 Italic(斜体)。

**例 9-2    ItemeventDemo.java**

```
1   import java.awt.*;
2   import java.awt.event.*;
3   import javax.swing.*;
4   public class CheckBoxDemo extends JFrame implements ItemListener{
5       private JTextField field;
6       private JCheckBox bold, italic;
7       private int valBold = Font.PLAIN;
8       private int valItalic = Font.PLAIN;
9       public CheckBoxDemo(){
10          super( "JCheckBox Demo" );
11          Container container = getContentPane();
12          container.setLayout( new FlowLayout() );
13          field = new JTextField( "2008，北京欢迎您！", 20 );
14          field.setFont( new Font( "隶书", Font.PLAIN, 14 ) );
15          container.add(field );
16          bold = new JCheckBox( "Bold" );
17          container.add( bold );
18          italic = new JCheckBox( "Italic" );
19          container.add( italic );
20          bold.addItemListener(this);
21          italic.addItemListener( this );
22          setSize( 280, 100 );
23          setVisible( true );
24      }
```

```
25    public void itemStateChanged(ItemEvent event){
26      if ( event.getSource() == bold )
27         valBold = bold.isSelected() ? Font.BOLD : Font.PLAIN;
28      if ( event.getSource() == italic )
29         valItalic = italic.isSelected() ? Font.ITALIC : Font.PLAIN;
30      field.setFont( new Font( "隶书", valBold + valItalic, 14 ) );
31    }
32    public static void main(String args[]){
33      new CheckBoxDemo();
34    }
35  }
```

程序运行效果如图 9-5 所示。

图 9-5　JCheckBox 选择事件的运行效果

### 2．ListSelectionEvent 类

JList 列表框的事件处理一般可分为两种：一种是当用户单击列表框中的某一个选项并选中它时，将产生 ListSelectionEvent 类的选择事件，此事件是 Swing 事件；另一种是当用户双击列表框中的某个选项时，则产生 MouseEvent 类的事件。

如果希望实现 JList 的 ListSelectionEvent 事件，首先必须声明实现监听者对象的类接口 ListSelectionListener，并通过 JList 类的 addListSelectionListener()方法注册文本框的监听者对象，再在 ListSelectionListener 接口的 valueChanged(ListSelectionEvent e)方法中写入有关代码，就可以响应 ListSelectionEvent 事件了。

例 9-3 实现了 JList 列表框的 ListSelectionEvent 事件，其中在 JList 列表框中可以实现多选。

**例 9-3　JListDemo.java**

```
1   import java.awt.*;
2   import java.awt.event.*;
3   import javax.swing.*;
4   import javax.swing.event.*;
5   public class JListDemo extends JFrame implements ListSelectionListener{
6     JList list = null;
7     JLabel label = null;
```

```
8       String[] s = {"宝马","奔驰","奥迪","本田","皇冠","福特","现代"};
9       public JListDemo(){
10          JFrame f = new JFrame("JList Demo");
11          Container contentPane = f.getContentPane();
12          contentPane.setLayout(new BorderLayout(0,15));
13          label = new JLabel(" ");
14          list = new JList(s);
15          list.setVisibleRowCount(5);
16          list.setBorder(BorderFactory.createTitledBorder("汽车品牌："));
17          list.addListSelectionListener(this);
18          contentPane.add(label,BorderLayout.NORTH);
19          contentPane.add(new JScrollPane(list),BorderLayout.CENTER);
20          f.setSize(300,200);
21          f.setVisible(true);
22       }
23       public static void main(String args[]){
24          new JListDemo();
25       }
26       public void valueChanged(ListSelectionEvent  e){
27          int tmp = 0;
28          String stmp = "您喜欢的汽车品牌有: ";
29          int[] index = list.getSelectedIndices();
30          for(int i=0; i < index.length ; i++){
31              tmp = index[i];
32              stmp = stmp+s[tmp]+"   ";
33          }
34          label.setText(stmp);
35       }
36   }
```

程序运行效果如图 9-6 所示。

图 9-6  JList 选择事件的运行效果

### 9.2.3 复杂布局管理器

**1. 网格包布局(GridBagLayout 类)**

GridBagLayout 类局方式是 AWT 中最灵活，同时也是最复杂的一种布局方式。与 GridLayout 相同，它也是将容器中的组件按照行、列的方式放置，但允许各组件所在的显示区域占据多个网格。

GridBagLayout 类只提供一个无参的构造函数，建立一个新的 GridBagLayout 管理器，因此若要使用 GridBagLayout 布局就必须用 GridBagConstraints 与之关联。GridBagLayout 外观管理器实际上是根据类 GridBagConstraints 所给出的条件限制以及组件本身的一些特性条件(例如每个组件程序允许的最小尺寸)来决定各个组件的外观的。在 GridBagLayout 中，每个组件都有一个 GridBagConstraints 对象来给出它的大小和摆放位置。

当 GridBagLayout 与无参的 GridBagConstraints 关联时，此时它就相当于一个 GridLayout，区别就是用 GridLayout 布局的组件会随着窗口大小的变化而变化，但 GridBagLayout 布局的组件不会发生变化。

类 GridBagConstraints 中提供了一些相应的属性和常量来设置对组件的空间限制：

- gridx, gridy
- gridwidth, gridheight
- fill
- ipadx, ipady
- insets
- archor
- weightx, weighty

1) gridx, gridy(int)

gridx(gridy)指明组件显示区域左端(上端)在容器中的位置。若为 0，则组件处于最左端(最上端)的单元。它是一个非负的整数，其缺省值为 GridBagConstraints.RELATIVE，表明把组件放在前一个添加到容器中的组件的右端(下端)。

2) gridwidth, gridheight(int)

gridwidth(gridheight)指明组件显示区在一行(列)中所占的网格单元数。它是一个非负的整数，其缺省值为 1。若其值为 GridBagConstraints.REMAINDER，则表明该组件是一行(列)中最后一个组件；若其值为 GridBagConstraints.RELATIVE，则表明该组件紧挨着该行(列)中最后一个组件。

3) fill(int)

fill 属性指明当组件所在的网格单元的区域大于组件所请求的区域时，是否改变组件的尺寸：是按照水平方向填满显示区，还是按垂直方向填满显示区。其取值可为

(1) GridBagConstraints.NONE：缺省值，保持原有尺寸，两个方向都不填满。
(2) GridBagConstraints.HORIZONTAL：按水平方向填满显示区，高度不变。
(3) GridBagConstraints.VERTICAL：按垂直方向填满显示区，宽度不变。
(4) GridBagConstraints.BOTH：两个方向上都填满显示区。

4) ipadx, ipady(int)

ipadx 指明组件的宽度与指定的最小宽度之间的关系：

组件的宽度=指定的最小宽度+ipadx*2

其缺省值为 0。

ipady 指明组件的高度与指定的最小高度之间的关系：

组件的高度=指定的最小高度+ipady*2

其缺省值为 0。

5) insets(Insets)

insets 指明了组件与其显示区边缘之间的距离，大小由一个 insets 对象指定。insets 类的四个属性为

(1) top：上端间距。

(2) bottom：下端间距。

(3) left：左端间距。

(4) right：右端间距。

其缺省值为一个上述四个属性值都为 0 的对象：

new Insets(0, 0, 0, 0);

6) archor(int)

archor 属性指明了当组件的尺寸小于其显示区时，在显示区中如何放置该组件的位置。其值可为

(1) GridBagConstraints.CENTER(缺省值)。

(2) GridBagConstraints.NORTH。

(3) GridBagConstraints.NORTHEAST。

(4) GridBagConstraints.EAST。

(5) GridBagConstraints.SOUTHEAST。

(6) GridBagConstraints.SOUTH。

(7) GridBagConstraints.SOUTHWEST。

(8) GridBagConstraints.WEST。

(9) GridBagConstraints.NORTHWEST。

7) weightx, weighty(double)

weightx(weighty)指明当容器扩大时，如何在行(列)间为组件分配额外的空间。其值可以从 0.0 到 1.0，缺省值为 0.0。

若两者都为 0，则所有组件都团聚在容器的中央，因为此时所有额外空间都添加在网格单元与容器边缘之间。

数值越大，表明组件的行或列将占有更多的额外空间。若两者都为 1.0，表明组件的行或列将占有所有的额外空间。

当一个容器的布局方式为 GridBagLayout 时，往其中添加一个组件，必须先用 GridBagConstraints 设置该组件的空间限制：

GridBagLayout g = new GridBagLayout();

GridBagConstraints c = new GridBagConstraints();

setLayout(g);

```
Button b = new Button("Test");    //生成组件 b
//分别设置 c 的属性值
c. gridx=…
c. gridy=…
c.fill = …
  ⋮
g.setConstraints(b, c);    //根据 c 的值对组件 b 进行空间限制
add(b);
```

例 9-4 中，GridBagLayout 获取 GridBagConstraints 实例中的值，为某个组件设置了空间限制。当往容器中添加了该组件后，该 GridBagConstraints 实例还可继续用于其他组件，但其值需要做相应的调整。

**例 9-4    GridBagLayoutDemo.java**

```
1    import java.awt.*;
2    import javax.swing.*;
3    public class GridBagLayoutDemo extends JFrame {
4        protected void addbutton(String name,GridBagLayout gridbag,
5            GridBagConstraints c) {
6            JButton button = new JButton(name);
7            gridbag.setConstraints(button, c);
8            getContentPane().add(button);
9        }
10       public GridBagLayoutDemo(){
11           GridBagLayout gridbag = new GridBagLayout();
12           GridBagConstraints c = new GridBagConstraints();
13           setFont(new Font("SansSerif", Font.PLAIN, 14));
14           setLayout(gridbag);
15           c.fill = GridBagConstraints.BOTH;
16           c.weightx = 1.0;
17           addbutton("Button1", gridbag, c);
18           addbutton("Button2", gridbag, c);
19           addbutton("Button3", gridbag, c);
20           c.gridwidth = GridBagConstraints.REMAINDER;    //最后一个组件
21           addbutton("Button4", gridbag, c);
22           c.weightx = 0.0;                               //恢复默认值
23           addbutton("Button5", gridbag, c);
24           c.gridwidth = GridBagConstraints.RELATIVE;     //倒数第二个组件
25           addbutton("Button6", gridbag, c);
26           c.gridwidth = GridBagConstraints.REMAINDER;    //最后一个组件
27           addbutton("Button7", gridbag, c);
28           c.gridwidth = 1;                               //恢复默认值
```

```
29        c.gridheight = 2;                            //占据两行
30        c.weighty = 1.0;
31        addbutton("Button8", gridbag, c);
32        c.weighty = 0.0;                             //恢复默认值
33        c.gridwidth = GridBagConstraints.REMAINDER;  //最后一个组件
34        c.gridheight = 1;                            //恢复默认值
35        addbutton("Button9", gridbag, c);
36        addbutton("Button10", gridbag, c);
37    }
38    public static void main(String args[]) {
39        GridBagLayoutDemo window = new GridBagLayoutDemo();
40        window.setTitle("GridBagLayout Demo");
41        window.pack();
42        window.setVisible(true);
43    }
44 }
```

程序运行效果如图 9-7 所示。

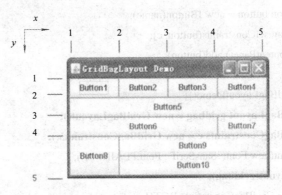

图 9-7　GridBagLayout 的布局效果

### 2．盒式布局(BoxLayout 类)

与前面几种布局不同的是，BoxLayout 是由 Swing 提供的布局管理器，功能上同 GridBagLayout 一样强大，而且更加易用。BoxLayout 将几个组件以水平或垂直的方式组合在一起，即形成行型盒式布局或列型盒式布局。行型盒式布局管理器中添加的组件的上边同在一条水平线上，如果组件的高度不相等，BoxLayout 会试图调整，让所有组件和最高组件的高度一致。列型盒式布局管理器中添加的组件的左边同在一条垂直线上，如果组件的宽度不等，BoxLayout 会调整各组件，使其宽度同最宽组件的宽度一致。其中，各个组件的大小随窗口的大小变化而变化。和流布局不同的是，当空间不够时，组件不会自动往下移。

BoxLayout 布局的主要构造函数是：

**BoxLayout(Container target, int axis)：**

其中，axis 是用来指定组件排列的方式(X_AXIS 水平排列；Y_AXIS 垂直排列)的。

BoxLayout 通常和 Box 容器联合使用。Box 的常用方法如表 9-6 所示。

表 9-6 Box 的常用方法

| 常 用 方 法 | 用 途 |
| --- | --- |
| static Box createHorizontalBox() | 创建一个从左到右显示其组件的 Box |
| static Box createVerticalBox() | 创建一个从上到下显示其组件的 Box |
| createHorizontalGlue() | 创建一个水平方向不可见的、可伸缩的组件 |
| createVerticalGlue() | 创建一个垂直方向不可见的、可伸缩的组件 |
| createHorizontalStrut(int width) | 创建一个不可见的、固定宽度的组件 |
| createVerticalStrut(int height) | 创建一个不可见的、固定高度的组件 |
| createRigidArea(Dimension d) | 创建一个总是具有指定大小的不可见组件 |

对于表 9-6 中的方法，可使用三种隐藏的组件间隔：

■ Strut(支柱)：用来在组件之间插入固定的空间。
■ Glue(胶水)：用来控制一个框布局内额外的空间。
■ Ridid Area(硬区域)：用来生成一个固定大小的区域。

例 9-5 是盒式布局的举例。

### 例 9-5　BoxLayOutDemo.java

```
1   import java.awt.*;
2   import javax.swing.*;
3   public class BoxLayOutDemo {
4       public static void main(String[] args) {
5           MyFrame f=new MyFrame();
6           f.setVisible(true);
7       }
8   }
9   class MyFrame extends JFrame{
10      public MyFrame(){
11          super("BoxLayout DEMO" );
12          final int NUM=2;
13          setBounds(500,350,300,200);
14          Container c =getContentPane();
15          c.setLayout(new BorderLayout(20,20));        //设置边框布局
16          Box boxes[] = new Box[4];                    //设置盒式布局
17          boxes[0]=Box.createHorizontalBox();
18          boxes[1]=Box.createVerticalBox();
19          boxes[3]=Box.createHorizontalBox();
20          boxes[2]=Box.createVerticalBox();
21          boxes[0].add(Box.createHorizontalGlue());
22          boxes[1].add(Box.createVerticalGlue());
23          boxes[2].add(Box.createVerticalStrut(20));
24          boxes[3].add(Box.createHorizontalStrut(30));
```

```
25        for(int i=0;i<NUM;i++)
26            boxes[0].add(new JButton("boxes[0]:"+i));
27        for (int i=0;i<NUM;i++)
28            boxes[1].add(new JButton("boxes[1]:"+i));
29        for (int i=0;i<NUM;i++)
30            boxes[2].add(new JButton("boxes[2]:"+i));
31        for (int i=0;i<NUM;i++)
32            boxes[3].add(new JButton("boxes[3]:"+i));
33        c.add(boxes[0],BorderLayout.NORTH);
34        c.add(boxes[1],BorderLayout.WEST);
35        c.add(boxes[2],BorderLayout.EAST);
36        c.add(boxes[3],BorderLayout.SOUTH);
37    }
38 }
```

程序运行效果如图 9-8 所示。

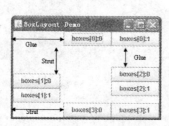 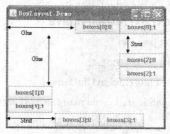

图 9-8　GridBagLayout 的布局效果

## 9.3　任务实施

设计注册界面布局的方法有多种，此处采取的方法综合应用了网格包布局和盒式布局，如图 9-9 所示。

图 9-9　注册界面中的的布局管理

## 例 9-6  Register_GUI.java

```java
1   import java.awt.Component;
2   import java.awt.Dimension;
3   import java.awt.Font;
4   import java.awt.GridBagConstraints;
5   import java.awt.GridBagLayout;
6   import java.awt.Toolkit;
7   import java.awt.event.ActionEvent;
8   import java.awt.event.ActionListener;
9   import javax.swing.BorderFactory;
10  import javax.swing.Box;
11  import javax.swing.ButtonGroup;
12  import javax.swing.JButton;
13  import javax.swing.JComboBox;
14  import javax.swing.JFrame;
15  import javax.swing.JLabel;
16  import javax.swing.JOptionPane;
17  import javax.swing.JPanel;
18  import javax.swing.JPasswordField;
19  import javax.swing.JRadioButton;
20  import javax.swing.JTextField;
21  import javax.swing.border.Border;
22  import java.util.Vector;
23  public class Register_GUI{
24    public Register_GUI(){
25      RegisterFrame rf = new RegisterFrame();
26      rf.setVisible(true);
27    }
28    public static void main(String args[]){
29        new Register_GUI();
30    }
31  }
32  class RegisterFrame extends JFrame{          //框架类
33    private Toolkit tool;
34    public RegisterFrame(){
35      setTitle("用户注册");
36      tool = Toolkit.getDefaultToolkit();
37      Dimension ds = tool.getScreenSize();
38      int w = ds.width;
```

```
39          int h = ds.height;
40          setBounds((w-300)/2,(h-300)/2, 300, 300);
41          setResizable(false);
42          RegisterPanel rp = new RegisterPanel(this);
43          add(rp);
44        }
45    }
46    class RegisterPanel extends JPanel implements ActionListener{    //容器类
47        private JLabel titlelabel,namelabel,pwdlabel1,pwdlabel2,sexlabel,agelabel,classlabel;
48        private JTextField namefield,agefield;
49        private JPasswordField pwdfield1,pwdfield2;
50        private JButton commitbtn,resetbtn,cancelbtn;
51        private JRadioButton rbtn1,rbtn2;
52        private JComboBox combo;
53        private Vector<String> v;
54        private GridBagLayout gbl;
55        private GridBagConstraints gbc;
56        private JPanel panel;
57        private Box box;
58        private JFrame iframe;
59        public RegisterPanel(JFrame frame){
60            iframe = frame;
61            titlelabel = new JLabel("用户注册");
62            titlelabel.setFont(new Font("隶书",Font.BOLD,24));
63            namelabel = new JLabel("用户名: ");
64            pwdlabel1 = new JLabel("密    码: ");
65            pwdlabel2 = new JLabel("确认密码: ");
66            sexlabel = new JLabel("性    别:");
67            agelabel = new JLabel("年  龄:   ");
68            classlabel = new JLabel("所属班级:");
69            namefield = new JTextField(16);
70            pwdfield1 = new JPasswordField(16);
71            pwdfield1.setEchoChar('*');
72            pwdfield2 = new JPasswordField(16);
73            pwdfield2.setEchoChar('*');
74            agefield = new JTextField(16);
75            rbtn1 = new JRadioButton("男");
76            rbtn2 = new JRadioButton("女");
77            rbtn1.setSelected(true);
```

| | |
|---|---|
| 78 | ButtonGroup bg = new ButtonGroup(); |
| 79 | bg.add(rbtn1); |
| 80 | bg.add(rbtn2); |
| 81 | v = new Vector<String>(); |
| 82 | v.add("软件英语053"); |
| 83 | v.add("软件英语052"); |
| 84 | v.add("软件英语051"); |
| 85 | v.add("计算机应用051"); |
| 86 | v.add("计算机应用052"); |
| 87 | combo = new JComboBox(v); |
| 88 | commitbtn = new JButton("注册"); |
| 89 | **commitbtn.addActionListener(this);** |
| 90 | resetbtn = new JButton("重置"); |
| 91 | **resetbtn.addActionListener(this);** |
| 92 | cancelbtn = new JButton("取消"); |
| 93 | **cancelbtn.addActionListener(this);** |
| 94 | panel = new JPanel(); |
| 95 | panel.add(rbtn1); |
| 96 | panel.add(rbtn2); |
| 97 | Border border = BorderFactory.createTitledBorder(""); |
| 98 | panel.setBorder(border); |
| 99 | **box = Box.createHorizontalBox();**   //添加组件，采用盒式布局 |
| 100 | box.add(commitbtn); |
| 101 | box.add(Box.createHorizontalStrut(30)); |
| 102 | box.add(resetbtn); |
| 103 | box.add(Box.createHorizontalStrut(30)); |
| 104 | box.add(cancelbtn); |
| 105 | **gbl = new GridBagLayout();** |
| 106 | setLayout(gbl); |
| 107 | gbc = new GridBagConstraints(); |
| 108 | addCompnent(titlelabel,0,0,4,1); |
| 109 | add(Box.createVerticalStrut(20)); |
| 110 | gbc.anchor=GridBagConstraints.CENTER; |
| 111 | gbc.fill=GridBagConstraints.HORIZONTAL; |
| 112 | gbc.weightx=0; |
| 113 | gbc.weighty=100; |
| 114 | addCompnent(namelabel,0,1,1,1); |
| 115 | addCompnent(namefield,1,1,4,1); |
| 116 | addCompnent(pwdlabel1,0,2,1,1); |

```
117        addCompnent(pwdfield1,1,2,4,1);
118        addCompnent(pwdlabel2,0,3,1,1);
119        addCompnent(pwdfield2,1,3,4,1);
120        addCompnent(sexlabel,0,4,1,1);
121        addCompnent(panel,1,4,1,1);
122        gbc.anchor=GridBagConstraints.EAST;
123        gbc.fill=GridBagConstraints.NONE;
124        addCompnent(agelabel,2,4,1,1);
125        gbc.fill=GridBagConstraints.HORIZONTAL;
126        addCompnent(agefield,3,4,2,1);
127        addCompnent(classlabel,0,5,1,1);
128        addCompnent(combo,1,5,4,1);
129        gbc.anchor=GridBagConstraints.CENTER;
130        gbc.fill=GridBagConstraints.NONE;
131        addCompnent(box,0,6,4,1);
132   }
133     public void addCompnent(Component c,int x,int y,int w,int h){
134        gbc.gridx=x;
135        gbc.gridy=y;
136        gbc.gridwidth=w;
137        gbc.gridheight=h;
138        add(c,gbc);
139   }
140     public void actionPerformed(ActionEvent    e){
141           if(e.getSource()==commitbtn){            //接受客户的详细资料
142              Register rinfo=new Register();
143              rinfo.name = namefield.getText().trim();
144              rinfo.password = new String(pwdfield1.getPassword());
145              rinfo.sex = rbtn1.isSelected()?"男":"女";
146              rinfo.age = agefield.getText().trim();
147              rinfo.nclass = combo.getSelectedItem().toString();
148              if(rinfo.name.length()==0){
149                 JOptionPane.showMessageDialog(null,"\t 用户名不能为空");
150                 return;
151              }
152              if(rinfo.password.length()==0){      //验证密码是否为空
153                 JOptionPane.showMessageDialog(null,"\t 密码不能为空");
154                 return;
155              }
```

```
156         if(!rinfo.password.equals(new String(pwdfield2.getPassword()))){
157             JOptionPane.showMessageDialog(null,"密码两次输入不一致,请重新输入");
158             return;                          //验证密码的一致性
159         }
160         if(rinfo.age.length()==0){           //验证年龄是否为空
161             JOptionPane.showMessageDialog(null,"\t 年龄不能为空");
162             return;
163         }
164         int age=Integer.parseInt(rinfo.age);
165         if (age<=0||age>100){                //验证年龄的合法性
166             JOptionPane.showMessageDialog(null,"\t 年龄输入不合法");
167             return;
168         }
169         JOptionPane.showMessageDialog(null,"\t 注册成功! ");
170     }
171     if(e.getSource()==resetbtn){
172         namefield.setText("");
173         pwdfield1.setText("");
174         pwdfield2.setText("");
175         rbtn1.isSelected();
176         agefield.setText("");
177         combo.setSelectedIndex(0);
178     }
179     if(e.getSource()==cancelbtn){
180         iframe.dispose();
181     }
182 }
183 }
184 class Register{
185     String name;
186     String password;
187     String sex;
188     String age;
189     String nclass;
190 }
```

【程序解析】

在程序例 9-6 中,第 99 行定义了一个水平箱子,将【注册】、【重置】、【取消】三个按钮放置其中(程序第 100~104 行)。并将该盒式布局存放的三个按钮连为一个整体(程序第 131 行)与其他组件利用网格包进行布局。注册界面中,仅对【注册】、【重置】、【取消】的动作事件进行监听，在相应的 actionPerformed 方法(程序第 140 行)中，主要完成的是对注册信息的验证。对于如何将正确的注册信息写到文件中，我们将在后续章节中详细介绍，本节我们对于成功注册仅以对话框进行提示(程序第 169 行)。

## 自 测 题

### 一、选择题

1. 事件 ItemEvent 的监听器接口是( )。
   A．ItemListener      B．ActionListener      C．WindowListener      D．KeyListener
2. 下列哪一个布局管理器是 Swing 中新增的布局?( )
   A．FlowLayout        B．BorderLayout        C．GridLayout          D．BoxLayout
3. 选中一个新的选项时，JComboBox 会触发几种事件?( )
   A．1 种              B．2 种                C．3 种                D．4 种
4. JList 列表框的事件处理一般可分为几种?( )
   A．1 种              B．2 种                C．3 种                D．4 种
5. 用户双击列表框中的某个选项时，则产生( )类的动作事件。
   A．MouseEvent        B．ListSelectionEvent  C．ActionEvent         D．KeyEvent

### 二、填空题

1. 选中一个新的选项时，JComboBox 会触发两次_____事件：一次是取消前一个选项；另一次是选择当前选项。产生该事件后，JComboBox 紧接着触发_____事件。
2. ItemEvent 事件需要实现_____接口，该接口中只包含一个抽象方法_____，当选项的选择状态发生改变时被调用。
3. BoxLayout 布局可使用三种隐藏的组件做间隔，分别是_____、_____和_____。
4. 使用 GridBagLayout 布局方式须导入_____包；使用 BoxLayout 布局方式须导入_____包。
5. 能够引发选择事件的 Swing 组件包括_____、_____和_____。

## 拓 展 实 践

【实践 9-1】 调试并修改以下程序，使之在用户单击列表框中的关于专业的某一个选项并选中它时，在组合框中显示相关课程，要求程序运行效果如图 9-10 所示。

```
import javax.swing.*;

import java.awt.*;

import java.awt.event.*;

public class Ex9-1    extends JFrame implements ListSelectionListener{
```

```java
        String pro[] = {"软件专业", "网络专业", "动漫专业"};
        JPanel p1;
        JComboBox courseCombo;
        JList proList;
        Ex9-1(){
            proList = new JList( );
            courseCombo = new JComboBox();
            p1 = new JPanel();
            getContentPane().add(p1);
            p1.add(proList);
            p1.add(courseCombo);
            this.getContentPane().add(p1);
            this.setSize(400,200);
            this.setVisible(true);
        }
        public void valueChanged(ListSelectionEvent  e){
            Object obj = e.getSource();
            if(obj==proList){
                courseCombo.removeAllItems();
                int nIndex = proList.getSelectedIndex();
                switch(nIndex ){
                    case 0: courseCombo.addItem ("Java 程序设计") ;
                            courseCombo.addItem ("J2ee 项目开发") ;

                    case 1:courseCombo.addItem ("网络基本原理") ;
                            courseCombo.addItem ("局域网技术与组网工程") ;
                            courseCombo.addItem ("网络操作系统") ;

                    case 2: courseCombo.addItem ("动漫造型") ;
                            courseCombo.addItem ("漫画制作") ;
                }
            }
        }
        public static void   main(String args[]){
            new Ex9-1();
        }
}
```

图9-10  【实践9-1】运行效果

【实践 9-2】 完善下列程序，使之功能为：用户对文本域中显示的内容进行判断和相应的选择后，文本框中显示答案的正确与否，要求程序运行效果如图9-11所示。

```java
import javax.swing.*;
import java.awt.*;
import java.awt.event.*;
public class Ex9-2 extends JFrame implements ItemListener{
    JRadioButton rad1=new JRadioButton("说法正确",false);
    JRadioButton rad2=new JRadioButton ("说法错误",false);
    JTextArea ta=new JTextArea(2,10);
    JTextField tf=new JTextField(4);
    JLabel lb=new JLabel("你的选择:");
    JPanel jp=new JPanel();
    String text="BoxLayout 是由 Swing 提供的布局管理器，功能上同 GridBagLayout 一样强大，而且更加易用。";
    public Ex9-2(){
            【代码1】    ;     //定义c为当前窗体的内容面板
        this.setLayout(new FlowLayout());
        ta.setText(text);
        c.add(ta);
            【代码2】    ;   //为单选按钮 rad1 添加监听器
            【代码3】    ;//为单选按钮 rad2 添加监听器
            【代码4】    ;//将单选按钮 rad1 添加到窗体中
            【代码5】    ;//将单选按钮 rad2 添加到窗体中
        c.add(lb);
        c.add(tf);
        this.setSize(520,150);
        this.setVisible(true);
    }
    public void itemStateChanged(ItemEvent e){
        if(e.getSource()==rad1){
                【代码6】    ;         //将单选按钮 rad1 设置为 false
            tf.setText("正确!");
```

# 第 9 章　任务 9——设计用户注册界面

```
         }
      else{
            【代码7】         ;        //将单选按钮 rad2 设置为 false
         tf.setText("错误!");
      }
  }
  public static void main(String args[]){
      new      Ex9-2();
  }
}
```

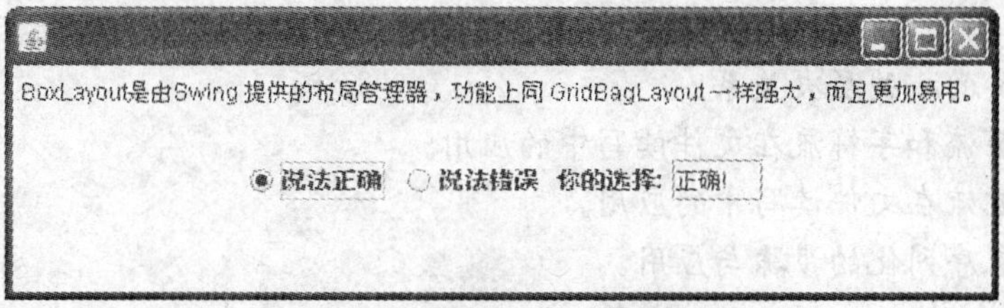

图 9-11　【实践 9-2】运行效果

【实践 9-3】　利用 BoxLayout 布局方式布局用户的登录界面，并完成相关事件的处理。

# 第10章
## 任务10——读写考试系统中的文件

**学习目标**

本章通过完成考试系统中文件读写的任务，介绍Java关于流的相关内容。
本章学习目标为
❖ 熟悉流类的相关层次关系。
❖ 掌握字节流和字符流在文件读写中的应用。
❖ 掌握过滤流在文件读写中的应用。
❖ 熟悉对象序列化的步骤与应用。

## 10.1 任务描述

本章的工作任务是完善考试系统中涉及到的文件输入与输出的功能模块，主要包括：
(1) 考生信息的注册：当考生将符合要求的信息输入并点击【注册】按钮时，系统首先将用户信息文件内容读出以确认用户名是否已经存在，若不存在则把当前信息写到用户信息文件中。此项操作涉及文件读、写操作。
(2) 考生身份证的验证：考生登录模块中，当考生输入用户名和密码后，系统将打开考生的信息文件，将所读出的信息同输入的信息进行比较，以确保用户名和密码的正确。此项操作仅涉及文件读操作。
(3) 考试试题的显示：考试功能模块中，当考生点击开始考试时，系统将打开试题文件，读取其中的试题，按照考生点击【上一题】、【下一题】的操作将试题按照要求显示。此项操作涉及文件读操作。

## 10.2 技 术 要 点

本章的技术要点是数据的输入/输出。在 Java 程序中，对于数据的输入/输出操作是以"流"(stream)方式进行的，如从键盘输入数据、将结果输出到显示器、读取与保存文件等操作都可看做是流的处理。Java 中的流是由字符或字节所组合成的串，按照流的方向可以分为输入流(input stream)和输出流(output stream)两种，若数据流入程序则称为输入流，若数据从程序流出则称为输出流，如图 10-1 所示。

在 Java 开发环境中，主要是由包 java.io 中提供的一系列的类和接口来实现输入/输出处理的。标准输入/输出处理则是由包 java.lang 中提供的类来处理的，但这些类又都是从包

java.io 中的类继承而来的。对于流可以从不同的角度进行分类，除了上述分为输入流和输出流之外，还可按照处理数据类型的不同分为字节流和字符流；根据流的建立方式和工作原理不同分为节点流和过滤流。

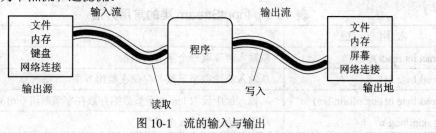

图 10-1　流的输入与输出

## 10.2.1　输入/输出流

在 Java 中，我们可以通过 InputStream、OutputStream、Reader 与 Writer 类来处理流的输入与输出。InputStream 与 OutputStream 类通常是用来处理"字节流"，也就是二进制文件的。二进制文件是不能被 Windows 中的记事本直接编辑的文件，在读、写二进制文件时必须使用字节流，例如 Word 文档、音频和视频文件等。而 Reader 与 Writer 类则是用来处理"字符流"，也就是纯文本文件的。纯文本文件是可以被 Windows 中的记事本直接编辑的文件。

### 1．字节流(InputStrem 类和 OutputStreamInputStream 类)

在 Java 语言中，字节流提供了处理字节的输入/输出方法。也就是说，除了访问纯文本文件之外，它们也可用来访问二进制文件的数据。字节流类用两个类层次定义，在顶层的是两个抽象类：InputStream(输入流)和 OutputStream(输出流)。这两个抽象类由 Object 类扩展而来，是所有字节输入流和输出流的基类，抽象类是不能直接创建流对象的，由其所派生出来的子类提供了读、写不同数据的处理。图 10-2 展示了这些类之间的关系。

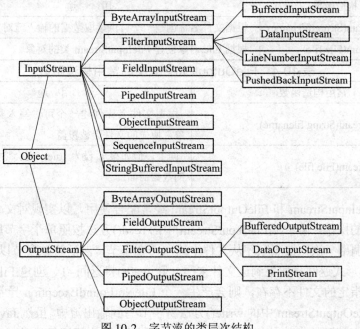

图 10-2　字节流的类层次结构

在表 10-1 和表 10-2 中分别列出了抽象类 InputStream 和 OutputStream 中的常用方法，这些方法都可以被它们所有的子类继承使用，所有这些方法在发生错误时都会抛出 IOException 异常，程序必须使用 try-catch 块捕获并处理这个异常。

表 10-1　InputStream 类的常用方法

| 常 用 方 法 | 用 途 |
| --- | --- |
| abstract int read() | 从输入流读取一个字节的数据 |
| int read(byte b[]) | 从输入流读取字节数并存储在数组 b 中 |
| int read(byte b[],int off,int len) | 从输入流中读取 len 个字节数据存放在字节数组 buf[off]的位置 |
| long skip(long n) | 从输入流中跳过 n 个字节 |
| void close() | 关闭输入流，释放资源 |

表 10-2　OutputStream 类的常用方法

| 常 用 方 法 | 用 途 |
| --- | --- |
| abstract void write(int b) | 将指定的字节数据写入输出流 |
| void write(byte b[]) | 将字节数组写入输出流 |
| void write(byte b[],int off,int len) | 从字节数组的 off 处向输出流写入 len 个字节 |
| void flush() | 强制将输出流保存在缓冲区中的数据写入输出流 |
| void close() | 先调用 flush，然后关闭输出流，释放资源 |

另外，Java 定义了字节流的子类——文件输入/输出流(FileInputStream 和 FileOutputStream)，专门用来处理磁盘文件的读和写操作。

表 10-3 和表 10-4 分别列出了 FileInputStream 类和 FileOutputStream 类的常用构造函数。

表 10-3　FileInputStream 类的常用构造函数

| 常用构造函数 | 用 途 |
| --- | --- |
| FileInputStream(String filename) | 根据文件名称创建一个可供读取数据的输入流对象 |
| FileInputStream(File file) | 根据 File 对象创建 FileInputStream 类的对象 |

表 10-4　FileOutputStream 类的常用构造函数

| 常用构造函数 | 用 途 |
| --- | --- |
| FileOutputStream(String filename) | 根据文件名称创建一个可供写入数据的输出流对象，原先的文件会被覆盖 |
| FileOutputStream(File file) | 同上，但如果 a 设为 true，则会将数据附加在原先的数据后面 |

通常，FileInputStream 和 FileOutputStream 经常配合使用，以实现对文件的存取，常用于二进制文件的操作。输入流 FileInputStream 中的 read()方法按照单个字节顺序读取数据源中的数据，每调用一次，按照顺序从文件中读取一个字节，然后将该字节以整数(0～255 之间的一个整数)形式返回。如果到达文件末尾，则 read()将返回−1。创建 FileInputStream 对象的时候，若指定的文件不存在，则会产生一个 FileNotFoundException 异常。

输出流 FileOutputStream 中的 write()方法将字节写到输出流中。虽然 Java 在程序结束时会自动关闭所有打开的文件，但是在流操作结束后显式地关闭流仍然是一个编程的良好习惯。输入/输出流中均提供了 close()方法，它显式地关闭流的操作。FileOutputStream 对象的创建不依赖于文件是否存在。如果该文件对象存在，但它是一个目录，而不是一个常规文件；或者该文件不存在，但无法创建它；或者因为其他某些原因而无法打开，将会产生一个 FileNotFoundException 异常。

例 10-1 实现了一个二进制文件的复制过程。

**例 10-1　FileStreamDemo.java**

```java
import java.io.*;
public class FileStreamDemo {
    public static void main(String[] args) {
        int b = 0;
        FileInputStream in = null;
        FileOutputStream out = null;
        try {
            in = new FileInputStream("user.txt");
            out = new FileOutputStream("userb,bak");
            while((b=in.read())!=-1){
                out.write(b);
            }
            in.close();
            out.close();
        } catch (FileNotFoundException e) {
            System.out.println("找不到指定文件"); System.exit(-1);
        } catch (IOException e1) {
            System.out.println("文件复制错误"); System.exit(-1);
        }
        System.out.println("文件已复制");
    }
}
```

在上例中，程序中对可能发生的异常进行了捕获并予以处理：一个是创建输入流对象时，可能引发 FileNotFoundException 异常；另一个是循环读取文件中的内容时，可能引发 IOException 异常。

如果我们将文本文件 user.txt 的内容在控制台输出，则只需做如下修改：

```java
try {
    in = new FileInputStream("user.txt");
    while((b=in.read())!=-1){
        System.out.print((char)b);
    }
}
```

如果 usera.txt 中包含了汉字，则不能正常显示，将会出现一堆乱码。这是因为一个汉字占两个字节，而字节流读取的内容是以一个字节为单位的，因此不能正确地显示汉字。针对这种情况，Java 中定义了字符流。

**2．字符流(Reader 类和 Writer 类)**

字符流以一个字符(两个字节)的长度(0～65535、0x0000～0xffff)为单位来处理，并进行适当的字符编码转换处理。Reader 类和 Writer 类是所有字符流的基类，属于抽象类，它们的子类为基于字符的输入/输出处理提供了丰富的功能。图 10-3 展示了字符输入流类派生的若干具体子类。

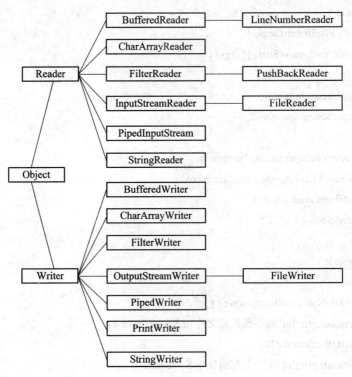

图 10-3　字符流的类层次结构

表 10-5 和表 10-6 列出了字符输入流和输出流中的常用方法，所有这些方法在发生错误时都会抛出 IOException 异常。Reader 类和 Writer 两个抽象类定义的方法都可以被它们的子类继承。

表 10-5　Reader 类的常用方法

| 常用方法 | 用途 |
| --- | --- |
| int read() | 从输入流读取一个字符。如果到达文件结尾，则返回 -1 |
| int read(char buf[]) | 从输入流中将指定个数的字符读入到数组 buf 中，并返回读取成功的实际字符数目。如果到达文件结尾，则返回 -1 |
| int read(char buf[],int off,int len) | 从输入流中将 len 个字符从 buf[off]位置开始读入到数组 buf 中，并返回读取成功的实际字符数目。如果到达文件结尾，则返回 -1 |
| void close() | 关闭输入流，如果试图继续读取，将产生一个 IOException 异常 |

表 10-6　Writer 类的常用方法

| 常用方法 | 用途 |
|---|---|
| void write(int ch) | 写入一个字符到输出流中 |
| void write(char buf[]) | 将一个完整的字符数组写入到输出流中 |
| void write(char buf[], int off, int len) | 从数组 buf 的 buf[off]位置开始，写入 len 个字符到输出流中 |
| void write(string str) | 写入一个字符串到输出流中 |
| void write(string str, int off, int len) | 写入一个字符串到输出流中，off 为字符串的起始位置，len 为字符串的长度，即写入的字符数 |
| void close() | 关闭输出流 |
| void flush() | 强制输出流中的字符输出到指定的输出流 |

Java 定义了两个字符流子类——文件输入/输出流(FileReader 和 FileWriter 类)，专门用来处理磁盘文件的读和写操作。

FileReader 类继承自 InputStreamReader 类，而 InputStreamReader 类又继承自 Reader 类，因此 Reader 与 Input StreamReader 所提供的方法均可供 FileReader 所创建的对象使用。

要使用 FileReader 类读取文件，必须先调用 FileReader()构造函数产生 FileReader 类的对象，再利用它来调用 read() 方法。如果创建输入流时对应的磁盘文件不存在，则抛出 FileNotFoundException 异常，因此在创建时需要对其进行捕获或者继续向外抛出。

FileReader()构造函数的格式如表 10-7 所示。

表 10-7　FileReader 类的构造函数

| 常用构造函数 | 用途 |
|---|---|
| FileReader(String name) | 根据文件名称创建一个可读取字符的输入流对象 |
| FileReader(File file) | 使用指定的文件对象来创建一个可读取字符的输入流对象 |

FileWrite 类继承自 OutputStreamWriter 类，而 OutputStreamWriter 类又继承自 Writer 类，因此 Writer 与 OutputStreamReader 所提供的方法均可供 FileWriter 所建的对象使用。要使用 FileWriter 类将数据写入文件，必须先调用 FileWriter()构造函数创建 FileWriter 类的对象，再利用它来调用 write()方法。FileWriter 对象的创建不依赖于文件存在与否。在创建文件之前，FileWriter 将在创建对象时打开它来作为输出。

FileWriter()构造函数的格式如表 10-8 所示。

表 10-8　FileWriter 类的构造函数

| 常用构造函数 | 用途 |
|---|---|
| FileWriter(String filename) | 根据文件名称创建一个可供写入字符数据的输出流对象，原先的文件会被覆盖 |
| FileWriter(String filename,Boolean a) | 同上，但如果 a 设为 true，则会将数据附加在原先的数据后面 |

例 10-2 的程序演示了通过字符流类实现文本文件的复制。

例 10-2　**FileReaderWriter.java**

```
1    import java.io.*;
```

```
2  public class    FileReaderWriter{
3      public static void main(String[] args) throws Exception {
4          FileReader fr = new FileReader("usertxt");
5          FileWriter fw = new FileWriter("userb.ak");
6          int b;
7          while((b = fr.read()) != -1) {
8              fw.write(b);
9          }
10         fr.close();
11         fw.close();
12     }
13 }
```

上例中，如果 user.txt 包含有汉字，则要将其中的内容输出到控制台时，可以进行如下修改：

```
while((b = fr.read()) != -1) {
    System.out.print((char)b);
}
```

由于 FileReader 是以两个字节为单位读取文件中的内容的，因此即使文件中有汉字依然能够正确显示在屏幕上。

### 10.2.2 过滤流

前面所学习的字符流和字节流提供的读取文件方法只能一次读取一个字节或字符。如果要读取整数值、双精度或字符串，需要一个过滤流(Filter Streams)来包装输入流。使用过滤流类就可以读取整数值、双精度或字符串，而不仅仅是字节或字符。过滤流必须以某一个节点流作为流的来源，可以在读、写数据的同时对数据进行处理。

为了使用一个过滤流，必须首先把过滤流连接到某个输入/输出流上，通常利用构造方法的参数指定所要连接的输入/输出流来实现。

例如：

FilterInputStream(InputStream in);

FilterOutputStream(OutputStream out);

过滤流可以实现不同功能的过滤，例如，缓冲流(BufferedInputStream、BufferedOutputStream 和 BufferedReader、BufferedWriter)可以利用缓冲区暂存数据，用于提高输入/输出处理的效率；数据流(DataInputStream 和 DataOutputStream)支持按照数据类型的大小读、写二进制文件。

过滤流分为面向字节和面向字符。下面我们将以面向字符的 BufferedReader、BufferedWriter 类以及面向字节的 DataInputStream 和 DataOutputStream 类为例介绍过滤流的使用。

**1．缓冲流(BufferedReader 类和 BufferedWriter 类)**

Java 中，将缓冲流 BufferedReader 和 BufferedWriter 同基本的字符输入/输出流(例如

FileReader 和 FileWriter)相连，通过基本的字符输入流将一批数据读入到缓冲区，BufferedReader 流将从缓冲区读取数据，而不是每次都直接从数据源读取，有效地提高了读操作的效率。其中，BufferedReader 的 readLine()方法可以一次读入一行字符，以字符串的形式返回，其他常用构造函数和方法如表 10-9 所示。

表 10-9 BufferedReader 类的常用构造函数及方法

| 常用构造函数及方法 | 用 途 |
| --- | --- |
| BufferedReader(Reader in) | 创建缓冲区字符输入流 |
| BufferedReader(Reader in，int size) | 创建缓冲区字符输入流，并设置缓冲区大小 |
| Int read() | 读取单一字符 |
| int read(char[] cbuf,int off,int len) | 读取字符并写入字符数组(off 表示数组索引；len 表示读取位数) |
| long skip(long n) | 跳过 n 个位 |
| String readLine() | 读取一行字符串 |
| void close() | 关闭流 |

缓冲流 BufferedWriter 将一批数据写到缓冲区，基本字符输出流不断将缓冲区中的数据写入目标文件中。当 BufferedWriter 调用 flush()方法刷新缓冲区或调用 close()关闭时，即使缓冲区数据还未满，缓冲区中的数据也立刻被写至目标文件中。

BufferedWriter 类的常用构造函数及方法如表 10-10 所示。

表 10-10 BufferedWriter 类的常用构造函数及方法

| 常用构造函数及方法 | 用 途 |
| --- | --- |
| BufferedWriter(Writer out) | 创建缓冲区字符输出流 |
| BufferedWriter(Writer out,int size) | 创建缓冲区字符输出流，并设置缓冲区的大小 |
| void writer(int c) | 写入单一字符 |
| void writer(char[] cbuf,int off,int len) | 写入一段字符数组(off 表示数组索引；len 表示读取位数) |
| void writer(String s,int off,int len) | 写入字符串(off 与 len 代表的意义同上) |
| void newLine() | 写入换行字符 |
| void close() | 关闭字节流 |
| void flush() | 输出缓冲区中的字符到文件内 |

在例 10-3 中，将字符串按照行的方式写进文件，随后又将文件的内容以行方式输出到屏幕。其中，通过 BufferedWriter 类的 write()方法可以将字符串直接写到文件中，BufferedReader 通过方法 readLine()按照行的方式读入。

例 10-3 **BufferDemo.java**

```
1    import java.io.*;
2    public class  BufferDemo{
3        public static void main(String[] args) {
4            String s;
5            try {
```

```
6       FileWriter fw=new    FileWriter("hello.txt");
7       FileReader fr=new    FileReader("hello.txt");
8       BufferedWriter bw = new BufferedWriter(fw);
9       BufferedReader br = new BufferedReader(fr);
10      bw.write("Hello");
11      bw.newLine();
12      bw.write("Everyone");
13      bw.newLine();
14      bw.flush();
15      while((s=br.readLine())!=null){
16          System.out.println(s);
17      }
18      bw.close();
19      br.close();
20   } catch (IOException e) { e.printStackTrace();}
21   }
22 }
```

### 2. 数据流(DataInputStream 类和 DataOutputStream 类)

在使用 Java 语言进行编程时,除了经常使用的二进制文件和文本文件外,还存在基于 Java 的基本数据类型和字符串的操作。基本数据类型包括 byte、int、char、long、float、double、boolean 和 short。若使用前面所学的字节流和字符流来处理这些数据,将会非常麻烦,Java 语言提供了 DataInputStream 和 DataOutputStream 基本数据类型进行操作。DataInputStream 和 DataOutputStream 类分别实现了 DataInput 和 DataOutput 接口,在这两个接口中定义了对基本数据类型操作的方法,实现的主要功能就是将二进制的字节流转换成 Java 的基本数据类型。

在 DataInputStream 和 DataOutputStream 两个类中读和写的方法,基本结构为 read××××()和 write××××(),其中××××代表基本数据类型或者 String,例如 readInt()、readByte()、writeChar()、writeBoolean()。DataInputStream 和 DataOutputStream 的基本用法参见例 10-4。

**例 10-4  DataStreamDemo.java**

```
1 import java.io.*;
2 class DataStreamDemo{
3    public static void main(String args[]) throws  IOException {
4       FileOutputStream fos = new FileOutputStream("a.txt");
5       DataOutputStream dos = new DataOutputStream (fos);
6       try{
7          dos.writeUTF("北京");
8          dos.writeInt(2008);
9          dos.writeUTF("欢迎您! ");
```

```
10      }
11          finally{
12              dos.close();
13          }
14      FileInputStream   fis = new FileInputStream("a.txt");
15      DataInputStream dis = new DataInputStream(fis);
16      try{
17          System.out.print(dis.readUTF()+dis.readInt()+dis.readUTF());
18      }
19      finally{
20          dis.close();
21      }
22  }
}
```

注意，上例中 readUTF()从输入流中读取若干字节，把它转换为采用 UTF-8 字符编码，writeUTF 向输出流中写入采用 UTF-8 字符编码的字符串。

### 10.2.3 文件(File 类)

在 java.io 包中提供了操作流的大量类和接口，但在这个包中有一个类不是用来操作流的，而是用来处理文件和文件系统的，那就是 File 类。File 类指文件和目录的集合。Java 语言中通过 File 类来建立与磁盘文件的联系。File 类主要用来获取文件或者目录的信息，File 类的对象本身不提供对文件的处理功能，要想对文件实现读、写操作，需要使用相关的输入/输出流。

File 类属于 java.io 包，是 java.lang.Object 的子类，提供了如表 10-11 所示的三个构造函数，用以生成 File 类对象。

表 10-11　File 类的构造函数

| 构 造 函 数 | 用　　途 |
| --- | --- |
| File(String name) | 创建一个新 File 对象，与 name 所指的文件或者目录进行关联 |
| File(String pathname, String filename) | 创建一个新 File 对象，与 pathname 目录下的 filename 文件进行关联 |
| File(File path, String file) | 创建一个新 File 对象，与 path 目录下的 filename 文件进行关联 |

例如，下面的语句以不同的方式创建了文件对象 f1、f2、f3 和 f4，它们均指向 user.dat 文件。

File f1=new File("c:\data\user.dat");

File f2=new File("user.dat");

File f3=new File("c:\data","user.dat");

File f4=new File(new File("c:\data"), "user.dat");

File 类的常用方法如表 10-12 所示。

表 10-12  File 类的常用方法

| 常用方法 | 用途 |
| --- | --- |
| String getName() | 返回表示当前对象的文件名 |
| String getParent() | 返回当前 File 对象路径名的父路径名，如果此名没有父路径则为 null |
| String getPath() | 返回表示当前对象的路径名 |
| boolean isAbsolute() | 测试当前 File 对象表示的文件是否是一个绝对路径名 |
| boolean isDirectory() | 测试当前 File 对象表示的文件是否是一个路径 |
| boolean isFile() | 测试当前 File 对象表示的文件是否是一个"普通"文件 |
| long lastModified() | 返回当前 File 对象表示的文件最后修改的时间 |
| long length() | 返回当前 File 对象表示的文件长度 |
| String list() | 返回当前 File 对象指定的路径文件列表 |
| String toString() | 将文件路径转换为字符串 |

例 10-5 的程序利用 File 类的方法来显示 config.sys 文件的一系列属性。

**例 10-5  FileDemo.java**

```
1    import java.io.File;
2    import java.util.Date;
3    class FileDemo {
4    public static void main(String args[]) throws java.io.IOException{
5    File file;
6    file = new File("c:/config.sys");
7    //读取并输出文件 config.sys 的属性
8    System.out.println("Reading and printing attributes of config.sys");
9    System.out.println("    Exists: " + file.exists());
10   System.out.println("    File Name: " + file.getName());
11   System.out.println("    Canonical File Name: " + file.getCanonicalFile());
12   System.out.println("    Writable: " + file.canWrite());
13   System.out.println("    Length: " + file.length());
14   System.out.println("    Hidden: " + file.isHidden());
15   System.out.println("    isFile: " + file.isFile());
16   System.out.println("    isDirectory: " + file.isDirectory());
17   System.out.println("    LastModified: " + new Date(file.lastModified()));
18   }
19   }
```

程序运行结果如图 10-4 所示。

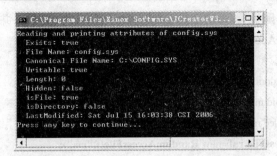

图 10-4　显示 config.sys 文件相关属性

## 10.2.4　文件的随机访问(RandomAccessFile 类)

RandomAccessFile 类(随机访问文件)直接继承自 Object 类,它既不是 InputStream 类的子类,也不是 OutputStream 的子类,它所创建的流和先前所学的输入流和输出流不同。RandomAccessFile 类创建的流的指向既可以作为源也可以作为目的,也即 RandomAccessFile 类创建的流可以同时对文件进行读、写操作。

另外,对于先前的输入流和输出流来说,它们创建的对象都是按照先后顺序访问流的,即只能进行顺序读或写,而 RandomAccessFile 具有随机读、写文件的功能。所谓的随机访问文件,是指在文件内的任意位置读或写数据。RandomAccessFile 类通过一个文件指针的适当移动来实现文件的任意访问,具有更大的灵活性。

在创建 RandomAccessFile 对象时,不仅要说明文件对象或文件名,同时还需指明访问模式,即"只读方式(r)"或"读写方式(rw)"。

RandomAccessFile 类的常用构造函数及方法如表 10-13 所示。

表 10-13　RandomAccessFile 类的常用构造函数及方法

| 常用构造函数及方法 | 用　途 |
| --- | --- |
| RandomAccessFile(String name, String mode) | 创建从中读取和向其中写入(可选)的随机存取文件流,该文件具有指定的名称 |
| RandomAccessFile(File file, String mode) | 创建从中读取和向其中写入(可选)的随机存取文件流,该文件由 File 参数指定 |
| long getFilePointer() | 得到当前的文件指针 |
| void seek(long pos) | 文件指针移到指定位置 |
| int skipBytes(int n) | 使文件指针向前移动指定的 n 个字节 |
| long length() | 返回文件长度 |
| boolean readBoolean() | 从文件中读取一个布尔值 |
| int readLine() | 从文件中读取文本的下一行 |
| void seek(long pos) | 文件指针移到指定位置 |
| int skipBytes(int n) | 文件指针向前移 n 个字节 |
| void write(int b) | 向文件中写入指定的字节 |
| void write(byte[] b) | 将 b.length 个字节从指定字节数组写入到文件,并从当前文件指针开始 |
| void writeBoolean(Boolean v) | 写入一个布尔值 |

下面的程序将创建随机读/写的文件，将数据存储在该文件中，并读取其中的数据。

**例 10-6　RandomAcessFileDemo.java**

```
1    import java.io.*;
2    public class RandomAcessFileDemo{
3        public static void main(String[] args) throws Exception{
4            File f=new File("raf.dat");
5            RandomAccessFile raf=new RandomAccessFile(f,"rw");
6            String username ="javalover";
7            int    age=18;
8            raf.writeUTF(username);
9            raf.writeInt(age);
10           System.out.println("文件创建完毕");
11           System.out.println("从文件顺序读取文件的数据");
12           raf.seek(0);
13           System.out.println(raf.readUTF());
14           System.out.println(raf.readInt());
15           raf.close();
16       }
17   }
```

在程序第 5 行，我们按照"rw"访问模式打开 raf.dat，若该文件不存在，RandomAcessFile 类的构造函数将创建该文件。接下来将字符串和整型数据写入该文件中，最后将数据从文件中读出并输出到屏幕。

## 10.2.5　标准输入/输出流

所谓的标准输入/输出流，是在 java.lang.System 类中包含三个预定义(in、out、err)的流变量。

- System.out：代表标准的输出流。默认情况下，数据输出到控制台。
- System.in：代表标准输入。默认情况下，数据源是键盘。
- System.err：代表标准错误流。默认情况下，数据输出到控制台。

一般情况下，我们利用 System.in 进行键盘输入，习惯一行一行地读取输入数据。在例 10-7 中，为了实现可以按行读取数据，首先利用 InputStreamReader 把 System.in 转换成 Reader，然后把 System.in 包装成 BufferedReader，这样，大大地提高了读数据的效率。

**例 10-7　SystemDemo.java**

```
1    import java.io.*;
2    public class  SystemDemo{
3        public static void main(String[] args) throws IOException{
4            int a;
5            float b;
6            String str;
```

```
7      BufferedReader br= new BufferedReader(new InputStreamReader(System.in));
8      System.out.print("请输入加数(整型): ");
9      str=br.readLine();
10     a=Integer.parseInt(str);
11     System.out.print("请输入被加数(实型): ");
12     str=br.readLine();
13     b=Float.parseFloat(str);
14     System.out.println("两数相加结果为："+a+b);
15     System.out.print("请输入一个字符: ");
16     String s=br.readLine();
17     System.out.println("输入的字符串为："+s);
18   }
19 }
```

在上例中，我们可以看到系统将所有通过键盘输入的数据都看做字符串类型，如果输入的是其他数据类型，如整型或浮点型等，则需要进行转换。

利用过滤流对 System.in 进行包装实现按行输入，实现起来相对比较复杂。JDK1.5 新增的一个 java.util.Scanner 类同样可以实现按行输入。使用 Scanner 类创建一个对象：

**Scanner reader=new Scanner(System.in);**

然后 reader 对象调用 next.Byte()、nextDouble()、nextFloat、nextInt()、nextLine()、nextLong()、nextShort() 等方法，可以读取用户在命令行输入的各种数据类型。上述方法执行时都会等待用户在命令行输入数据后回车确认。下面，我们利用 Scanner 类实现与例 10-7 相同的功能。

**例 10-8　ScannerDemo.java**

```
1    import java.util.Scanner;
2    public class ScannerDemo {
3      public static void main(String[] args) {
4        int a;
5        float b;
6        String str;
7        Scanner cin = new Scanner(System.in);   //创建输入处理的对象
8        System.out.print("请输入加数(整型): ");
9        a = cin.nextInt();
10       System.out.print("请输入被加数(实型):");
11       b = cin.nextFloat();
12       System.out.println("两数相加结果为："+a+b);
13       System.out.print("请输入一个字符: ");
14       str = cin.next();
15       System.out.println("输入的字符串为："+str);
16     }
17   }
```

## 10.2.6 对象序列化

在面向对象编程中,数据经常要和相关的操作被封装在某一个类中。例如,用户的注册信息,以及对用户信息的编辑、读取等操作被封装在一个类中。在实际应用中,需要将整个对象及其状态一并保存到文件中,甚至上传到相关服务器,需要时能够将该对象还原成原来的状态。这种将程序中的对象写进文件,以及从文件中将对象恢复出来的机制就是所谓的对象序列化。序列化的实质是将对象的属性数据保存起来,然后转换成一串连续的字节数据,最后通过字节流保存到文件中。

在 Java 中,对象序列化是通过 java.io.Serializable 接口和对象流类 ObjectInputStream、ObjectOutputStream 来实现的。具体步骤如下:

(1) 定义一个可以序列化的对象。只有实现 Serializable 接口的类才能被序列化,Serializable 接口中没有任何方法,当一个类声明实现 Serializable 接口时,只是表明该类加入对象序列化协议。

(2) 构造对象的输入/输出流。将对象写入字节流和从字节流中读取数据,分别通过类 ObjectInputStream、ObjectOutputStream 来实现。其中,ObjectOutputStream 类中提供了 writeObject()方法,用于将指定的对象写入对象输出流中,也即实现对象的序列化。ObjectInputStream 类中提供的 readObject()方法用于从对象输入流中读取对象,也即实现对象的反序列化。

从某种意义来看,对象流与数据流是相类似的,也具有过滤流的特性。利用对象流来输入、输出对象时,不能单独使用,需要与其他的流连接起来使用。同时,为了保证读出正确的数据,必须保证向对象输出流写对象的顺序与从对象输入流读对象的顺序一致。

下面通过一个实例来演示如何序列化一个对象,以及如何恢复对象。在这个例子中,我们首先定义一个候选人 Candidate 类,实现 Serializable 接口;然后通过对象输出流的 writeObject()方法将 Candidate 对象保存到文件 candidates.dat 中;之后,通过对象输入流的 readObject()方法从文件 candidates.dat 中读出保存下来的 Candidate 对象。

**例 10-9  ObjectStreamDemo.java**

```
1    import java.io.*;
2    class Candidate implements Serializable{
3        //存放候选人资料的类
4        private String fullName,city;
5        private int age;
6        private boolean married;
7        public Candidate(String fullName, int age,    String city){
8            this.fullName = fullName;
9            this.age = age;
10           this.city = city;
11       }
12       public String toString(){
13           return (fullName+","+age+","+city);
```

```
14    }
15  }
16  class ObjectStreamDemo{
17    public static void main(String[] args) throws Exception{
18      Candidate[] candidates = new Candidate[2];
19      candidates[0] = new Candidate("张三 ", 33, " 北京");
20      candidates[1] = new Candidate("李四", 32, " 上海");
21      //创建对象，输出流和文件输出流相连
22      ObjectOutputStream oos;
23      oos = new ObjectOutputStream(new FileOutputStream("candidates.dat"));
24      //将对象中的数据写入对象输出流
25      oos.writeObject(candidates);
26      //关闭对象输出流
27      oos.close();
28      candidates = null;
29      //创建对象，输入流和文件输入流相连
30      ObjectInputStream ois;
31      ois = new ObjectInputStream(new FileInputStream("candidates.dat"));
32      //从输入流中读取对象
33      candidates = (Candidate[]) ois.readObject();
34      System.out.println("候选人名单: ");
35      for (int i=0; i<candidates.length; i++)
36        System.out.println("候选人 " + (i+1) + ": " + candidates[i]);
37      //关闭对象输入流
38      ois.close();
39    }
40  }
```

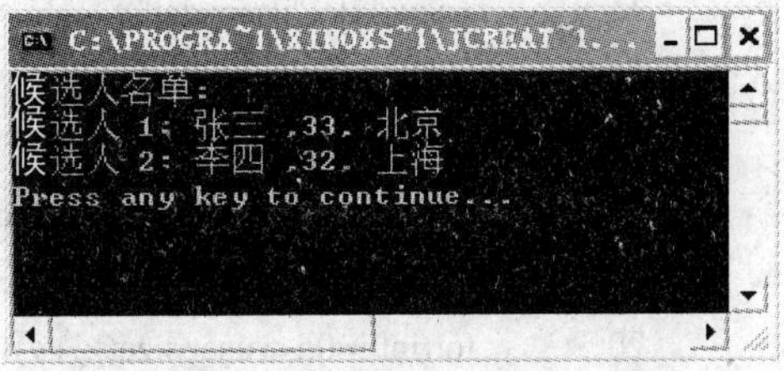

程序运行结果如图 10-5 所示。

图 10-5 对象序列化

## 10.3 任务实施

本节我们以读、写用户信息文件 user.dat 为例进行介绍。在注册功能模块中，当我们输入考生注册信息，点击【注册】后，系统首先将进行读文件操作，将当前用户名与考试信息中的用户名进行比较，若用户名已存在，将提示重新输入；若填写的注册信息正确，则将当前用户信息写进 user.dat 中。我们以对象流来进行文件的读、写操作。

(1) 首先，我们将用户信息定义为一个实现序列化接口的类。

```
class  Register implements Serializable{
```

```
        String name;
        String password;
        String sex;
        String age;
        String nclass;
    }
```

(2) 通过对象流读、写文件。

### 例 10-10　Register_Login.java

```
1    class Register_Login {
2        Register regt = new Register();
3        Register_Login(Register  reg){
4          regt=reg;
5        }
6    public void register(){
7        File   f;
8        FileInputStream fi;
9        FileOutputStream fo;
10       Vector vuser = new Vector();
11       ObjectInputStream ois;
12       ObjectOutputStream oos;
13       int flag=0;
14       try{
15          f=new File("users.dat");
16           if(f.exists()){
17           fi = new FileInputStream(f);
18           ois = new ObjectInputStream(fi);
19           vuser=(Vector)ois.readObject();
20           for(int i=0;i<vuser.size();i++){
21           Register regtmesg = (Register)vuser.elementAt(i);
22              if(regtmesg.name.equals(regt.name)){
23                 JOptionPane.showMessageDialog(null,"该用户已存在，请重新输入");
24                 flag=1;
25                 break;
26              }
27           }
28           fi.close();
29           ois.close();
30          }
31          if (flag==0){
32             vuser.addElement(regt);
```

```
33      fo = new FileOutputStream(f);
34      oos = new ObjectOutputStream(fo);
35      oos.writeObject(vuser);
36      JOptionPane.showMessageDialog(null,"用户" + regt.name + "注册成功, " + "\n");
37      fo.close();
38      oos.close();
39    }
40  }
41  catch(ClassNotFoundException e){
42      JOptionPane.showMessageDialog(null,"找不到用户文件'users.dat'!");
43  }
44  catch(IOException e){
45      System.out.println(e);
46  }
47 }
```

**【程序解析】**

我们将用户信息文件 users.dat 的数据通过对象流读出，以对象的形式保存在 Vector 对象 vuser 中。将注册输入的用户名同已存在的用户名进行比较。如果用户名已存在则提示"该用户已存在，请重新输入"；若输入信息正确，则将输入的注册信息以对象的形式通过对象流保存在文件中。

# 自 测 题

## 一、选择题

1．下列数据流中，属于输入流的一项是(    )。
A．从内存流向硬盘的数据流        B．从键盘流向内存的数据流
C．从键盘流向显示器的数据流      D．从网络流向显示器的数据流

2．Java 语言提供处理不同类型流的包是(    )。
A．java.sql                       B．java.util
C．java.math                      D．java.io

3．不属于 java.io 包中接口的一项是(    )。
A．DataInput                      B．DataOutput
C．DataInputStream                D．ObjectInput

4．下列流中哪一个使用了缓冲技术？(    )
A．BufferedOutputStream            B．FileInputStream
C．DataOutputStream                D．FileReader

5．只有 InputStream 对象可以作为要传递的有效参数。下列选项中，哪一个是 FileInputStream 对象？(    )

A. 无参数 B. OutputtStream 对象
C. InputStream 对象 D. RandomAccessFile 对象
6. 能对读入字节数据进行 Java 基本数据类型判断过滤的类是( )。
A. PrintStream B. DataOutputStream
C. DataInputStream D. BufferedInputStream
7. 使用下列哪一个类可以实现在文件的任意位置读、写一个记录?( )
A. RandomAccessFile B. FileReader
C. FileWriter D. FileInputStream
8. 与 InputStream 流相对应的 Java 系统的标准输入对象是( )。
A. System.in B. System.out
C. System.err D. Systcm.cxit( )
9. FileOutputStream 类的父类是( )。
A. File B. FileOutput
C. OutputStream D. InputStream
10. 下列哪一项不是抽象类?( )
A. FileNameFilter B. FileOutputStream
C. OutputStream D. Reader

二、填空题

1. Java 的 I/O 流包括字节流、_____、_____、对象流和管道流。
2. 根据流的方向来分,I/O 流包括_____和_____。
3. FileInputSream 实现对磁盘文件的读取操作,在读取字符的时候,它一般与_____和_____一起使用。
4. 使用 BufferedOutputStream 输出时,数据首先写入_____,直到写满才将数据写入_____。
5. 使用 BufferedInputStream 进行输入操作时,数据首先按块读入_____,然后读操作直接访问缓冲区,该类是_____的直接子类。
6. _____类是 java.io 包里的一个重要的非流类,而向一个文件里写入文本应该使用_____类。
7. Java 系统的标准输出对象包括两个:分别是标准输出对象_____和标准错误输出对象_____。
8. 字符输入流的父类是_____;字符输出流的父类是_____。
9. BufferedInputStream 通过使用_____来减少程序对外设的访问次数。
10. InputStream 类是以_____输入流为数据源的_____。

拓 展 实 践

【实践 10-1】 调试并修改以下程序,使之实现如下功能:磁盘文件 a.txt 和 b.txt 中各存放一行字母,现将两文件合并,并按照字母的升序排列,存放到一个新的文件 c.txt 中。

```
import java.io.*;
import java.util.*;
public class Ex10_1 {
    public static void main(String[] args) {
        String s="";
        try{
            FileInputStream f1=new FileInputStream ("a.txt", rw);
            RandomAccessFile f2=new RandomAccessFile("b.txt", rw);
            s=f1.readLine()+f2.readLine();
            char c[]=s.toCharArray();
            Arrays.sort(c);
            FileInputStream out= new    FileInputStream ("c.txt");
            for(int i=0;i<c.length;i++)
            out.write(c[i]);
            out.close();
            f1.close();
            f2.close();
        }
        catch (IOException ex) {
            ex.printStackTrace();
        }
        catch (FileNotFoundException ex) {
            ex.printStackTrace();
        }
    }
}
```

【实践 10-2】 下列程序实现的功能是:读取如图 10-6 所示的 exam.txt 试题内容,将其输出到屏幕上,其中选项前有"*"号的表示为该题答案。要求运行效果如图 10-7 所示。请将程序补充完整。

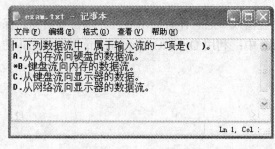

图 10-6  exam.txt 文本内容

图 10-7  [实践 2]运行效果

```
import java.io.*;
public class Ex10_2{
    public static void main(String[] args) {
        try{
            _____【代码1】_____;        //创建 FileReader 对象，fr 指向 exam.txt
            _____【代码2】_____;        //创建 BufferedReader 对象，in 指向 exam.txt
            String str,s;
            char[]    ch=new char[4];
            int k=0;
            while((str=in.readLine())!=null) {
                if(_____【代码3】_____)        //判断选择项是否以*开头
                {
                    ch[k]=_____【代码4】_____;    //获得答案项所对应的字母
                    k++;
                    System.out.println(str.substring(1,str.length()));
                }
                else
                    System.out.println(str);
            }
            _____【代码5】_____;        //关闭输入流
            System.out.print("答案：");
            for(int i=0;i<k;i++)                        //输出答案
                _____【代码6】_____;
        }
        catch (IOException e) {
            System.out.println(e);
        }
    }
}
```

【实践 10-3】 利用 ObjectInputStream 键盘输入书名、作者、出版社、单价等信息，保存至 Book 对象中，并将对象存入文件 book.dat 中；利用 ObjectOutputStream 将 book.dat 的内容输出到屏幕上。

```
class Book{
    String    name;
    String    author;
    String publisher;
    float    price:;
}
```

# 第11章
# 任务 11——设计考试系统中的倒计时

 **学习目标**

本章通过对考试系统中倒计时的设计，介绍 Java 中多线程编程技术的相关内容。
本章学习目标为
❖ 深入理解进程与线程的概念。
❖ 掌握线程创建的方法。
❖ 理解线程状态间的转换、优先级及其调度。
❖ 了解线程的同步在实际中的应用。

## 11.1 任务描述

本章的任务是设计倒计时。考试系统中的倒计时功能是必不可少的功能之一，当考生成功登录考试系统后，点击【开始考试】按钮，则计时系统开始倒计时。当考试时间结束时，系统将弹出相应的对话框提示并退出考试。如图 11-1 所示，在我们所设计的考试系统中，时间的显示在整个界面的上方，使得考生能清晰地看到时间的显示，把握好考试时间。Java 利用线程技术可以实现时间的动态刷新和显示，从而可以实现时间的同步显示。

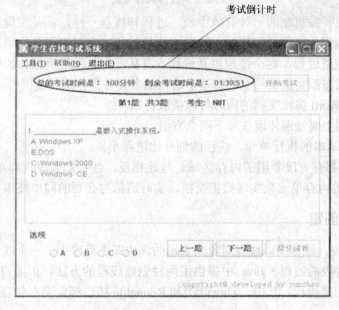

图 11-1 倒计时运行效果

## 11.2 技术要点

本章的技术要点是多线程技术。在传统的程序设计中，程序运行的顺序总是按照事先编制好的流程来执行的，遇到 if-else 语句就加以判断；遇到 for、while 语句若满足循环条件就重复执行相关语句。这种进程(程序)内部的一个顺序控制流称为"线程"。到目前为止，我们所编写的程序都是单线程运行的，也即在任意给定的时刻，只有一个单独的语句在执行。

多线程机制下则可以同时运行多个程序块，相当于并行执行程序代码，使程序运行的效率变得更高。事实上，真正意义上的并行处理是在多处理器的前提下，同一时刻执行多种任务。在单处理器的情况下，多线程通过 CPU 时间片轮转来进行调度和资源分配，使得单个程序可以同时运行多个不同的线程，执行不同的任务。由于 CPU 处理数据的速度极快，操作系统能够在很短的时间内迅速在各线程间切换执行，因此看上去所有线程在同一时刻几乎是同时运行的。多线程执行的方式如图 11-2 所示。

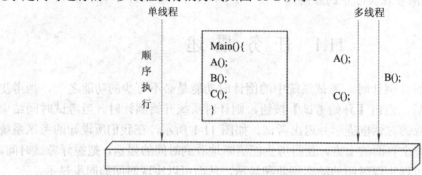

图 11-2 多线程执行方式

多线程是实现并发机制的一种有效手段。进程和线程一样，都是实现并发性的一个基本单位。相对于线程，进程是程序的一次动态执行过程，它对应了从代码加载、执行以及执行完毕的一个完整过程，这个过程也是进程本身从产生、发展到消亡的过程。每一个进程的内部数据和状态都是完全独立的。基于进程的多任务操作系统能同时运行多个进程(程序)，例如在使用 Word 编辑文档的同时可以播放音乐。

线程和进程的主要差别体现在如下两个方面：
(1) 同样作为基本的执行单元，线程的划分比进程小。
(2) 每个进程都有一段专用的内存区域。与此相反，线程却共享内存单元(包括代码和数据)，通过共享的内存单元来实现数据交换、实时通信与必要的同步操作。

### 11.2.1 线程的创建

在 Java 程序中，线程是以线程对象来表示的，也即在程序中，一个线程对象代表了一个可以执行程序片段的线程。Java 中提供了两种创建线程的方法：扩展 Thread 类或实现 Runnable 接口来创建线程。其中，Thread 类和 Runnable 接口都定义在包 java.lang 中。

## 1. 扩展 Thread 类以创建线程

直接定义 Thread 类的子类，重写其中的 run()方法，通过创建该子类的对象就可以创建线程。Thread 类中包含了创建线程的构造函数以及控制线程的相关方法，如表 11-1 所示。

表 11-1 Thread 类的常用构造函数及方法

| 常用构造函数及方法 | 用 途 |
| --- | --- |
| public Thread() | 创建一个线程类的对象 |
| public Thread(String name) | 创建一个指定名字的线程类的对象 |
| public Thread(Runnable target) | 创建一个系统线程类的对象，该线程可以调用指定 Runnable 接口对象的 run()方法 |
| public static native Thread currentThread() | 返回目前正在执行的线程 |
| public final void setName() | 设定线程名称 |
| final String getName() | 获得线程名称 |
| void run( ) | 包含线程运行时所执行的代码 |
| void start( ) | 启动线程 |

创建和执行线程的步骤如下：

(1) 创建一个 Thread 类的子类，该类必须重写 Thread 类的 run()方法。

```
class 类名称 extends Thread         //从 Thread 类扩展出子类
{ 成员变量；
    成员方法；
    public void run()               //重写 Thread 类的 run()方法
    { 线程处理的代码
      ⋮
    }
}
```

(2) 创建该子类的对象，即创建一个新的线程。创建线程对象时会自动调用 Thread 类定义的相关构造函数。

(3) 用构造函数创建新对象之后，这个对象中的有关数据被初始化，从而进入线程的新建状态，直到调用了该对象的 start()方法。

(4) 线程对象开始运行，并自动调用相应的 run()方法。

**例 11-1 ThreadDemo1.java**

```
1  class MyThread extends Thread{
2    public void run(){
3      for(int i=1;i<=10;i++)
4        System.out.println(this.getName()+": "+i);
5    }
6  }
7  public class ThreadDemo1{
```

```
 8    public static void main(String[] args){
 9        MyThread t=new MyThread();
10        t.start();
11    }
12 }
```

程序运行结果如图 11-3 所示。

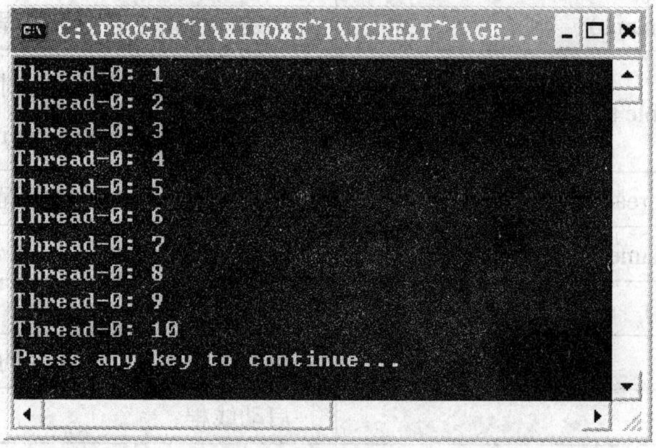

图 11-3  ThreadDemo1.java 的运行结果

从上例我们可以看到一个简单的定义线程的过程，在此要注意 run()方法是在线程启动后自动被系统调用的，如果显式地使用 t.run()语句则方法调用将失去线程的功能。其中，Thread-0 是默认的线程名，也可以通过 setName()为其命名。

从程序及运行结果看，似乎仅存在一个线程。事实上，当 Java 程序启动时，一个特殊的线程——主线程(main thread)自动创建了，它的主要功能是产生其他新的线程，以及完成各种关闭操作。从例 11-2 中我们可以看到主线程和其他线程共同运行的情况。

**例 11-2  ThreadDemo2.java**

```
 1    class MyThread extends Thread{
 2        MyThread(String  str){
 3            super(str);
 4        }
 5        public void run(){
 6            for(int i=1;i<=5;i++)
 7                System.out.println(this.getName()+": "+i);
 8        }
 9    }
10    public class ThreadDemo2{
11        public static void main(String[] args){
12            MyThread t1=new MyThread("线程 1");
13            MyThread t2=new MyThread("线程 2");
14            t1.start();
15            t2.start();
```

```
16        for(int i=1;i<=5;i++)
17            System.out.println(Thread.currentThread().getName()+": "+i);
18        }
19 }
```

程序运行结果如图 11-4 所示。

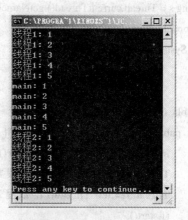

图 11-4　ThreadDemo2.java 多次运行产生的不同结果

### 2. 实现 Runnable 接口以创建线程

上述通过扩展 Thread 类创建线程的方法虽然简单，但是 Java 不支持多继承，如果当前线程子类还需要继承其他多个类，此时必须实现接口。Java 提供了 Runnable 接口来完成创建线程的操作。在 Runnable 接口中，只包含一个抽象的 run()方法。

```
public   interface    Runnable{
    public    abstract    void run()
}
```

利用 Runnable 接口创建线程，须首先定义一个实现 Runnable 接口的类，在该类中必须定义 run()方法的实现代码。

```
class   MyRunnable   implements   Runnable
{
   public void run()
   {
       //新建线程上执行的代码
   }
}
```

直接创建实现了 Runnable 接口的类的对象并不能生成线程对象，还必须定义一个 Thread 对象，通过使用 Thread 类的构造函数去新建一个线程，并将实现 Runnable 接口的类的对象引用，作为参数传递给 Thread 类的构造函数，最后通过 start()方法来启动新建线程。基本步骤如下：

```
MyRunnable    r =new MyRunnable();
Thread    t=  new    Thread(r);
```

t.start;

我们将例 11-2 改写为通过实现 Runnable 接口来创建线程，代码如例 11-3 所示。

**例 11-3   RunnerDemo.java**

```
1    class MyRunner implements Runnable{
2        public void run(){
3        String s = Thread.currentThread().getName();
4        for(int i=1;i<=10;i++)
5        System.out.println(s + ": " + i);
6        }
7    }
8    public class RunnerDemo{
9        public static void main(String[] args){
10       MyRunner r1=new   MyRunner();
11       Thread t1=new Thread(r1,"线程 1");
12       Thread t2=new Thread(r1,"线程 2");
13       t1.start();
14       t2.start();
15       for(int i=1;i<=10;i++)
16       System.out.println("main 主线程"+": "+i);
17       }
18   }
```

## 11.2.2  线程的管理

**1．线程的状态**

线程在它的生命周期中一般具有五种状态，即新建、就绪、运行、堵塞和死亡。线程的状态转换图如图 11-5 所示。

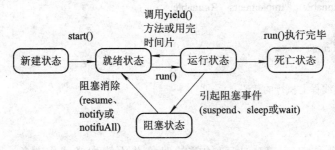

图 11-5  线程的状态转换

**1) 新建状态(new Thread)**

在程序中用构造函数创建了一个线程对象后，新生的线程对象便处于新建状态。此时，该线程仅仅是一个空的线程对象，系统不为它分配相应资源，并且它还处于不可运行状态。

**2) 就绪状态(Runnable)**

新建线程对象后，调用该线程的 start()方法就可以启动线程。当线程启动时，线程进入就绪状态。此时，线程将进入线程队列排队，等待 CPU 服务，这表明它已经具备了运行条件。

3) 运行状态(Running)

当就绪状态的线程被调用并获得处理器资源时，线程进入运行状态。此时，自动调用该线程对象的 run()方法。run()方法中定义了该线程的操作和功能。

4) 阻塞状态(Blocked)

一个正在执行的线程在某些特殊情况下，放弃 CPU 而暂时停止运行，如被人为挂起或需要执行费时的输入、输出操作时，将让出 CPU 并暂时中止自己的执行，进入阻塞状态。在运行状态下，如果调用 sleep()、suspend()、wait()等方法，线程将进入阻塞状态。阻塞状态中的线程，Java 虚拟机不会为其分配 CPU，直到引起堵塞的原因被消除后，线程才可以转入就绪状态，从而有机会转到运行状态。

5) 死亡状态(Dead)

线程调用 stop()方法时或 run()方法执行结束后，线程即处于死亡状态，结束了生命周期。处于死亡状态的线程不具有继续运行的能力。

**2．线程的优先级**

在多线程的执行状态下，我们并不希望按照系统随机分配时间片方式给一个线程分配时间。因为随机性将导致程序运行结果的随机性。因此，在 Java 中提供了一个线程调度器来监控程序中启动后进入可运行状态的所有线程。线程调度器按照线程的优先级决定调度哪些线程来执行，具有高优先级的线程会在较低优先级的线程之前得到执行。同时，线程的调度是抢先式的，即如果当前线程在执行过程中，一个具有更高优先级的线程进入可执行状态，则该高优先级的线程会被立即调度执行。在 Java 中，线程的优先级是用整数表示的，取值范围是 1~10。Thread 类中与优先级相关的三个静态常量如下：

- 低优先级：Thread.MIN_PRIORITY，取值为 1。
- 缺省优先级：Thread. NORM_PRIORITY，取值为 5。
- 高优先级：Thread.MAX_PRIORITY，取值为 10。

线程被创建后，其缺省的优先级是缺省优先级 Thread. NORM_PRIORITY。可以用方法 int getPriority()来获得线程的优先级，同时也可以用方法 void setPriority(int p)在线程被创建后改变线程的优先级。

**3．线程的调度**

在实际应用中，一般不提倡依靠线程优先级来控制线程的状态，Thread 类中提供的关于线程调度控制的方法如表 11-2 所示。使用这些方法可将运行中的线程状态设置为阻塞或就绪，从而控制线程的执进。

**表 11-2　线程调度控制的常用方法**

| 线程调度控制的常用方法 | 用　　途 |
| --- | --- |
| public static native void　sleep(long millis) | 使目前正在执行的线程休眠 millis 毫秒 |
| public static void sleep(long millis,int nanos) | 使目前正在执行的线程休眠 millis 毫秒加上 nanos 微秒 |
| public final void suspend() | 挂起所有该线程组内的线程 |
| public final void resume() | 继续执行线程组中所有线程 |
| public static native void yield() | 将目前正在执行的线程暂停，允许其他线程执行 |

1) 线程的睡眠(sleep)

线程的睡眠是指运行中的线程暂时放弃 CPU，转到阻塞状态。通过调用 Thread 类的 sleep()方法可以使线程在规定的时间内睡眠，在设置的时间内线程会自动醒来，这样便可暂缓线程的运行。线程在睡眠时若被中断将会抛出一个 InterruptedException 异常，因此在使用 sleep()方法时必须捕获 InterruptedException 异常。

在例 11-4 中，利用线程的 sleep( )方法实现了每隔 1 秒输出 0～9 十个整数。

**例 11-4  SleepDemo.java**

```
1    class SleepDemo extends Thread{
2      public void   run(){
3          for(int i=0;i<10;i++){
4            System.out.println(i);
5            try{
6              sleep(1000);
7            }catch(InterruptedException    e){}
8        }
9      }
10     public static void main(String args[]){
11       SleepDemo t=new SleepDemo();
12       t.start();
13     }
14   }
```

2) 线程的让步(yield)

与 sleep()方法相似，通过调用 Thread 类提供的 yield()方法可暂停当前运行中的线程，使之转入就绪状态，但是不能由用户指定线程暂停时间的长短。同时，它把执行的机会转给具有相同优先级别的线程，如果没有其他的相同优先级别的可运行线程，则 yield()方法不做任何操作。sleep()方法和 yield()方法都可使处于运行状态的线程放弃 CPU，两者的区别如下：

■ sleep()是将 CPU 出让给其他任何线程，而 yield()方法只会给优先级更高或同优先级的线程运行的机会。

■ sleep() 方法使当前运行的线程转到阻塞状态，在指定的时间内肯定不会执行；而 yield()方法将使运行的线程进入就绪状态，所以执行 yield()的线程有可能在进入到就绪状态后马上又被执行。

**例 11-5  YieldDemo.java**

```
1    public class YieldDemo{
2      public static void main(String args[]) {
3        MyThread t1 = new MyThread("t1") ;
4        MyThread t2 = new MyThread("t2") ;
5        t1.start() ;
6        t2.start() ;
```

```
7     }
8   }
9   class MyThread extends Thread{
10      MyThread(String s) {
11          super(s) ;
12      }
13      public void run() {
14         for(int i=0 ; i<100 ; i++){
15             System.out.println(getName() + ": " + i) ;
16             if(i%10 == 0)
17                 yield();
18         }
19      }
20  }
21
```

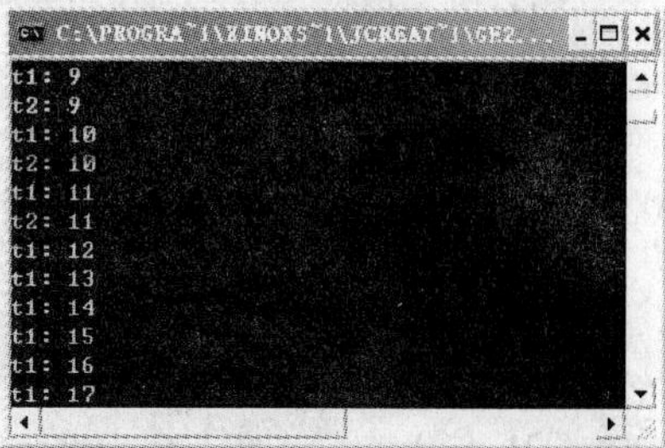

程序运行结果如图 11-6 所示。

在例 11-5 的输出结果中，每个线程输出到 10 的倍数时，由于使用 yield()语句，则下一个显示一定切换到其他线程。如果不用 yield，则显示结果是随机的。

3) 线程的挂起与恢复(suspend 与 resume)

通过调用 Thread 类提供的 suspend()方法可暂停正在运行的线程，使其进入阻塞状态；可通过 resume()方法恢复。

**4．线程的同步**

在之前编写的多线程程序中，多个线程通常是独立运行的，各个线程具有自己的独占资源，而且异步执行。也即每个线程都包含了运行时自己所需要的数据或方法，而不必去关心其他线程的状态和行为。但是在有些情况下，多个线程需要共享同一资源，如果此时不去考虑线程之间的协调性，就可能造成运行结果的错误。例如，在银行对同一个账户存钱，一方存入相应金额后，账户还未修改账户余额时，另一方也把一定金额存入该账户，因此可能导致所返回的账户余额不正确。例 11-6 模拟了丈夫和妻子分别对一张银行卡存款的过程。

**例 11-6    ATMDemo1.java**

```
1    class ATMDemo1{
2      public static void main(String [] args){
3          BankAccount visacard= new BankAccount();
4          ATM  丈夫  = new ATM("丈夫",   visacard, 200);
5          ATM  妻子  = new ATM("妻子",   visacard, 300);
6          Thread t1 = new Thread(丈夫);
7          Thread t2 = new Thread(妻子);
8          System.out.println("当前账户余额为:" +   visacard. getmoney ());
9          t1.start();
```

图 11-6  线程的让步

```
10      t2.start();
11    }
12  }
13  Cla1ss ATM implements Runnable{    //模拟 ATM 机或柜台存钱
14    BankAccount  card;
15    String name;
16    long m;
17    ATM(String n, BankAccount card, long m){
18      this.name = n;
19      this.card = card;
20      this.m = m;
21    }
22    public void run(){
23      card.save(name, m);              //调用方法存钱
24      System.out.println( name+"存入 "+m+" 后，账户余额为 "+card. getmoney ());
25    }
26  }
27  class BankAccount{
28    static long money=1000;            //设置账户中的初始金额
29    public void save(String s, long m){   //存钱
30      System.out.println(s+"存入 "+m);
31      long   tmpe = money;           //获得当前账户余额
32      try{                           //模拟存钱所花费的时间
33        Thread.currentThread().sleep(10);
34      } catch(InterruptedException e) {}
35      money = tmpe + m;              //相加之后存回账户
36    }
37    public long getmoney (){         //获得当前账户余额
38      return  money;
39    }
40  }
```

程序运行结果如图 11-7 所示。

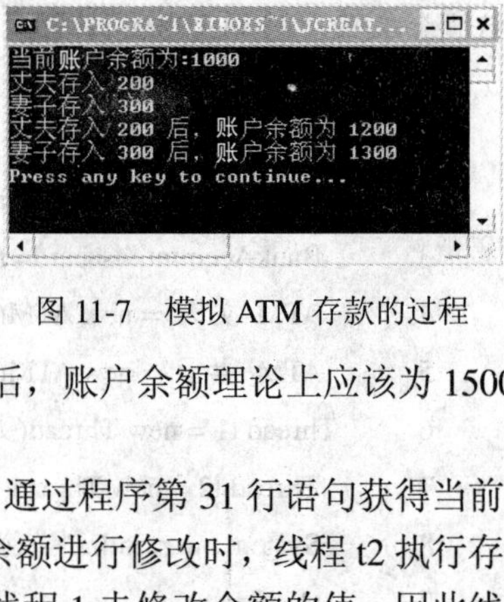

在这个存款程序中，账户的初始余额为 1000 元，

图 11-7  模拟 ATM 存款的过程

丈夫存入 200 元后，存款为 1200 元，而妻子存入 300 元后，账户余额理论上应该为 1500，但是结果却显示为 1300 元。

这个结果和实际不符，问题就出在当线程 t1 存钱后，通过程序第 31 行语句获得当前账户余额 1000 后，立即 sleep(10)，因此在还来不及对账户余额进行修改时，线程 t2 执行存钱操作，也通过程序第 31 行语句获得当前账户余额。由于线程 1 未修改余额的值，因此线程

2 获得的余额仍为 1000。最后，当线程 1 和线程 2 分别继续执行时，均在各自获得的余额数目基础上加上存入的金额数。上例出错的原因就在于，在线程 t1 的执行尚未结束时，money 被线程 t2 读取。

在 Java 中，为了保证多个线程对共享资源操作的一致性和完整性，引入了同步机制。所谓线程同步，即某个线程在一个完整操作的全执行过程中，独享相关资源使其不被侵占，从而避免了多个线程在某段时间内对同一资源的访问。

Java 中可以通过对关键代码段使用关键字 synchronized 来表明被同步的资源，也即给资源加"锁"，这个锁称之为互斥锁。当某个资源被 synchronized 关键字修饰时，系统在运行时会分配给它一个互斥锁，表明该资源在同一时刻只能被一个线程访问。

实现同步的方法有两种，即利用同步方法实现同步和利用同步代码块实现同步。

1) 利用同步方法来实现同步

只需要将关键字 synchronized 放置于方法前修饰该方法即可。同步方法是利用互斥锁保证关键字 synchronized 所修饰的方法在被一个线程调用时，其他试图调用同一实例中该方法的线程都必须等待，直到该方法被调用结束释放后，互斥锁被分给下一个等待的线程。

我们对例 11-6 进行一些改动，将 synchronized 放置在 public void save(String s, long m) 方法之前，即：

```
public synchronized void save(String s, long m)
```

则程序的运行结果如图 11-8 所示。

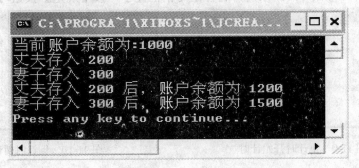

图 11-8 同步机制下的模拟 ATM 存款过程

2) 利用同步代码块来实现同步

为了实现线程的同步，我们也可以将对共享资源操作的代码块放入一个同步代码块中。同步代码块的语法形式如下：

```
返回类型 方法名(形参数)
{
    synchronized( Object )
    {
        // 关键代码
    }
}
```

同步代码块的方法也是利用互斥锁来实现对共享资源的有序操作，其中 Object 是需要同步的对象的引用。我们利用同步代码块对例 11-6 进行修改，运行结果如图 11-8 所示。

```java
public void save(String s, long m){
    synchronized( this ){
        System.out.println(s+"存入 "+m);
        long tmpe = money;
        try{
            Thread.currentThread().sleep(10);
        } catch(InterruptedException e)   {}
        money = tmpe + m;
    }
}
```

## 11.3 任务实施

我们将考试系统中的倒计时功能从原考试系统分离，并做了部分修改，将其完善成为一个独立的应用程序。如图 11-9～图 11-11 所示，当点击【开始考试】按钮后，计时系统开始运作。期间可以点击【暂停考试】和【继续考试】按钮，使计时系统在暂停和继续考试之间进行切换。当考试时间结束时，将弹出对话框提示，按【确定】按钮可退出系统。

图 11-9　倒计时开始计时

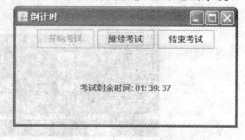

图 11-10　倒计时暂停计时

图 11-11　倒计时结束

**例 11-7　TestClock.java**

```
1  import java.text.NumberFormat;
2  import java.awt.event.*;
```

# 第 11 章 任务 11——设计考试系统中的倒计时

```
3    import javax.swing.*;
4    public class TestClock implements ActionListener {
5        JFrame jf;
6        JButton begin;
7        JButton end;
8        JButton pause;
9        JPanel p1;
10       JLabel clock;
11       ClockDispaly mt;
12       public TestClock(){
13           f = new JFrame("倒计时");
14           begin = new JButton("开始考试");
15           end   = new JButton("结束考试");
16           pause = new JButton("暂停考试");
17           p1=new    JPanel();
18           JLabel clock = new JLabel();
19           clock.setHorizontalAlignment(JLabel.CENTER);
20           p1.add(begin);
21           p1.add(pause);
22           p1.add(end);
23           jf.add(p1,"North");
24           jf.add(clock,"Center");
25           jf.setSize(340,180);
26           jf.setLocation(500,300);
27           jf.setDefaultCloseOperation(JFrame.EXIT_ON_CLOSE);
28           jf.setVisible(true);
29           mt = new ClockDispaly(clock,100);         //设置考试时间为 100 分钟
30           begin.addActionListener(this);
31           pause.addActionListener(this);
32           end.addActionListener(this);
33       }
34       public static void main(String[] args){
35           TestClock   test=new TestClock();
36       }
37       public void actionPerformed(ActionEvent e){
38           String s = e.getActionCommand();
39           if(s.equals("开始考试")){
40               begin.setEnabled(false);
41               mt.start( );                           //启动倒计时线程
```

```
42          }
43      else if(s.equals("暂停考试")){
44          pause.setText("继续考试");
45          mt.suspend();
46      }
47      else if(s.equals("继续考试")){
48          pause.setText("暂停考试");
49          mt.resume();
50      }
51      else if(s.equals("结束考试")){
52          begin.setEnabled(false);
53          pause.setEnabled(false);
54          end.setEnabled(false);
55          p1.setEnabled(false);
56          mt.stop();
57          System.exit(0);
58      }
59      }
60  }
61  class ClockDispaly extends Thread{
62      private JLabel lefttimer;
63      private JLabel totaltimer;
64      private int testtime;
65      public ClockDispaly(JLabel lt,int time){
66          lefttimer = lt;
67          testtime = time*60;
68      }
69      public void run( ){
70          NumberFormat f = NumberFormat.getInstance();
71              //返回整数部分允许显示的最小整数位数
72          f.setMinimumIntegerDigits(2);
73      int h,m,s;
74          while (testtime >= 0) {
75              h = testtime /3600;
76              m = testtime %3600/60;
77              s = testtime %60;
78              StringBuffer sb = new StringBuffer("");
79  sb.append("考试剩余时间: "+f.format(h) + ": " + f.format(m)+ ": " + f.format(s));
80              lefttimer.setText(sb.toString());
```

```
81          try{
82              Thread.sleep(1000);
83          }catch (Exception ex) { }
84          testtime = testtime - 1;
85      }
86      JOptionPane.showMessageDialog(null,"\t 考试时间到,结束考试！");
87      System.exit(0);
88  }
89 }
```

【程序解析】

(1) NumberFormat 类是所有数字格式的抽象基类。此类提供了格式化和分析数字的接口。NumberFormat 类还提供了一些方法，用来确定哪些语言环境具有数字格式，以及它们的名称是什么。具体可以参见 Java API 文档。上例中利用 NumberFormat 类提供的方法来控制时间格式的显示。

(2) 为了演示线程的调度，我们分别运用了 resume()、stop()和 suspend()方法，事实上由于这些调度线程的方法可能引起死锁，因此从 JDK 1.2 开始，Sun 公司就不建议使用 resume()、stop()和 suspend()方法了。

## 自 测 题

一、选择题

1．下列说法中正确的是(   )。
A．单处理机的计算机上，两个线程实际上不能并发执行
B．单处理机的计算机上，两个线程实际上能够并发执行
C．一个线程可以包含多个线程序
D．一个进程只能包含一个线程

2．下列说法中，错误的一项是(   )。
A．线程就是程序
B．线程是一个程序的单个执行流
C．多线程是指一个程序的多个执行流
D．多线程用于实现并发

3．下列哪一个方法可以使线程从运行状态进入其他阻塞状态？(   )
A．sleep()          B．wait()          C．yield()          D．start()

4．下列哪一个不属于 Java 线程模型的组成部分？(   )
A．虚拟的 CPU                    B．虚拟 CPU 执行的代码
C．代码所操作的数据              D．执行流

5．下列说法不正确的一项是(   )。

A．Java 中的每一个线程都属于某个线程组
B．线程只能在它创建时设置所属的线程组
C．线程创建之后，可以从一个线程组转移到另一个线程组
D．新建的线程默认情况下属于其父线程所属的线程组

6．下列不属于线程部分的一项是( )。
A．程序计数器　　　　　　　B．堆栈
C．进程地址空间中的代码　　D．栈指针

7．下列哪种情况一定不会使当前的线程暂停执行？( )
A．该线程抛出一个 InterruptedException
B．该线程调用 sleep()方法
C．该线程创建一个新的子线程
D．该线程从输入流读取文件数据

8．下列说法中不正确的一项是( )。
A．Thread 类中没有定义 run()方法
B．可以通过继承 Thread 类来创建线程
C．Runnable 类中定义了 run()方法
D．可以通过实现 Runnable 接口来创建线程

9．下列说明正确的一项是( )。
A．Thread 类中没有定义 run()方法
B．可以通过继承 Thread 类来创建线程
C．Runnable 类中定义了 run()方法
D．不可以通过实现 Runnable 接口来创建线程

10．Runnable 接口中定义的方法是( )。
A．main()　　　　　　　　　B．start()
C．run()　　　　　　　　　　D．init()

二、填空题

1．在 Java 程序中，run()方法的实现有两种方式：即_____和_____。

2．Java 的线程调度策略是基于_____的_____。

3．Thread 类中，表示最高优先级的常量是_____，而表示最低级的优先级，则可以使用方法_____。

4．在 Java 语言中的临界区使用关键字_____。

5．若在高优先级线程的 run()方法中调用_____方法，则该线程让出 CPU，使其他_____线程获得 CPU 的使用权。

6．线程的生命周期包括新建状态、_____、运行状态、_____和终止状态。

7．多任务操作系统运行多个_____来并发地执行多个任务。

8．进程创建后就开始了它的_____。

# 拓 展 实 践

【实践11-1】 调试并修改以下程序，使其正确运行。
```
class Ex11_1 extends Thread{
    public static void main(String[] args){
        Ex11_1 t=new Ex11_1();
        t.start();
        t.start();
    }
    public void run(){
        System.out.println("test");
        sleep(1000);
    }
}
```

【实践11-2】 下列程序通过设定线程的优先级，抢占主线程的CPU，选择正确的语句填入横线处。其中t是主线程，t1是实现了Runnable接口的类的实例，t2是创建的线程，通过设置优先级使得t1抢占主线程t的CPU。

```
class  T1   implements Runnable {
    private boolean f=true;
    public void run(){
        while(f){
            System.out.println(Thread.currentThread().getName()+"num");
            try{
                _____【代码1】_____ ;       //线程睡眠1秒
            }
            catch(Exception e){
                _____【代码2】_____ ;       //输出错误的追踪信息
            }
        }
    }
    public void stopRun(){
        f=false;
    }
}
public class Ex11_2{
    public static    void main(String[] args){
        _____【代码3】_____ ;               //创建t1，它是实现了Runnable接口的类的实例
```

```
        Thread t2=new Thread(t1,"T1");
            【代码4】          ;        //创建 t，它实现了主线程
            【代码5】          ;        //设置主线程 t 的优先级的最低
        t2.start();
        t1.stopRun();
        System.out.println("stop");
    }
}
```

【实践 11-3】 利用多线程的同步，模拟火车票的预订程序。对于编号为"20081012"的车票，创建两个订票系统的订票过程，其中定义一个变量 tnum 为票的张数 1，当该车票被预订后该变量值为 0；通过 sleep()方法模拟网络延迟。

# 第12章 任务12——设计考试功能模块

## 学习目标

本章主要完成对考试系统中考试功能模块的完善，内容除了新增加的菜单及其事件处理、工具栏和滚动面板以外，实际上是对先前所学 GUI 程序设计的一个综合应用。通过本章的学习，可以最终将一个单机版的考试系统进行完善。

本章学习目标为

- 掌握菜单设计中 JMenuBar、JMenu 和 JMenuItem 的创建。
- 掌握菜单相关事件的处理。
- 了解工具栏 JToolBar 的使用
- 了解滚动面板 JScrollPane 的使用。

## 12.1 任务描述

本章的任务是设计考试功能模块。当考生输入正确的用户口令和密码后，进入的是图 12-1 所示的考试界面一。其中菜单栏包括【工具】、【帮助】、【退出】三项。【工具】中仅含一个【计算器】，如图 12-2 所示。【帮助】菜单下包括【版本】和【关于】，如图 12-3 所示。选择【退出】，可以退出考试系统。

图 12-1 考试界面一

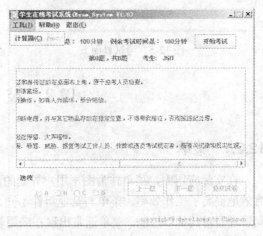

图 12-2 考试界面二

点击【开始考试】按钮，时钟开始倒计时，同时在界面上显示第一题，通过按【上一题】、【下一题】按钮可以显示所有试题，如图12-4所示。若当前已经是最后一题，再按【下一题】按钮，系统将显示提示，如图12-5。按【提交试卷】按钮后，屏幕上将显示此次考试的成绩，如图12-6所示。

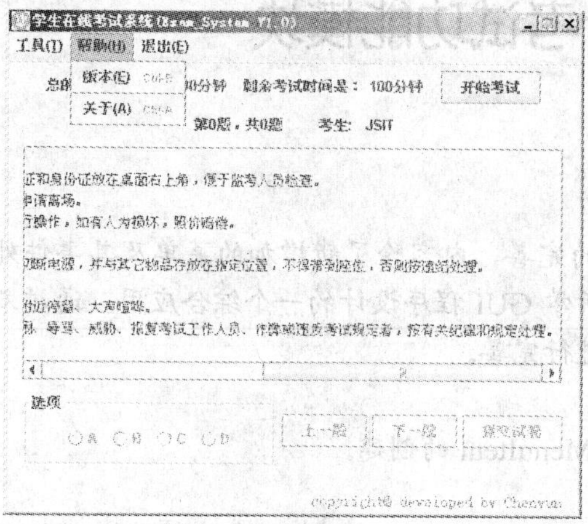

图12-3 考试界面三 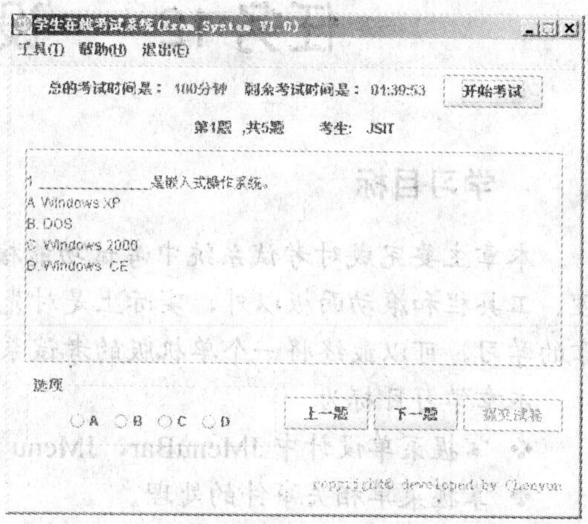　　　　　　图12-4 考试界面四

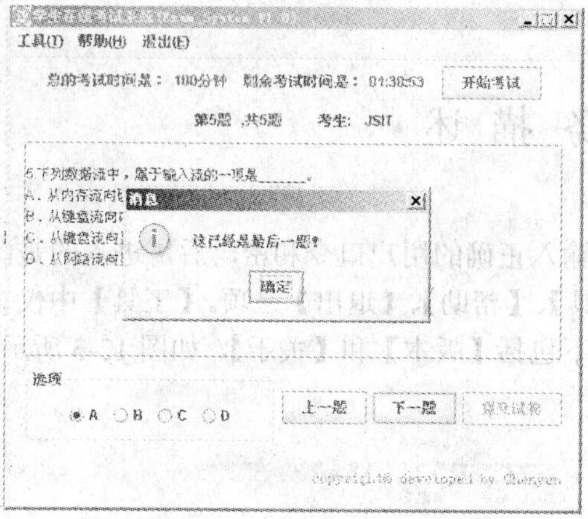

图12-5 考试界面五　　　　　　图12-6 考试界面六

## 12.2 技　术　要　点

### 12.2.1 菜单

在实际应用中，菜单作为图形用户界面的常用组件，为用户操作软件提供了更大的便捷，有效地提高了工作效率。菜单与其他组件不同，无法直接添加到容器的某一位置，也无法用布局管理器对其加以控制，菜单通常出现在应用软件的顶层窗口中。在Java应用程序中，一个完整的菜单是由菜单栏、菜单和菜单项组成的。如图12-7所示，Java提供了五个实现菜单的类：JMenu、JMenuuBar、JMenuItem、JCheckBoxMenuItem和JRadioButtonMenuItem。

# 第 12 章 任务 12——设计考试功能模块

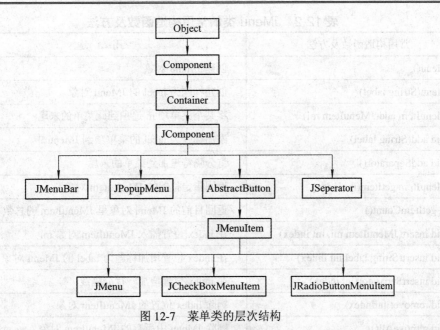

图 12-7 菜单类的层次结构

创建菜单的具体步骤为：首先创建菜单栏(JMenuBar)，并将其与指定主窗口关联；创建菜单(JMenu)以及子菜单，将其添加到指定菜单栏；创建菜单项，并将菜单项加入到子菜单或菜单中。

### 1．菜单栏(JMenuBar 类)

菜单栏 JMenuBar 类中仅包含有一个缺省构造函数和多个常用方法，如表 12-1 所示。

表 12-1 JMenuBar 类的常用构造函数及方法

| 常用构造函数及方法 | 用　　途 |
| --- | --- |
| JMenuBar() | 创建 JMenuBar 对象 |
| JMenu add(JMenu m) | 将 JMenu 对象 m 加到 JMenuBar 中 |
| JMenu getMenu(int i) | 取得指定位置的 JMenu 对象 |
| int getMenuCount() | 取得 JMenuBar 中 JMenu 对象的总数 |
| void remove(int index) | 删除指定位置的 JMenu 对象 |
| void remove(JMenuComponent m) | 删除 JMenuComponent 对象 m |

菜单栏对象创建好后，可以通过 JFrame 类的 setJMenuBar()方法将其添加到顶层窗口 JFrame 中，效果如图 12-8 所示。

```
JFrame fr=new JFrame();
JMenuBar   bar = new JMenuBar();
//添加菜单栏到指定窗口
fr.setJMenuBar(bar);
```

### 2．菜单(JMenu 类)

创建好菜单栏后，我们接着需创建菜单 JMenu。JMenu 的构造函数及常用方法如表 12-2 所示。

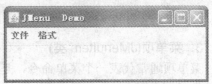

图 12-8 菜单示例一

表 12-2  JMenu 类的常用构造函数及方法

| 常用构造函数及方法 | 用　　途 |
|---|---|
| JMenu() | 创建 JMenu 对象 |
| JMenu(String label) | 创建标题为 label 的 JMenu 对象 |
| JMenuItem add(JMenuItem mi) | 将某个菜单项 m 追加到此菜单的末尾 |
| void add(String label) | 添加标题为 label 的菜单项到 JMenu 中 |
| void addSeparator() | 将分隔符追加到菜单的末尾 |
| JMenuItem getItem(int index) | 返回指定位置的 JMenuItem 对象 |
| int getItemCount() | 返回目前的 JMenu 对象里 JMenuItem 的总数 |
| void insert(JMenuItem mi, int index) | 在 index 位置插入 JMenuItem 对象 mi |
| void insert(String label, int index) | 在 index 位置增加标题为 label 的 JMenu 对象 |
| void insertSeparator(int index) | 在 index 位置增加一行分隔线 |
| void remove(int index) | 删除 index 位置的 JMenuItem 对象 |
| void removeAll() | 删除 JMenu 中所有的 JMenuItem 对象 |

例如：

　　JMenu fileMenu = new JMenu("文件");

　　JMenu formatMenu = new JMenu("格式");

　　bar.add(fileMenu );

　　bar.add(editMenu);

JMenu 是可以连接到 JMenuBar 对象或者其他 JMenu 对象上的菜单。直接添加到 JMenuBar 上的菜单叫做顶层菜单，连接到其他 JMenu 对象上的菜单称为子菜单。典型的非顶层 JMenu 都有右箭头标记，表明当用户选择该 JMenu 时，在 JMenu 旁还会弹出子菜单，如图 12-9、12-10 所示，创建方法参见 12.3.3 节的内容。

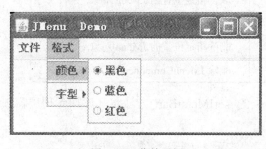　　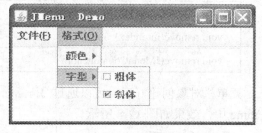

图 12-9　菜单示例二　　　　　　　　图 12-10　菜单示例三

### 3．菜单项(JMenuItem 类)

菜单项通常代表一个菜单命令，是 JMenuItem 类创建的。如图 12-7 所示 JMenuItem 直接继承了 AbstractButton 类，因此具有 AbstractButton 的许多特性，与 JButton 类非常类似。例如，当我们选择某个菜单项时，就如同按下按钮触发 ActiveEvent 事件。

JMenuItem 类的构造函数及常用方法如表 12-3 所示。

表 12-3  JMenuItem 类的构造函数及常用方法

| 常用构造函数及方法 | 用　　途 |
|---|---|
| JMenuItem() | 创建一个空白 JMenuItem 对象 |
| JMenuItem(String label) | 创建标题为 label 的 JMenuItem 对象 |
| JMenuItem(Icon icon) | 创建带有指定图标的 JMenuItem |
| JMenuItem(String text, Icon icon) | 创建带有指定文本和图标的 JMenuItem |
| JMenuItem(String text, int mnemonic) | 创建带有指定文本和键盘快捷键的 JMenuItem |
| String getLabel() | 获得 MenuItem 的标题 |
| boolean isEnabled() | 判断 MenuItem 是否可以使用 |
| void setEnabled(boolean b) | 设置 MenuItem 可以使用 |
| void setLabel(String label) | 设置 MenuItem 的标题为 label |

例如：创建如图 12-11 所示的菜单项。

　　newItem = new JMenuItem("新建");
　　exitItem = new JMenuItem("退出");
　　fileMenu.add(newItem);
　　fileMenu.add exitItem);

图 12-11　菜单示例四

1）分隔线、热键和快捷键

Java 通过提供分隔线、热键和快捷键等功能，为用户的操作带来了便利。分隔线通常用于对同一菜单下的菜单项进行分组，使得菜单功能的显示更加清晰。JMenuItem 类中提供 addSeparator()方法创建分隔线。

例如：

　　fileMenu.add(nwItem);
　　fileMenu. addSeparator() ;　　　　//在菜单项"新建"和"退出"之间加分隔线
　　fileMenu.add (exitItem);

热键显示为带有下划线的字母，快捷键则显示为菜单项旁边的组合键。

例如：

　　//设置"文件"菜单项的热键为"F"

```
fileMenu = new JMenu( "文件(F)");
fileMenu.setMnemonic('F');
//设置"格式"菜单项的热键为"O"
formatMenu = new JMenu( "格式(O)" );
formatMenu.setMnemonic( 'O' );
//设置"新建"菜单项的快捷键为"Ctrl+N"
  newItem.setAccelerator(KeyStroke.getKeyStroke(
        KeyEvent.VK_N, InputEvent.CTRL_MASK));
//设置"Exit"菜单项的快捷键为"Ctrl+E"
  exitItem.setAccelerator(KeyStroke.getKeyStroke(
        KeyEvent.VK_E, InputEvent.CTRL_MASK));
```

2) 单选按钮菜单项(JRadioButtonMenuItem 类)

菜单项中的单选按钮是由 JRadioButtonMenuItem 类创建的,在菜单项中实现多选一。单击选定的单选按钮不会改变其状态,单击未选定的单选按钮时将取消选定此前选定的单选按钮。

例如:图 12-9 的关键代码如下。

```
JRadioButtonMenuItem jrb,jru,jrr;
colorMenu = new JMenu( "颜色" );
colorMenu.add(jrb=new JRadioButtonMenuItem("黑色"));
colorMenu.add(jru=new JRadioButtonMenuItem("蓝色"));
colorMenu.add(jrr=new JRadioButtonMenuItem("红色"));
colorGroup = new ButtonGroup();
colorGroup.add(jrb);
colorGroup.add(jru);
colorGroup.add(jrr);
formatMenu.add( colorMenu );
```

3) 复选框菜单项(JCheckBoxMenuItem 类)

菜单项中的复选框是由 JCheckBoxMenuItem 类创建的,单击并释放 JCheckBoxMenuItem 时,菜单项的状态会变为选定或取消选定。

例如:图 12-10 的关键代码如下。

```
JMenu   fontMenu = new JMenu( "字型" );
fontMenu.add( new    JCheckBoxMenuItem("粗体"));
fontMenu.add( new    JCheckBoxMenuItem("斜体"));
formatMenu.add( fontMenu );
```

### 12.2.2 菜单的事件处理

菜单的设计看似复杂,但它却只会触发最简单的事件——ActionEvent。因此当我们选择了某个 JMenuItem 类的对象时便触发了 ActionEvent 事件,在程序例 12-1 中,当用户选中【新建】菜单项时,系统将弹出对话框;选择【退出】菜单项时,系统将退出。运行效果如图12-12所示。

图12-12 菜单示例五

**例 12-1   JMenuDemo.java**

1    import java.awt.*;
2    import java.awt.event.*;
3    import javax.swing.*;
4    public class JMenuDemo extends JFrame implements **ActionListener**{
5    JMenu fileMenu,formatMenu , colorMenu,fontMenu ;
6    private JMenuItem newItem,exitItem;
7    private JRadioButtonMenuItem colorItems[];
8    private JCheckBoxMenuItem styleItems[];
9    private ButtonGroup colorGroup;
10   public JMenuDemo(){
11   super( "JMenus   Demo" );
12   fileMenu = new JMenu( "文件(F)");
13   fileMenu.setMnemonic( 'F' );
14   newItem = new JMenuItem( "新建" );
15   newItem.setAccelerator(KeyStroke.getKeyStroke(KeyEvent.VK_N, InputEvent.CTRL_MASK));
16   newItem.addActionListener(this);
17   fileMenu.add( newItem );
18   exitItem = new JMenuItem( "退出" );
19   **exitItem.setAccelerator**(KeyStroke.getKeyStroke(KeyEvent.VK_E, InputEvent.CTRL_MASK));
20   **exitItem.addActionListener**(this);
21   fileMenu.add( exitItem );
22   JMenuBar bar = new JMenuBar();
23   setJMenuBar( bar );
24   bar.add( fileMenu );
25   formatMenu = new JMenu( "格式(O)" );
26   formatMenu.setMnemonic( 'O' );
27   String colors[] = { "黑色","蓝色","红色"};
28   colorMenu = new JMenu( "颜色" );

```java
29   colorMenu.setMnemonic( 'C' );
30   colorItems = new JRadioButtonMenuItem[ colors.length ];
31   colorGroup = new ButtonGroup();
32   for ( int count = 0; count < colors.length; count++ ) {
33      colorItems[ count ]=new JRadioButtonMenuItem( colors[ count ] );
34      colorMenu.add( colorItems[ count ] );
35      colorGroup.add( colorItems[ count ] );
36   }
37   colorItems[0].setSelected( true );
38   formatMenu.add( colorMenu );
39   formatMenu.addSeparator();
40   fontMenu = new JMenu( "字型" );
41   fontMenu.setMnemonic( 'n' );
42   String styleNames[] = { "粗体", "斜体" };
43   styleItems = new JCheckBoxMenuItem[ styleNames.length ];
44   for ( int count = 0; count < styleNames.length; count++ ) {
45      styleItems[ count ]=new JCheckBoxMenuItem( styleNames[ count ] );
46      fontMenu.add( styleItems[ count ] );
47   }
48   formatMenu.add( fontMenu );
49   bar.add( formatMenu );
50   setSize( 300, 200 );
51   setVisible( true );
52   }
53   public void actionPerformed(ActionEvent event){
54      if(event.getSource()==newItem)
55   JOptionPane.showMessageDialog(null,"你选了"+newItem.getText()+"菜单项");}
56      if(event.getSource()==exitItem)
57         System.exit(0);}
58   }
59   public static void main( String args[] ){
60      JMenuDemo application = new JMenuDemo();
61   }
62   }
```

## 12.2.3 工具栏(JToolBar 类)

JToolBar 工具栏继承自 JComponent 类，可以用来建立窗口的工具栏按钮，它也属于一组容器。在创建 JToolBar 对象后，就可以将 GUI 组件放置其中，如图 12-13 所示。

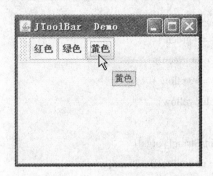

图 12-13 JToolBar 的运行效果

首先创建 JToolBar 组件，使用 add()方法新增 GUI 组件，最后只需将 JToolBar 整体看成一个组件，新增到顶层容器即可。

例 12-2　**JToolBarDemo.java**

```
1   import javax.swing.*;
2   import java.awt.*;
3   import java.awt.event.*;
4   public class JToolBarDemo extends JFrame implements ActionListener{
5     private JButton red,green,yellow;
6     private Container c;
7     public JToolBarDemo(){
8       super ("JToolBar   Demo");
9       c = getContentPane();
10      c.setBackground(Color.white);
11      JToolBar toolBar = new JToolBar();
12      red = new JButton("红色");
13      red.addActionListener(this);
14      green = new JButton("绿色");
15      green.setToolTipText("绿色");
16      green.addActionListener(this);
17      yellow = new JButton("黄色");
18      yellow.setToolTipText("黄色");
19      yellow.addActionListener(this);
20      toolBar.add(red);
21      toolBar.add(green);
22      toolBar.add(yellow);
23      c.add(toolBar, BorderLayout.NORTH);
24    }
25    public void actionPerformed(ActionEvent evt){
26      if ( evt.getSource() ==red )
```

```
27        c.setBackground(Color.red);
28        if ( evt.getSource() == green )
29        c.setBackground(Color.green);
30        if ( evt.getSource() == yellow )
31        c.setBackground(Color.yellow);
32    }
33    public static void main(String[] args){
34        JToolBarDemo jtl= new JToolBarDemo();
35        jtl.setSize(250,200);
36        jtl.setVisible(true);
37    }
38 }
```

## 12.2.4 滚动面板(JScrollPane 类)

滚动面板 JScrollPane 是带有滚动条的面板。滚动面板可以看做是一个特殊的容器,只可以添加一个组件,在默认情况下,只有当组件内容超出面板时,才会显示滚动条。JTextArea 和 JList 等组件本身不带滚动条,如果需要,可以将其放到相应的滚动面板中。

JScrollPane 类的构造函数如表 12-4 所示。

**表 12-4　JScrollPane 类的构造函数**

| 构　造　函　数 | 用　　　途 |
| --- | --- |
| JScrollPane() | 创建一个空的 JScrollPane 对象 |
| JScrollPane(Component view) | 创建一个新的 JScrollPane 对象,当组件内容大于显示区域时会自动产生滚动条 |
| JScrollPane(Component view, int vsbPolicy, int hsbPllicy) | 创建一个新的 JScrollPane 对象,指定显示的组件,可使用一对滚动条 |
| JScrollPane(int vsbPolicy,int hsbPolicy) | 创建一个具有一对滚动条的空 JScrollPane 对象 |

滚动条显示方式 vsbPolicy 和 hsbPolicy 的值可使用下面的静态常量来进行设置,这些参数定义在 ScrollPaneConstants 接口中:

- HORIZONTAL_SCROLLBAR_ALAWAYS:显示水平滚动条。
- HORIZONTAL_SCROLLBAR_AS_NEEDED:当组件内容水平区域大于显示区域时出现水平滚动条。
- HORIZONTAL_SCROLLBAR_NEVER:不显示水平滚动条。
- VERTICAL_SCROLLBAR_ALWAYS:显示垂直滚动条。
- VERTICAL_SCROLLBAR_AS_NEEDED:当组件内容垂直区域大于显示区域时出现垂直滚动条。
- VERTICAL_SCROLLBAR_NEVER:不显示垂直滚动条。

图 12-14 所示是在 JLabel 组中显示图片，由于图片尺寸比 JLabel 大，因而通过定义一个 JScrollPane 容器，利用滚动条可以查看整幅图片。程序代码参见例 12-3。

图 12-14　JScrollPane 的运行效果

**例 12-3　JScrollpaneDemo.java**

```
1    import java.awt.*;
2    import java.awt.event.*;
3    import javax.swing.*;
4    public class JScrollpaneDemo extends JFrame{
5      JScrollPane scrollPane;
6      public JScrollpaneDemo(String title){
7        super(title);
8        JLabel label=new JLabel(new ImageIcon("flower.jpg"));
9        scrollPane=new JScrollPane(label,JScrollPane.VERTICAL_SCROLLBAR_ALWAYS,
    JScrollPane.HORIZONTAL_SCROLLBAR_ALWAYS);
10       getContentPane().add(scrollPane);
11       setSize(350,300);
12       setVisible(true);
13     }
14     public static void main(String[] args){
15       new JScrollpaneDemo("JScrollpaneDemo");
16     }
17   }
```

## 12.3　任务实施

例 12-4 中的代码实现了考试模块中的主要功能。

**例 12-4　Test_GUI**

```
1    import java.awt.*;
```

```java
2    import java.awt.event.*;
3    import java.io.*;
4    import java.text.NumberFormat;
5    import java.util.Vector;
6    import javax.swing.*;
7    import javax.swing.border.Border;
8    public class Test_GUI{
9       public static void main(String[] args){
10          new Test_GUI("NIIT");
11      }
12      public Test_GUI(String name){
13          TestFrame tf = new TestFrame(name);
14          tf.setDefaultCloseOperation(JFrame.EXIT_ON_CLOSE);
15          tf.setVisible(true);
16      }
17   }
18   //框架类
19   class TestFrame extends JFrame{
20       private static final long serialVersionUID = 1L;
21       private Toolkit tool;
22       private JMenuBar mb;
23       private JMenu menutool,menuhelp,menuexit;
24       private JMenuItem calculator,edition,about;
25       private JDialog help;
26       public TestFrame(String name){
27           setTitle("学生在线考试系统(Exam_System V1.0);
28           tool = Toolkit.getDefaultToolkit();
29           Dimension ds = tool.getScreenSize();
30           int w = ds.width;
31           int h = ds.height;
32           setBounds((w-500)/2,(h-430)/2, 500, 450);
33           //设置窗体图标
34           Image image = tool.getImage(Test_GUI.class.getResource("tubiao.jpg"));
35           setIconImage(image);
36           setResizable(false);
37           //---------------菜单条的设置----------------------
38           mb = new JMenuBar();
39           setJMenuBar(mb);
40           menutool = new JMenu("工具(T)");
```

```
41    menuhelp = new JMenu("帮助(H)");
42    menuexit = new JMenu("退出(E)");
43    //设置助记符
44    menutool.setMnemonic('T');
45    menuhelp.setMnemonic('H');
46    menuexit.setMnemonic('E');
47    mb.add(menutool);
48    mb.add(menuhelp);
49    mb.add(menuexit);
50    calculator = new JMenuItem("计算器(C)",'C');
51    edition = new JMenuItem("版本(E)",'E');
52    about = new JMenuItem("关于(A)",'H');
53    menutool.add(calculator);
54    menuhelp.add(edition);
55    //添加分隔线
56    menuhelp.addSeparator();
57    menuhelp.add(about);
58    //设置快捷键
59    calculator.setAccelerator(KeyStroke.getKeyStroke(KeyEvent.VK_C,InputEvent.CTRL_MASK));
60    edition.setAccelerator(KeyStroke.getKeyStroke(KeyEvent.VK_E,InputEvent.CTRL_MASK));
61    about.setAccelerator(KeyStroke.getKeyStroke(KeyEvent.VK_A,InputEvent.CTRL_MASK));
62    BorderLayout bl =new BorderLayout();
63    setLayout(bl);
64    TestPanel tp = new TestPanel(name);
65    add(tp,BorderLayout.CENTER);
66    //----------匿名内部类添加事件------------
67    calculator.addActionListener(new ActionListener() {
68        public void actionPerformed(ActionEvent arg0)         {
69          new Calulator();
70        }
71    });
72    edition.addActionListener(new ActionListener(){
73    public void actionPerformed(ActionEvent arg0){
74    JOptionPane.showMessageDialog(null,"     单机版    Exam_System V1.0","版本信息",JOption
      Pane.PLAIN_MESSAGE);
75        }
76    });
77    about.addActionListener(new ActionListener(){
78        public void actionPerformed(ActionEvent arg0){
```

```java
79              help = new JDialog(new JFrame());
80              JPanel panel = new JPanel();
81              JTextArea helparea = new JTextArea(14,25);
82              helparea.setText("本书以学生考试系统的项目开发贯穿全书。"+
83                  "\n 系统的开发分为三个版本："+"\n    1.单机版  Exam_System V1.0"+"\n    2.C/S 版   Exam_System V1.1"+
84                  "\n    3.B/S 版  Exam_System V1.3");
85              helparea.setEditable(false);
86              JScrollPane sp = new JScrollPane(helparea);
87              panel.add(sp);
88              help.setTitle("帮助信息");
89              help.add(panel,"Center");
90              help.setBounds(350,200,300,300);
91              help.setVisible(true);
92          }
93      });
94      menuexit.addMouseListener(new MouseListener(){
95          public void mouseClicked(MouseEvent arg0){
96              int temp = JOptionPane.showConfirmDialog(null, "您确认要退出系统吗？","确认对话框",
97                  JOptionPane.YES_NO_OPTION);
98              if (temp == JOptionPane.YES_OPTION){
99                  System.exit(0);
100             }
101             else if (temp == JOptionPane.NO_OPTION){
102                 return;
103             }
104         }
105         public void mouseEntered(MouseEvent arg0){}
106         public void mouseExited(MouseEvent arg0){}
107         public void mousePressed(MouseEvent arg0){}
108         public void mouseReleased(MouseEvent arg0){}
109     });
110 }
111 }
112 //容器类
113 class TestPanel extends JPanel implements ActionListener{
114     private JLabel totaltime,lifttime,ttimeshow,ltimeshow,textinfo,userinfo;
115     private JLabel copyright;   //版权信息标签
116     private JButton starttest,back,next,commit;
```

```
117    private JTextArea area;
118    private JRadioButton rbtna,rbtnb,rbtnc,rbtnd;
119    private String totaltimer = "",lifttimer="",username="";
120    private int i = 0,n = 0;
121    private Box box,box1,box2,box3,box4,box5;
122    private Testquestion[] question;
123    private ClockDisplay clock;
124    private int index = 0;
125    private int time=0;
126    public TestPanel(String name){
127     username = name;
128     totaltimer = "00:00:00";
129     lifttimer = "00:00:00";
130     totaltime = new JLabel("总的考试时间是：");
131     lifttime = new JLabel("剩余考试时间是：");
132     ttimeshow = new JLabel(totaltimer);
133     ttimeshow.setForeground(Color.RED);
134     ltimeshow = new JLabel(lifttimer);
135     ltimeshow.setForeground(Color.RED);
136     textinfo = new JLabel("第"+i+"题"+"，共"+n+"题");
137     userinfo = new JLabel("考生：   "+username);
138     copyright = new JLabel();
139     copyright.setHorizontalAlignment(JLabel.RIGHT);
140     copyright.setFont(new Font("宋体",Font.PLAIN,14));
141     copyright.setForeground(Color.GRAY);
142     copyright.setText("copyright@ developed by cy");
143     starttest = new JButton("开始考试");
144     back = new JButton("上一题");
145     back.setEnabled(false);
146     next = new JButton("下一题");
147     next.setEnabled(false);
148     commit = new JButton("提交试卷");
149     commit.setEnabled(false);
150     area = new JTextArea(10,10);
151     area.setText("考场规则:\n "+
152       "一、考试前 15 分钟，凭准考证和身份证进入考场，对号入座，将准考证和身份证放在桌面右上角，便于监考人员检查。\n "+
153       "二、笔译考试开考三十分钟后不得入场，答题结束并提交试卷后可以申请离场。\n "+
154       "三、考生要爱惜考场的机器和相关设备，严格按照规定的操作说明进行操作，如有人为
```

```
                    损坏，照价赔偿。");
155     JScrollPane sp = new JScrollPane(area);
156     area.setEditable(false);
157     rbtna = new JRadioButton("A");
158     rbtnb = new JRadioButton("B");
159     rbtnc = new JRadioButton("C");
160     rbtnd = new JRadioButton("D");
161     rbtna.setEnabled(false);
162     rbtnb.setEnabled(false);
163     rbtnc.setEnabled(false);
164     rbtnd.setEnabled(false);
165     ButtonGroup bg = new ButtonGroup();
166     bg.add(rbtna);
167     bg.add(rbtnb);
168     bg.add(rbtnc);
169     bg.add(rbtnd);
170     Border border=BorderFactory.createTitledBorder("选项");
171     JPanel panel = new JPanel();
172     panel.add(rbtna);
173     panel.add(rbtnb);
174     panel.add(rbtnc);
175     panel.add(rbtnd);
176     panel.setBorder(border);
177     box = Box.createVerticalBox();
178     box1 = Box.createHorizontalBox();
179     box2 = Box.createHorizontalBox();
180     box3 = Box.createHorizontalBox();
181     box4 = Box.createHorizontalBox();
182     box5 = Box.createHorizontalBox();
183     new JDialog(new JFrame());
184        //注册监听事件
185     starttest.addActionListener(this);
186     back.addActionListener(this);
187     next.addActionListener(this);
188     commit.addActionListener(this);
189        //添加组件，采用箱式布局
190     box1.add(totaltime);
191     box1.add(Box.createHorizontalStrut(5));
192     box1.add(ttimeshow);
```

```
193    box1.add(Box.createHorizontalStrut(15));
194    box1.add(lifttime);
195    box1.add(Box.createHorizontalStrut(5));
196    box1.add(ltimeshow);
197    box1.add(Box.createHorizontalStrut(15));
198    box1.add(starttest);
199    box2.add(textinfo);
200    box2.add(Box.createHorizontalStrut(30));
201    box2.add(userinfo);
202    box3.add(sp, BorderLayout.CENTER);
203    box4.add(panel);
204    box4.add(Box.createHorizontalStrut(5));
205    box4.add(back);
206    box4.add(Box.createHorizontalStrut(5));
207    box4.add(next);
208    box4.add(Box.createHorizontalStrut(5));
209    box4.add(commit);
210    box5.add(Box.createHorizontalStrut(250));
211    box5.add(copyright);
212    box.add(box1);
213    box.add(Box.createVerticalStrut(10));
214    box.add(box2);
215    box.add(Box.createVerticalStrut(10));
216    box.add(box3);
217    box.add(Box.createVerticalStrut(10));
218    box.add(box4);
219    box.add(Box.createVerticalStrut(20));
220    box.add(box5,BorderLayout.EAST);
221    add(box);
222    //加载考试时间和试题
223    testTime();
224    createTestQuestion();
225    ttimeshow.setText(time+"分钟");
226    ltimeshow.setText(time+"分钟");
227    }
228    public void display(Testquestion q){
229       //略，拓展实践中完善程序
230    }
231    //--------从文件中读取出来的试题加载到程序中--------------
```

```
232    public void createTestQuestion(){
233        Vector<Testquestion> qList = new Vector<Testquestion>();
234        //略，拓展实践中完善程序
235        for(int i=0; i<qList.size();i++)
236            question[i] = (Testquestion)qList.elementAt(i);
237    }
238    //--------从试题文件中获取考试时间------------
239    public void testTime(){
240        FileReader fr = null;
241        BufferedReader br = null;
242        String s = "";
243        try {
244            fr = new FileReader("test.txt");
245            br = new BufferedReader(fr);
246            s = br.readLine();
247            while(s!=null && (!s.equals("#####"))){
248                s = br.readLine();
249            }
250            time = Integer.parseInt(br.readLine());
251            fr.close();
252            br.close();
253        } catch (IOException e) {
254            e.printStackTrace();
255        }
256    }
257    //--------从试题文件中读取试题--------------------
258    public Testquestion ReadTestquestion(BufferedReader br){
259        //略，拓展实践中完善程序
260    }
261    //------------事件的实现----------------
262    public void actionPerformed(ActionEvent e){
263        //略，拓展实践中完善程序
264    }
265    //------------答案的选择--------------------
266    public String chioce(){
267        //略，拓展实践中完善程序
268    }
269    //-----------显示答题情况的方法--------------------
270    public void scorereport(){
```

```
271              //略，拓展实践中完善程序
272       }
273       //--------------读取试题类----------------
274       class Testquestion{
275          private String questionText = "";         //试题
276          private String standardKey;               //答案
277          private String selectedKey;               //选择的答案
278          public String getQuestion(){              //获取试题
279             return questionText ;
280          }
281          public void setQuestion(String s){
282             questionText  = s;
283          }
284          public String getSelectedKey(){           //获取选择的答案
285             return selectedKey;
286          }
287          public void setSelectedKey(String s){     //设置选择的答案
288             selectedKey = s;
289          }
290          public void setStandardKey(String s){     //设置标准答案
291             standardKey = s;
292          }
293          public String getStandardKey(String s){   //获取标准答案
294             return standardKey;
295          }
296          public boolean checkKey(){                //检查答案正确与否
297             if(standardKey.equals(selectedKey)){
298                return true;
299             }
300             return false;
301          }
302       }
303       //--------考试计时类---------
304       class ClockDisplay extends Thread{     //略，拓展实践中完善程序    }
```

【程序解析】

考试界面及功能的设计是对前几章内容的综合应用，因此以上程序代码仅给出代码框架，可在项目实践中将其完善。

(1) 从程序第 62 行、第 121 行可以看出，界面的主要布局是采用 BorderLayout 和 BoxLayout 布局管理的。

(2) 程序第 37~57 行主要是菜单栏的创建。

(3) 程序第 67、72 行通过匿名内部类添加事件，这也是编写事件处理代码中常用的方法。

(4) 程序第 170 行、176 行中，JPanel 利用 BorderFactory 类对界面中的单选按钮组件进行分组。其中 BorderFactory 类提供标准 Border 对象的工厂类。关于工厂类的相关内容，本教材不作详细介绍，有兴趣的读者可以自行查阅相关资料。

(5) 程序第 274~304 行定义了读取试题类，定义了与试题相关的属性和方法，包括试题的题目、答案、考生所选择的答案，以及获得、设置答案和试题等。

(6) 程序第 304 行定义的 ClockDispaly 类用于考试系统中的倒计时。

(7) 试题文件 test.txt 的定义如下：

//#####表示试题文件的开始，100 用于设置考试时间，单位是分钟；答案均在每题之后；题目与答案之间用一行"*"号分隔；题目之间用 3 行"*"号分隔

#####
100
*****

1. _____是嵌入式操作系统。

    A. Windows XP

    B. DOS

    C. Windows 2000

    D. Windows CE

*****

D

*****
*****
*****

2. _Java 语言提供处理不同类型流的包是_____。

    A._java.sql

    B._java.util

    C._Java.math

    D._java.io

*****

D

*****
*****
*****

3. 以下关于窗口的说法错误的是_____。

    A. 窗口可以改变大小

    B. 窗口无论何时都可以移动位置

    C. 窗口都有标题栏

D. 可以在打开的多个窗口之间进行切换
*****
B
*****

# 自 测 题

### 一、选择题

1. 使用( )方法可以将 JMenuBar 对象设置为主菜单。
   A. setHelpMenu()          B. setHelpMenuBar()
   C. add()                  D. setHelpMenuLocation()
2. 用于构造弹出式菜单的 Java 类是( )。
   A. JMenuBar               B. JMenu
   C. JMenuItem              D. JPopupMenu
3. 一般提供用户选择性别时用的最佳选择组件是( )。
   A. JCheckBox              B. JMenu
   C. JRadioButton           D. JList
4. 下面关于组合框描述不正确的是( )。
   A. 默认情况下，只能从组合框中选择
   B. 组合框也可以让用户自行输入
   C. 组合框不可以选择多项
   D. 使用 getSelectedIndex()方法可以获得用户选择的内容
5. 下面哪个用户界面组件不是容器？( )
   A. JApplet                B. JPanel
   C. JScrollPane            D. JWindow

### 二、填空题

1. 直接添加到_____的菜单叫做顶层菜单；连接到_____的菜单称为子菜单。
2. JMenuItem 类中提供_____方法创建分隔线。
3. 菜单项中的复选框是由_____类创建的；单选按钮是由_____类创建的。
4. 滚动面板 JScrollPane 是_____的面板，滚动面板可以看作是_____，只可以添加一个组件，在默认情况下，只有当组件内容超出面板时，才会显示滚动条。
5. JToolBar 工具栏继承自_____类，可以用来建立窗口的工具栏按钮，它也属于一组容器，在创建 JToolBar 对象后，可以将 GUI 组件放置其中。

# 拓 展 实 践

【实践 12-1】 设计一个简易计算器(见图 12-15)，并可以通过考试界面中的【工具】下的【计算器】进行调用。

图 12-15  简易计算器

【实践 12-2】 设计一个简单的记事本程序。

【实践 12-3】 将例 12-4 的 Test_GUI.java 程序中的"拓展实践完善"部分补充完整，调试并运行。

# 第三篇

# 学生在线考试系统(C/S 版)

# 第13章 任务 13——设计学生在线考试系统(C/S 版)

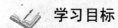
学习目标

本章通过开发基于 C/S 的考试系统,介绍了 Java 网络编程的基本知识。
本章学习目标为
- 了解网络基础知识,熟悉网络编程中的专业术语。
- 熟悉 Java 网络开发中类的使用。
- 区别比较 TCP 协议与 UDP 协议。
- 掌握 C/S 网络开发的基本模式。

## 13.1 任务描述

本章的任务是在已完成的单机版考试系统基础上将其改编成 C/S 版的考试系统。C/S 版考试系统运行在局域网环境中,在运行过程中需要确定服务器端和客户端实现的功能。我们将考生信息与试题文件存放在服务器端。运行时,首先启动服务器端程序,服务器监听是否有客户端与之建立连接,运行效果如图 13-1 所示。考生在客户端,输入服务器 IP 及相关信息以登录,如图 13-2 所示。

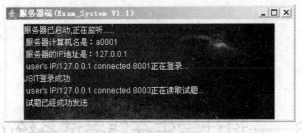

图 13-1　服务器监听窗口 1　　　　　　　图 13-2　客户端登录界面

为演示程序方便，我们可以把一台机器模拟成为服务器端和客户端，用 127.0.0.1 作为本机地址。考生可以点击【注册】按钮将信息存入服务器端的考生信息文件，输入正确的用户名和密码登录后，服务器端将试题文件发送到客户端，服务器监听窗口如图 13-3 所示。考试结束后，服务器监听窗口将显示该考生当前状态以及考试成绩，如图 13-4 所示。

图 13-3　服务器监听窗口 2

图 13-4　服务器监听窗口 3

## 13.2　技术要点

### 13.2.1　网络编程技术基础

Java 是伴随 Internet 发展起来的一种网络编程语言。Java 专门为网络通信提供了软件包

java.net，为当前最常用的 TCP(Transmission Control Protocol)和 UDP(User Datagram Protocol)网络协议提供了相应的类，使用户能够方便地编写出基于这两个协议的网络通信程序。

### 1. 网络协议

网络协议是一组规则，它定义了计算机之间相互通信的规程和约定，在计算机通信中起着非常重要的作用。网络协议管理着网络计算机和网络应用程序之间的信息流动。

目前，TCP/IP 协议是目前最流行的商业化网络协议。虽然从名字上看，TCP/IP 包括两个协议(传输控制协议 TCP 和网际协议 IP)，但 TCP/IP 实际上是一组协议，它包括上百个各种功能的协议，如远程登录(Telnet)、文件传输(FTP)和电子邮件(pop3，smtp)等，而 TCP 协议和 IP 协议是保证数据完整传输的两个基本的重要协议。

TCP/IP 协议参考模型是一个抽象的分层模型。在这个模型中，所有的 TCP/IP 协议都归到五个抽象层中，每个抽象层建立在其下层提供的服务上。参考模型包括五个层次：应用层、传输层、网络层、链路层和物理层，如图 13-5 所示。

| 应用层(例如：HTTP，FTP，Telnet协议) |
| 传输层(例如：TCP，UDP协议) |
| 网络层(例如：IP协议) |
| 链路层(例如：设备驱动程序) |
| 物理层(例如：网络的物理连接设备) |

图 13-5　TCP/IP 协议参考模型

网络上的计算机之间通信通常使用的是 TCP 和 UDP 协议。TCP 是一种可靠的网络通信协议，它的通信方式就像平时打电话一样，首先通话的双方必须建立一个连接(类似于打电话时拨号)，然后才能接收数据(类似于打电话时的交谈)，通信结束后，关闭网络连接(类似于通话的双方挂上电话)。TCP 通信协议在通信双方提供了一个点对点的通道，保证了数据通信的可靠进行，否则，会提示通信出错。典型的 TCP 应用程序有超文本传输协议、文件传输协议和远程登录协议。

UDP 是一种面向无连接的协议，发送的每个数据报都是一个独立的信息，包括完整的源地址或目的地址，它在网络上以任何可能的路径传送到目的地，因此能否到达目的地，到达目的地的时间以及内容的正确性都是不能保证的，是一种不可靠的通信协议。它的通信方式非常类似于手机发短消息，不能保证对方是否能正确接收到消息。在网络通信质量不断提高的今天，UDP 的应用也是相当广泛的，它与 TCP 相比具有系统开销小的优点。UDP 的一个典型的应用是 Ping，Ping 命令的目的是测试通过网络连接的计算机之间的通信是否畅通。

### 2. IP 和端口号

网络层对 TCP/IP 网络中的硬件资源通过 IP 进行标识。连接到 TCP/IP 网络中的每台计算机(或其他设备)都有唯一的地址，这就是 IP 地址。目前所有的 IP 地址都是由 32 位二进制数来表示的，这种地址格式称为 IPv4(Internet Protocol version 4)，通常以"%d.%d.%d.%d"的形式表示，每个 d 是一个 8 位整数。随着 Internet 的发展，IPv4 表示的 IP 地址已经不能满足要求，因此一种称为 IPv6(Internet Protocol version 6)的地址方案已经开始使用。IPv6 使用 128 位二进制数来表示一个 IP 地址。IPv6 正处在不断发展和完善的过程中，在不久的将来将取代目前被广泛使用的 IPv4。IP 地址只能保证将数据传送到指定的计算机上，由于一台机器中往往有很多应用程序需要进行网络通信，因此还必须知道响应的网络端口号(Port)。

端口号是一个标记机器的逻辑通信信道的正整数，端口号不是物理实体。端口号是用一个 16 位的整数来表达的，其范围为 0～65 535。其中，0～1023 为系统所保留，专门给那些通用的服务，如 HTTP 服务的端口号为 80，Telnet 服务的端口号为 21，FTP 服务的端口号为 23，……因此，当我们编写通信程序时，应选择一个大于 1023 的数作为端口号，以免发生冲突。

TCP 和 UDP 都提供了端口的概念。端口(Port)和 IP 地址一起为网络通信的应用程序之间提供了一种确切的地址标识，IP 地址标识了目的计算机，而端口标识了将数据包发送给目的计算机上的应用程序，如图 13-6 所示。

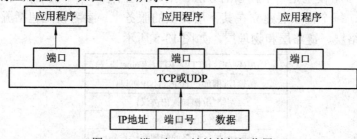

图 13-6　端口与 IP 地址的标识作用

### 3．统一资源定位符(URL)

统一资源定位符(Uniform Resource Locator，URL)是用于完整地描述 Internet 上网页和其他资源的地址的一种标识方法。Internet 上的每一个网页都具有一个唯一的名称标识，通常称之为 URL 地址，拥有这个地址的可以是本地磁盘，也可以是局域网上的某一台计算机，更多的是 Internet 上的站点。简单地说，URL 就是 Web 地址，俗称"网址"。

采用 URL 可以用一种统一的格式来描述各种信息资源，包括文件、服务器的地址和目录等。典型 URL 的格式由协议、地址、资源三部分组成：

**协议名：//主机名：端口号/资源路径名**

例如：

http://www.sohu.com/web/index.html

http://www.jsit.edu.cn:80/ index.html

ftp:// ftp.tsinghua.edu.cn/nyclass

(1) 协议：指明了文档存放的服务器类别。比如 HTTP 协议，简单地说，就是 HTTP 协议规定了浏览器从 WWW 服务器获取网页文档的方式。常用的 HTTP、FTP、File 协议都是虚拟机支持的协议。

(2) 地址：由主机名和端口号组成。其中主机名是保存 HTML 和相关文件的服务器名。每个服务器中的文档都使用相同的主机名。端口号用来指定客户端要连接的网络服务器程序的监听端口号，每一种标准的网络协议都有一个默认的端口号。当不指定端口时，客户端程序会使用协议默认的端口号去连接网络服务器。

(3) 资源：可以是主机上的任何一个文件，需指出包括该资源的文件夹名和文件名。文件夹表示文件所在的当前主机的文件夹。文件夹是用来组织文档的，可以使用嵌套，没有层次限制，包含的文件数目也没有限制。命名文件夹时，可以使用数字、字母、符号(¥、下划线，连字符和点号)，文件名是最终访问的资源。

### 4．C/S 和 B/S 模式

在客户端/服务器(Client/Server)中，主机叫做服务器，网络通常是局域网(LAN)或是广域网(WAN)。每一台 PC 机都叫做一个客户端，都有访问网络的功能，允许在客户机和服务器之间通信，因此叫客户机/服务器模式。其工作模式是：网络中的一些计算机运行服务程序，充当专门提供服务的服务器，其他需要服务的计算机作为客户端；当用户需要某项服务时，客户计算机(客户程序)通过网络与能提供该种服务的服务器建立连接，向它发出服务请求，服务器根据该请求作出相应的处理，并返还处理结果。

B/S(Browser/Server)结构即浏览器和服务器结构。它是随着 Internet 技术的兴起，对 C/S 结构的一种变化或者改进的结构。在这种结构下，用户工作界面是通过 WWW 浏览器来实现的，极少部分事务逻辑在前端(Browser)实现，主要事务逻辑在服务器端(Server)实现，形成所谓的三层结构。这样就大大简化了客户端电脑载荷，减轻了系统维护与升级的成本和工作量，降低了用户的总体成本。

## 13.2.2 Java 常用网络类

java.net 包中提供了常用网络功能类：InetAddress、URL、Sockets 和 Datagram。其中，InetAddress 面向的是网络层(IP 层)，用于标识网络上的硬件资源。URL 面向的是应用层，通过 URL，Java 程序可以直接送出或读入网络上的数据。Sockets 和 Datagram 面向的则是传输层。Sockets 使用的是 TCP 协议，这是传统网络程序最常用的方式，可以想象为两个不同的程序通过网络的通信信道进行通信。Datagram 则使用 UDP 协议，是另一种网络传输方式，它把数据的目的地记录在数据包中，然后直接放在网络上。本节我们主要介绍 InetAddress 和 URL 类。

### 1．InetAddress 类

java.net 包中的 InetAddress 类用于创建包含一个 Internet 主机地址、域名和 IP 地址的对象。它提供了一系列方法用来描述、获取及使用网络资源。InetAddress 类没有构造函数，因此不能用 new()方法来创建一个 InetAddress 对象，但是可以用它提供的静态方法来生成。InetAddress 类的常用方法如表 13-1 所示。

表 13-1　InetAddress 类的常用方法

| 常用方法 | 用途 |
| --- | --- |
| static InetAddress getLocalHost() | 获取本机 IP 地址 |
| static InetAddress getByName(String host) | 在给定主机名的情况下确定主机的 IP 地址 |
| static InetAddress[] getAllByName(String host) | 获取本机的所有 IP 地址 |
| byte[] getAddress() | 获得本对象的 IP 地址(存放在字节数组中) |
| String getHostAddress() | 获得本对象的 IP 地址 |
| String getHostName() | 获得本对象的机器名 |

在例 13-1 程序中，通过 InetAddress 类提供的方法可以获得给定的网址主机名和 IP 地址。

**例 13-1    InetAddressDemo.java**

```
import java.net.*;
public class InetAddressDemo{
    public static void main(String args[]) {
        InetAddress so = null;
        try{
            so = InetAddress.getByName("www.sohu.com");
        }catch(UnknownHostException e) { }
        System.out.println("主机名为: "+so.getHostName());
        System.out.println("IP 地址为: "+so.getHostAddress());
    }
}
```

程序运行结果为

主机名为: www.sohu.com

IP 地址为: 222.73.123.6

### 2．URL 类

在 java.net 包中，提供了 URL 类来表示 URL。

URL 类的常用构造函数和方法如表 13-2 所示。

**表 13-2    URL 类的常用构造函数和方法**

| 常用构造函数和方法 | 用　　途 |
| --- | --- |
| URL(String url) | 创建指向 URL 资源的 URL 对象 |
| URL(URL baseur, String relativeurl) | 通过 URL 基地址和相对于该地址的资源名创建 URL 对象 |
| URL(String protocol, String host, String file) | 通过给定的协议、主机和文件名创建 URL 对象 |
| URL(String protocol, String host, int port, String file) | 通过给定的协议、主机、端口号和文件名创建 URL 对象 |
| String getProtocol() | 获取该 URL 的协议名 |
| int getPort() | 获取该 URL 的端口号 |
| String getHost() | 获取该 URL 的主机名 |
| String getPath() | 获取该 URL 的文件路径 |
| String getFile() | 获取该 URL 的文件名 |
| String getRef() | 获取该 URL 在文件中的相对位置 |

## 例 13-2　URLDemo.java

```java
import java.net.*;
public class URLDemo{
    public static void main(String args[]) {
        try{
            URL tuto=new URL("http://www.sun.com:80/products/index.jsp");
            System.out.println("protocol="+ tuto.getProtocol());
            System.out.println("host ="+ tuto.getHost());
            System.out.println("filename="+ tuto.getFile());
            System.out.println("port="+ tuto.getPort());
            System.out.println("ref="+tuto.getRef());
            System.out.println("query="+tuto.getQuery());
            System.out.println("path="+tuto.getPath());
            System.out.println("UserInfo="+tuto.getUserInfo());
            System.out.println("Authority="+tuto.getAuthority());
        }catch(Exception e){    System.out.println(e);}
    }
}
```

程序运行结果如图 13-7 所示。

图 13-7　URL 类的使用

## 13.2.3　TCP 网络编程

### 1．套接字(Socket)

Socket 这个词的一般意义是自然的或人工的插口，如家用电器的电源插口等，一般翻译成套接字。应用层通过传输层进行数据通信时，在 Java 语言中提供了两种 Socket 通信方式：TCP Socket 和 UDP Socket。它们分别对应着面向连接的通信方式和无连接的通信方式。

网络中通信双方进行数据交换时，发送方将要传输的数据放入套接字中，套接字通过和网络驱动程序绑定将数据发送到接收方。因此在 Socket 编程中，允许把网络连接看做是一种流，通信的两端可以通过流进行读/写数据。Java 网络编程中，一个 Socket 由主机号、端口号和协议名三部分内容组成。Socket 是网络上两个应用程序之间双向通信的一端，不仅可以接收消息，而且还可以发送消息，它是 TCP 和 UDP 的基础。

Java 将 TCP/IP 协议封装到 java.net 包的 Socket 和 ServerSocket 类中，它们可以通过 TCP/IP 协议建立网络上的两台计算机(程序)之间的可靠连接，并进行双向通信。Java 语言中的套接字(Socket)编程就是网络通信协议的一种应用。

在使用 Socket 进行通信的过程中，主动发起通信的一方通常被称为客户端，接受请求进行通信的一方则被称为服务器端。应用 Socket 进行网络编程，基本过程可以分为以下三个步骤：

(1) 由服务器端建立服务器套接字(ServerSocket)，使其负责监听指定端口是否有来自客户端的连接请求。

(2) 由客户端创建一个 Socket 对象，包括欲连接的主机 IP 地址和端口号以及指定使用的通信协议，一起发送给服务器端，请求与服务器建立连接。

(3) 服务器端监听到客户端的请求后，也创建一个 Socket 对象用来接收该请求，此时双方建立连接，服务器端和客户端可以进行通信。

**2．客户端套接字(Socket 类)**

建立客户端的网络应用程序是通过 Socket 类完成的，使用 Socket 时，需要指定欲连接服务器的 IP 地址和端口号。客户端创建好 Socket 对象后，将立即与指定的 IP 和端口连接。服务器端将创建新的 Socket，与客户端 Socket 连接起来。当服务器端的 Socket 与客户端的 Socket 连接成功后，就可以获取 Socket 的输入/输出流，通信双方可以进行数据交换。

Socket 类的常用构造函数如表 13-3 所示。

表 13-3　Socket 类的常用构造函数

| 常用构造函数 | 用　　途 |
| --- | --- |
| Socket(InetAddress address，int port) | 创建一个 Socket 对象，并将它连接到指定服务器的端口上 |
| Socket(String host，int port) | 创建一个 Socket 对象，并将它连接到指定主机的端口上 |
| Socket(InetAddress address, int port, InetAddress localaddr，int localport) | 创建一个 Socket 对象，并将它连接到指定远程端口上的指定远程地址 |
| Socket(String host，int port，InetAddress localaddr，int localport) | 创建一个 Socket 对象，并将它连接到指定远程主机上的指定远程端口 |

下面是一个典型的创建客户端 Socket 的过程。

```
try{
    Socket socket=new Socket(host, 8888);
}catch(IOException e){
    System.out.println("Error:"+e);
}
```

这是在客户端创建的 Socket 的一个小程序段，也是使用 Socket 进行网络通信的第一步。

## 3. 服务器端套接字(ServerSocket 类)

为创建 TCP 服务器端的 Socket，Java 提供了 ServerSocket 类。服务器端的 Socket 通过指定的端口来等待连接的 Socket。服务器的 Socket 一次只能与一个 Socket 进行连接。ServerSocket 类允许程序绑定一个端口，等待客户端程序请求，然后根据客户的请求执行一定的操作，并对请求作出响应。

ServerSocket 类的常用构造函数及方法如表 13-4 所示。

表 13-4　ServerSocket 类的常用构造函数及方法

| 常用构造函数及方法 | 用　途 |
| --- | --- |
| ServerSocket(int port) | 在指定端口上创建一个服务器 Socket。如果端口号为 0，则在任意可用的端口上创建服务器 Socket。该 Socket 可以提供的最大连接数为 50，如果连接数超过 50，那么这个连接就会被拒绝 |
| ServerSocket(int port，int count) | 实现的功能类似第 1 种，只是该 Socket 可以提供的最大连接数为 count，如果连接数超过 count，那么这个连接就会被拒绝 |
| ServerSocket(int port，int count，InetAddress bindAddr) | 创建一个服务器 Socket。如果 bindAddr 为空，那么它将认为是本地的任何一个有效地址。参数 bindAddr 为该服务器绑定的本地 IP 地址 |
| Socket accept( ) | 建一个服务器 Socket 后，调用方法 accept()等待客户的请求。在等待客户请求的过程中，方法 accept()将处于阻塞状态(即无限循环状态)，直到接收到连接请求后，返回一个用于连接客户端 Socket 的 Socket 实例 |
| InetAddress getInetAddress() | 返回与服务器套接字结合的 IP 地址 |
| int getLocalPort() | 获取服务器套接字等待的端口号 |
| void close() | 关闭此套接字 |

在表 13-4 所示的三个构造函数中，若不能在指定的端口上正确创建服务器套接字，将抛出一个 IOException 异常，因此在使用这三个构造函数创建 ServerSocket 对象时要对可能发生的异常进行捕获。

下面是一个典型的创建服务器端 ServerSocket 的过程。

```
try {
    ServerSocket   server=new ServerSocket(8888);
        //创建一个 ServerSocket 在端口 8888 监听客户请求
}catch(IOException e){ }
    try {
    Socket   socket=server.accept();
```

} catch(IOException e){ }

以上的程序是服务器的典型工作模式，只不过在这里，服务器只能接收一个请求，接收完后服务器就退出了。实际的应用中，总是让它不停地循环接收，一旦有客户请求，服务器总是会创建一个服务线程来服务新来的客户，而自己继续监听。程序中，accept()是一个阻塞函数。所谓阻塞性方法，就是该方法被调用后，将等待客户的请求，直到有一个客户启动并请求连接到相同的端口，最后 accept()返回一个对应于客户端的 Socket。

**4. Socket 间的通信**

当服务器与客户端连接成功后，服务器端的 Socket 和客户端的 Socket 也分别建立，网络通信实际上变成了对流对象的读/写操作，如图 13-8 所示。

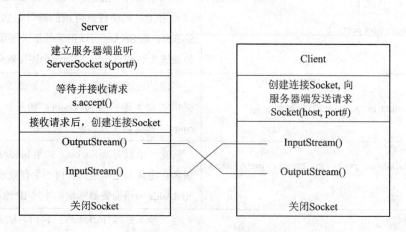

图 13-8　基于 Socket 的 C/S 通信

类 Socket 提供了方法 getInputStream()和 getOutputStream()来得到 Socket 对应的输入/输出流，以进行数据读/写操作，它们分别返回 InputStream 对象和 OutputStream 对象。

(1) **public InputStream getInputStream**()：从 Socket 中获得一个输入流，用于从 Socket 中读数据。

(2) **public OutputStream getOutputStream**()：从 Socket 中获得一个输出流，用于向 Socket 写数据。

为了便于读/写数据，我们可以在返回的输入/输出流对象上建立过滤流，如 DataInputStream、DataOutputStream 或 PrintStream 类对象，对于文本方式流对象，可以采用 InputStreamReader 和 OutputStreamWriter、PrintWirter 等处理。

例如：

BufferedReader in=new ButfferedReader(new InputSteramReader(Socket.getInputStream()));

DataInputStream is=new DataInputStream(socket.getInputStream());

PrintStream os=new PrintStream(new BufferedOutputStreem(socket.getOutputStream()));

PrintWriter out=new PrintWriter(socket.getOutStream(),true);

下面通过一个实例介绍 C/S 编程模式。服务器启动后监听客户端的连接请求，一旦接收到请求，客户端将用户输入的用户名信息发送到服务器端，服务器端判断该用户名是否正确。若正确，则将"用户名正确"发送至客户端，否则发送"用户名不存在"，如图 13-9 所示。

# 第 13 章　任务 13——设计学生在线考试系统(C/S 版)

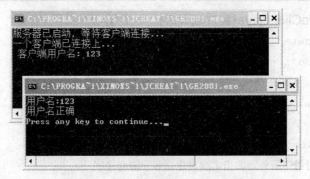

图 13-9　服务器端与客户端的通信

**例 13-3　ServerDemo .java(服务器端程序)**

```
1   import java.net.*;
2   import java.io.*;
3   public    class ServerDemo{
4      public static void    main(String args[]){
5      ServerSocket ss=null;
6      PrintStream out=null;
7      BufferedReader in=null;
8      String    str;
9      try{
10         ss=new ServerSocket(8888);
11         System.out.println("服务器已启动，等待客户端连接...");
12         while(true){
13            Socket s=ss.accept();
14            System.out.println("一个客户端已连接上....");
15            out = new    PrintStream(s.getOutputStream(), true);
16            in = new BufferedReader(new InputStreamReader(s.getInputStream()));
17            //获取客户端套接字输入/输出流
18            str=in.readLine();
19            System.out.println(" 客户端用户名: " +str);
20            if(str.equals("123"))
21               out.println("用户名正确");
22            else out.println("用户不存在");
23            out.close();
24            in.close();
25         }
26      }catch(IOException e){ }
27      }
28   }
```

### 例 13-4  SingleClient.java(客户端程序)

```java
1    import java.net.*;
2    import java.io.*;
3    public  class SingleClient{
4      public static void  main(String args[]){
5       try{
6        Socket   s=new   Socket("127.0.0.1",8888);
7          //对指定服务器的指定端口建立客户端套接字
8        PrintStream  out=new  PrintStream(s.getOutputStream());
9    BufferedReader in = new BufferedReader(new InputStreamReader(s.getInputStream()));
10         //获取客户端套接字的输入流
11       BufferedReader stdin = new BufferedReader(new InputStreamReader((System.in)));
12         //从标准输入流(键盘)中获取信息
13       System.out.print("用户名:");
14       String str=stdin.readLine();
15       out.println(str);
16       System.out.println(in.readLine());
17       in.close();            //关闭输入流
18       out.close();           //关闭输出流
19      }
20      catch(IOException e){ }
21    }
22  }
```

### 5．支持多客户的网络通信

在上面的程序中，服务器端同一时间只能与一个客户建立连接，直到与客户进行完毕后才断开连接，然后再接收下一个客户连接。假如同时有多个客户发送连接请求，这些客户就必须排队等候服务器的响应。服务器无法同时与多个客户通信。这时可以采用多线程技术，服务器的主线程只负责循环等待接收客户的连接请求，每次接收到一个客户连接请求，就会创建一个工作线程，由它负责与客户的通信，不同的处理线程为不同的客户服务。

### 例 13-5  MultiServerDemo.java

```java
1    import java.net.*;
2    import java.io.*;
3    public   class MultiServerDemo{
4      public static void   main(String args[]){
5      ServerSocket ss=null;
6      try{
7       System.out.println("服务器已启动，等待客户端连接...");
8       ss=new ServerSocket(8888);
9       while(true){
```

```
10      Socket s=ss.accept();
11      new MultiServerThread(s).start();
12      s.close();
13    }
14  }catch(IOException e){ }
15  }
16 }
17 class MultiServerThread   extends Thread{
18    Socket s=null;
19    String   str;
20    MultiServerThread(Socket socket ){
21      super("MultiServerThread ");
22      this.s=socket;
23      System.out.println("一个客户端已连接上....");
24    }
25    PrintStream out=null;
26    BufferedReader in=null;
27    public void run(){
28      try{
29       out = new   PrintStream(s.getOutputStream(), true);   //auto flush
30       in = new BufferedReader(new InputStreamReader(s.getInputStream()));
31         //获取客户端套接字输入/输出流
32       str=in.readLine();
33       System.out.println(" 客户端用户名: " +str);
34       if(str.equals("123"))
35          out.println("用户名正确");
36       else out.println("用户不存在");
37       out.close();
38       in.close();
39      } catch(IOException e){ }
40    }
41 }
```

### 13.2.4  UDP 网络编程

UDP 协议是无连接的协议，它以数据报作为数据传输的载体。数据报是一个在网络上发送的独立信息，包含该包的完整的源和目的信息，以指明其走向。UDP 协议无需在发送方和接收方建立连接，但也可以先建立连接。数据报在网上可以以任何可能的路径发送到目的地。数据包的到达、到达时间以及内容本身等都不能得到保证。数据报的大小是受限制的，每个数据报的大小限定在 64 KB 以内。UDP 协议不要求网络通信双方有严格的服务器端和客户端之分，一个基于 UDP 的数据报套接字既可以发送数据也可以接收数据。

在网络传输中，对速度的要求相对于对可靠性的要求来说，速度更为重要，例如传输声音信号，少量数据包的丢失对整体音效没有太大影响。在网络组播及大多数的网络游戏中也采用 UDP 协议进行通信。

在 Java 中，基于 UDP 协议实现网络通信的类有两个：

■ 用于封装具体的数据信息的数据报类 DatagramPacket。
■ 用于数据报通信中收/发数据包的类 DatagramSocket。

1) 发送数据报

发送数据报时首先需要创建一个 DatagramPacket 对象，以将具体的数据信息封装为一个数据包，指定要发送的数据及长度、目的地主机名和端口号，然后使用 DatagramSocket 对象的成员方法 send()来发送数据。

2) 接收数据报

类似 TCP 的 Socket，接收数据报也需要创建一个 DatagramSocket 对象用来监听指定主机的端口，然后再创建一个 DatagramPacket 对象，用来从缓冲区接收数据。最后，DatagramPacket 对象调用 receive()方法使其处于阻塞状态，直到接收到数据，接着循环调用 receive()方法使其处于阻塞状态，等待接收下一个数据。

DatagramPacket 类和 DatagramSocket 类常用的构造函数及方法如表 13-5、表 13-6 所示。

表 13-5 DatagramPacket 类的常用构造函数及方法

| 常用构造函数及方法 | 用 途 |
| --- | --- |
| DatagramPacket(byte[] buf，int length) | 创建数据报，这个数据报用来保存接收到的数据报 |
| DatagramPacket(byte[] buf，int length，Inet Address iaddr，int port) | 当接收到一个数据报后，DatagramPacket 类提供了以下方法来读取其中的数据信息 |
| synchronized InetAddress getAddress() | 返回数据报中包含的 IP 地址 |
| synchronized byte[] getData() | 返回数据报中的数据信息 |
| synchronized int getLength() | 返回数据长度 |
| synchronized int getPort() | 返回数据报中的端口信息 |

表 13-6 DatagramSocket 类的常用构造函数及方法

| 常用构造函数及方法 | 用 途 |
| --- | --- |
| DatagramSocket() | 创建一个 UDP Socket，并由系统分配一个可用的端口号 |
| DatagramSocket(int port) | 创建一个 UDP Socket，并指定端口号 |
| DatagramSocket(int port，InetAddress laddr) throws SocketException | 创建一个 UDP Socket，并将其绑定到指定的地址和端口上 |
| send(DatagramPacket p) | 发送一个数据报，数据报中包含有数据、数据的长度、目的地址及端口信息 |
| synchronized void receive(DatagramPacket p) | 该方法运行后将进入阻塞状态，直到接收到一个数据报 |
| synchronized void close() | 关闭 UDP Server |

## 例 13-6  UDPReceive.java(接收数据端)

```java
1   import java.io.*;
2   import java.lang.*;
3   import java.net.*;
4   public class UDPReceive{
5     private DatagramSocket dser;
6     private DatagramPacket dpac;
7     private byte rb[];
8     private String rev;
9     public UDPReceive() {
10       Init();
11    }
12    public void Init() {
13      try {
14      //创建接收数据报的套接字
15      dser=new DatagramSocket(8888);
16       System.out.println("接收消息端已启动并已处于监听状态!");
17      rb=new byte[1024];
18      dpac=new DatagramPacket(rb,rb.length);
19      rev="";
20      //接收数据包并输出
21      dser.receive(dpac);
22      //指定接收到的数据的长度,可使接收数据正常显示
23      rev=new String(rb,0,dpac.getLength());
24      System.out.println("从发送端接收到的信息:"+rev);
25      }
26      catch(Exception e)    { }
27    }
28    public static void main(String args[]) {
29      new UDPReceive();
30    }
31  }
```

## 例 13-7  UDPSend.java(发送数据端)

```java
1   import java.io.*;
2   import java.lang.*;
3   import java.net.*;
4   public class UDPSend{
5     private DatagramSocket cli;
6     private DatagramPacket pac;
```

```
7    private byte sb[];
8    private String sen;
9    public UDPSend(){
10     Init();
11   }
12   public void Init() {
13     try{
14       cli=new DatagramSocket(6666);
15       sb=new byte[1024];
16       //创建发送数据报的套接字
17       sen="2008,北京欢迎您！";
18       sb=sen.getBytes();
19       //发送已收到的消息
20       pac=new DatagramPacket(sb,sb.length,InetAddress.getByName("localhost"),8888);
21       System.out.println("开始发送数据..."+sen);
22       cli.send(pac);
23       System.out.println("发送数据发送完毕");
24     }
25     catch(SocketException se) { }
26     catch(IOException ie) { }
27   }
28   public static void main(String args[]){
29     new UDPSend();
30   }
31 }
```

对于例 13-6 和例 13-7，首先运行 UDPReceive，则程序处于监听状态，然后运行 UDPSend，通过该程序发送数据，UDPReceive 一旦接收到数据，则显示输出。如果先运行 UDPSend 程序，尽管此时没有接收端与之建立连接，数据仍然正常发送出去，因此所发送的数据没有被接收，体现了 UDP 协议下发送数据的不可靠性。

程序的运行结果如图 13-10 所示。

图 13-10　基于 UDP 协议的网络编程

## 13.3 任务实施

我们可以在学生考试系统(单机版)的基础之上,略做修改来实现学生考试系统(C/S 版)。

(1) 学生考试系统(C/S 版)需要将原有的考试系统中的功能模块进行划分。我们将单机版中的登录界面程序(Login_GUI.java)、注册界面程序(Register_GUI.java)、计算器程序(Calulator.java)和考试界面程序(Test_GUI.java)作为客户端应用程序。我们将单机版的客户端 Login_GUI.java 中的登录按钮事件、Register_GUI 注册按钮事件、Test_GUI 提交试题按钮事件中的相关对本地文件的操作改为与服务器端的通信操作即可。

(2) 服务器端存放试题文件和用户信息。我们将用户的信息验证和信息写入服务器端,因此把对用户登录和注册信息的程序(Register_Login.java)放在服务器端。当客户端的用户成功登录后,服务器端的试题文件将下载到本地,各客户端对本地的试题文件进行操作,互不干扰。因此我们在客户端增加一个下载服务器端试题文件的程序(Load_Text.java)。

(3) 将服务器端设计成一个简单的监听窗口,对客户端的相关活动进行监听。在服务器端的窗口程序和管理程序(Server.java)中,我们为客户端不同的操作创建不同的线程,从而可以实现多台客户端同时进行考试。

(4) 当用户成功登录后,服务器端将试题文件发送给客户端,相关操作由 Server_ReadText.java 完成。

(5) 当客户端有新用户登录的时候,我们需要验证该用户是否已经登录,管理已经登录用户记录的程序(UserOnly.java)可以完成相关操作。

(6) 当用户完成考试退出考场的时候,需要将该用户的账号从已登录用户的账号中删除,我们创建了一个接收客户端用户退出考场信息的类(Exit_Test.java)。

项目学习中,我们仅以输入的用户名和密码服务器端的信息进行比较并返回给客户端后;客户端的用户名和密码发送到服务器端为例学习 C/S 模式下的程序设计。

Login_GUI.java 中的代码片段如下:

```
1    String logininfo = name + "^" + password+"^";    //定义一个登录字符串,由用户名和密码加逗号
                                                      //组成
2    int port1 = 8001;
3    try{                                              //建立网络连接
4        socket = new Socket(ip, port1);
5        in = new DataInputStream(socket.getInputStream());
6        out = new DataOutputStream(socket.getOutputStream());
7        out.writeUTF(logininfo);
8    }
9    catch (IOException ee) {                          //如果连接失败
10       JOptionPane.showMessageDialog(null,"服务器不存在,请先启动服务器!");
11   }
12   if (socket != null){                              //如果连接成功,对返回信息进行分析
```

```
13    try {
14    String loginmessage = in.readUTF().trim();      //返回的信息
15    if (loginmessage.equals("登录成功")){
16        new Load_Text(ip);
17    JOptionPane.showMessageDialog(null,"\t 恭喜，您已成功登录！","登录成功提示",
      JOptionPane.PLAIN_MESSAGE);
18    new Test_GUI(namefield.getText().trim(),ip);
19    frame.dispose();
20    }
21      else{
22      JOptionPane.showMessageDialog(null,loginmessage);
23        namefield.setText("");
24      pwdfield.setText("");
25    }
26    }
27    catch (IOException e1){
28    e1.printStackTrace();
29    }
30  }
```

相应的服务器端 Server.java 的代码如下：

```
1   public class Server{
2     public static void main(String args[]){
3         Server_Frame sf = new Server_Frame();
4         sf.setDefaultCloseOperation(JFrame.EXIT_ON_CLOSE);
5         sf.setVisible(true);
6     }
7   }
8   //框架类
9   class Server_Frame extends JFrame{
10      private Toolkit kit = Toolkit.getDefaultToolkit();
11      public Server_Frame(){
12      setTitle("服务器端(CS_Exam System Server V1.2)");
13      Dimension ds = kit.getScreenSize();
14      int w = ds.width;
15      int h = ds.height;
16      setBounds((w-420)/2,(h-400)/2,420,400);
17      Server_Panel sp = new Server_Panel();
18      add(sp);
19    }
```

```
20  }
21  //容器类
22  class Server_Panel extends JPanel{
23      private JTextArea area;
24      private JLabel copyright;    //版权信息标签
25      private Box box,box1;
26      private String    ServerIPaddress=null;
27      private String    ServerName=null;
28      public Server_Panel(){
29       area = new JTextArea(18,35);
30       area.setBackground(Color.BLACK);
31       area.setForeground(Color.WHITE);
32       area.setEditable(false);
33       JScrollPane sp = new JScrollPane(area);
34          copyright = new JLabel();
35      copyright.setHorizontalAlignment(JLabel.RIGHT);
36      copyright.setFont(new Font("宋体",Font.PLAIN,14));
37      copyright.setForeground(Color.GRAY);
38      copyright.setText("copyright@ developed by yunchen");
39      box = Box.createVerticalBox();
40      box1 = box.createHorizontalBox();
41      box1.add(Box.createHorizontalStrut(160));
42      box1.add(copyright);
43      box.add(sp);
44      box.add(Box.createVerticalStrut(15));
45      box.add(box1);
46      add(box);
47          new Server_Manager(area);
48      area.setText("服务器已启动,正在监听...");
49          UserOnly uo = new UserOnly();
50          //获得服务器的计算机名和IP
51          try {
52              ServerIPaddress=InetAddress.getLocalHost().getHostAddress();
53              ServerName=InetAddress.getLocalHost().getHostName();
54          }
55          catch (UnknownHostException  e){ }
56      area.append("\n 服务器计算机名是："+ServerName+"\n 服务器的 IP 地址是："+ServerIPaddress);
57  }
58  }
```

```
59   class Server_Manager extends Thread{
60     private JTextArea iarea;
61     public Server_Manager(JTextArea area){
62     iarea = area;
63     //启动一个响应客户端登录的线程
64     Thread thread1 = new Thread() {
65     public void run(){
66       ServerSocket server1 = null;
67       Socket client1 = null;
68       int port1 = 8001;
69       try {
70         server1 = new ServerSocket(port1);
71       }
72       catch (IOException e) {
73           e.printStackTrace();
74       }
75       while (true){
76        try {
77            client1 = server1.accept();
78          }
79         catch (IOException e){
80            e.printStackTrace();
81         }
82         if (client1 != null){
83           //第一个线程启动
84           Server_Login sl = new Server_Login(client1,iarea);
85           sl.start();
86           iarea.append("\n user's IP" + client1.getInetAddress()+
87              " connected " + port1 + "正在登录...");
88         }
89          else {
90            iarea.append("\n user's IP" + client1.getInetAddress()+
91              " connected " + port1 + "中断线程启动");
92         }
93       }
94    }
95     };
96     thread1.start();
97   //启动一个响应客户端注册的线程
```

```
98      Thread thread2 = new Thread("two") {
99        public void run() {
100         ServerSocket server2 = null;
101         int port2 = 8002;
102         try {
103             server2 = new ServerSocket(port2);
104         }
105         catch (IOException e){
106             e.printStackTrace();
107         }
108         while (true){
109           Socket client2 = null;
110           try{
111               client2 = server2.accept();
112           } catch (IOException e)     {
113               e.printStackTrace();
114           }
115           if (client2 != null) {
116               Server_Register sr = new Server_Register(client2,iarea);
117               sr.start();
118               iarea.append("\n user's IP" + client2.getInetAddress()+ " connected " + port2 + "注册信息....");
119           }
120         }
121       }
122     };
123     thread2.start();
124     //启动一个客户端下载试题的线程
125     Thread thread3 = new Thread("three") {
126       ServerSocket server3 = null;
127       int port3 = 8003;
128       public void run(){
129         try {
130             server3 = new ServerSocket(port3);
131         }
132         catch (IOException e){
133             e.printStackTrace();
134         }
135         while (true) {
136             Socket client3 = null;
```

```
137            try {
138                client3 = server3.accept();
139            } catch (IOException e){
140                e.printStackTrace();
141            }
142            if (client3 != null){
143                //第 3 个线程启动
144                new Server_ReadText(client3,iarea).start();
145                iarea.append("\n user's IP" + client3.getInetAddress()+ " connected " + port3 + "正在读取试题...");
146            }
147         }
148       }
149    };
150    thread3.start();
151    //启动一个响应客户端退出考场的线程
152    Thread thread4 = new Thread("four") {
153    public void run() {
154            ServerSocket server4 = null;
155            int port4 = 8004;
156            try {
157                server4 = new ServerSocket(port4);
158            }
159            catch (IOException e){
160                e.printStackTrace();
161            }
162            while (true) {
163              Socket client4 = null;
164              try{
165                    client4 = server4.accept();
166              }
167              catch (IOException e){
168                    e.printStackTrace();
169              }
170              if (client4 != null){
171                    Exit_Test lr = new Exit_Test(client4,iarea);
172                    lr.start();
173              }
174         }
```

```
175       }
176     };
177     thread4.start();
178   }
179 }
```

## 自 测 题

**一、选择题**

1. 下列哪一步骤对于编写不同的 Socket 程序是不同的？（  ）
   A. 打开 Socket              B. 关闭 Socket
   C. 对 Socket 进行 I/O 操作   D. 打开连接到 Socket 的 I/O 流
2. 下列说法错误的是（  ）。
   A. 每个 UDP 报文都包含了完整的源地址和目的地址
   B. UDP 协议中，发送方和接收方之间不用建立可靠的连接
   C. UDP 协议的传输是可靠的，而且操作简单
   D. UDP 报文最大是 64 KB
3. 下列哪一项不属于 URL 资源名中包含的内容？（  ）
   A. 传输协议名              B. 端口号
   C. 文件名                  D. 主机名
4. 下列不属于传输协议名称的一项是（  ）。
   A. ftp                     B. http
   C. www                     D. file
5. 下列不适于使用 UDP 协议进行传输的一项是（  ）。
   A. 广播                    B. 传输时钟信息
   C. Ping 命令               D. 聊天室

**二、填空题**

1. 一个 URL 中一般包含_____和_____。
2. 使用 Socket 进行网络通信一般有四个步骤：_____；打开 I/O 流连接到 Socket 上；根据不同协议对 Socket 进行读/写操作；_____。
3. 数据报通信用的 UDP 是_____协议。
4. Java 的 Socket 中针对客户端的类是_____和_____。
5. 对 Socket 进行 I/O 操作的方法是_____和_____。

## 拓 展 实 践

【实践 13-1】 调试并修改以下程序，使其能正确读取文件相关信息。

```java
import java.net.*;
import java.io.*;
public class Ex13_1{
    public static void main(String args[]) {
        String urlname = "http://www.jsit.edu.cn/";
        new Ex13_1 ().display(urlname);
    }
    public void display(String urlname){
        URL url = new URL(urlname);
        URLConnection uc = url.openConnection();
        System.out.println("当前日期: "+new Date(uc.getDate())+
            "\r\n"+"文件类型: "+uc.getContentType()+"\r\n"+
            "修改日期: "+new Date(uc.getLastModified()));
        int c, len;
        len = uc.getContentLength();                    //获取文件长度
        System.out.println("文件长度: "+len);
        if(len>0){
            System.out.println("文件内容: ");
            InputStream in = uc.getInputStream();       //建立数据输入流
            int i = len;
            while(((c=in.read())!=-1) && (i>0)){        //按字节读取所有内容
                System.out.print((char)c);
                i--;
            }
        }
    }
}
```

【实践 13-2】 编写一个客户端/服务器端程序，客户端向服务器端发送 10 个整数，服务器端将最大值和最小值送回客户端。

【实践 13-3】 将项目学习中的学生在线考试系统(C/S 版)进一步完善，使其完成网络环境下的用户注册、登录、考试等基本功能。

【实践 13-4】将学生在线考试系统(C/S 版)的服务器端设计成图形界面，实现对在线考试的监控以及试题的管理。

# 第14章 任务14——利用数据库存储信息

 **学习目标**

本章将学生在线考试系统(C/S 版)的试题信息、用户信息存放在数据库中，通过修改部分现有代码实现对数据库信息的存取。

本章学习目标为

❖ 了解 JDBC 的基本概念。
❖ 掌握利用 JDBC-ODBC 桥与数据库相连的方法。
❖ 熟悉应用 JDBC 对数据库进行操作的方法。

## 14.1 任务描述

本章的任务是利用数据库存储考试系统中的相关信息。在前几章，考试系统中的信息都是以文本文件的形式存放的，随着数据信息的不断增大，以这种形式存放信息日益显出其弊端。因此，我们对系统进行修改，将所有信息以数据库的形式存放。为此我们在 Access 数据库中创建了 Exam_db.mdb 数据库，其中包含数据表 Exam_Connect(试题)、User_Bas_Info(学生信息)和 Exam_Time(考试时间)。我们将先前对文本文件的读/写转换成对数据库的读/写。

数据表描述如表 14-1～表 14-3 所示。

表 14-1 学生信息表(User_Bas_Info)

| 字段名称 | 说 明 | 字段类型 | 字段长度 |
|---|---|---|---|
| UserName | 用户名 | 文本 | 50 |
| UserPassW | 密码 | 文本 | 20 |
| UserSex | 性别 | 文本 | 20 |
| Classx | 班级 | 文本 | 50 |

表 14-2 试题信息表(Exam_Connect)

| 字段名称 | 说 明 | 字段类型 | 字段长度 |
|---|---|---|---|
| TextQues | 试题内容 | 文本 | 255 |
| TextKey | 试题答案 | 文本 | 20 |

表 14-3 考试时间(Exam_Time)

| 字段名称 | 说 明 | 字段类型 | 字段长度 |
|---|---|---|---|
| TimeID | 时间编号 | 文本 | 3 |
| Text_Time | 考试时间 | 文本 | 3 |

## 14.2 技术要点

### 14.2.1 JDBC 概述

JDBC(Java Data Base Connectivity)是 Java 语言为了支持 SQL 功能而提供的与数据库相联的用户接口，由一组 Java 语言编写的类和接口组成，使用内嵌式的 SQL，主要实现第三方的功能，包括建立与数据库的连接，执行 SQL 声明以及处理 SQL 执行结果。JDBC 支持基本的 SQL 功能，使用它可方便地与不同的关系型数据库建立连接，进行相关操作。因此，程序员可以将精力集中于上层的功能实现，而不必关心底层与具体的数据库的连接和访问过程。

#### 1. JDBC 与 ODBC

Microsoft 的 ODBC(Open DataBase Connectivity)是当前与关系型数据库连接最常用的接口。JDBC 是建立在 ODBC 的基础上的，实际上可视为 ODBC 的 Java 语言翻译形式。当然，两者都是建立在 X/Open SQL CLI(Call Level Interface)的抽象定义之上的。而 JDBC 与 ODBC 相比，在使用上更为方便。虽然 ODBC 已经是成型的通用接口，但是我们在 Java 程序中却要建立 JDBC 接口，这样做的原因和好处有以下几点：

(1) ODBC 使用的是 C 语言界面，而从 Java 直接调用 C 源码容易在安全性、健壮性和可移植性等方面产生问题，运行功效也受到影响。

(2) 将 ODBC 的 C 语言 API 逐字译为 Java 也并不理想。比如，Java 没有指针。JDBC 提供的是一种面向对象式的翻译界面，对 Java 的程序员来说自然方便。

(3) ODBC 难于学习掌握，经常将简单的特性与复杂的特性混合使用。而 JDBC 相对简单明了，容易理解掌握。

(4) JDBC 有助于实现"纯 Java"的方案。当使用 ODBC 时，每一台客户机都要求装入 ODBC 的驱动器和管理器。而当使用 JDBC 时，驱动器完全由 Java 语言编写，JDBC 代码可以在所有的 Java 平台上自动装入、移植，而且是安全的。

当然，在 JDBC 上也可以使用 ODBC，但是需要通过中介 JDBC-ODBC Bridge 使用。

#### 2. JDBC API

JDBC 中最重要的部分是定义了一系列的抽象接口，通过这些接口，JDBC 实现了三个基本的功能：建立与数据的连接、执行 SQL 声明和处理执行结果。

这些接口都存在于 Java 的 sql 包中，它们的名称和基本功能是：

- java.sql.DriverMagnager：管理驱动器，支持驱动器与数据连接的创建。
- java.sql.Connection：代表与某一数据库的连接，支持 SQL 声明的创建。
- java.sql.Statement：在连接中执行一静态的 SQL 声明，并取得执行结果。
- java.sql.PreparedStatement：Statement 的子类，代表预编译的 SQL 声明。
- java.sql.CallableStatement：Statement 的子类，代表 SQL 的存储过程。
- java.sql.ResultSet：代表执行 SQL 声明后产生的数据结果。

#### 3. JDBC 体系结构

Java 程序员通过 sql 包中定义的一系列抽象类对数据库进行操作，而实现这些抽象类、完成实际操作则是由数据库驱动器 Driver 运行的。它们之间的层次关系如图 14-1 示。

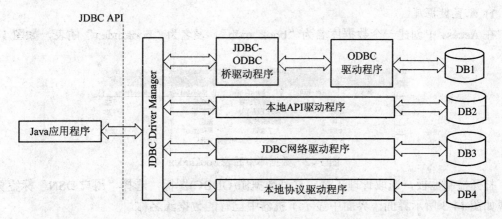

图 14-1 JDBC 的体系结构

JDBC 的 Driver 可分为以下四种类型：

(1) JDBC-ODBC Bridge 和 ODBC Driver。这种驱动器器通过 ODBC 驱动器提供数据库连接。使用这种驱动器，要求每一台客户机都装入 ODBC 的驱动器。JDBC-ODBC 通过 ODBC 驱动程序提供数据库连接，在 JDBC 和 ODBC 之间搭建一座桥梁，以便 Java 程序访问配有 ODBC 驱动程序的数据库，缺点是存在平台依赖性。

(2) Native-API Partly-Java Driver。这种驱动器将 JDBC 指令转化成所连接使用的 DBMS 的操作形式。各客户机使用的数据库可能是 Oracle，可能是 Sybase，也可能是 Access，都需要在客户机上装有相应 DBMS 的驱动程序，速度要比类型(1)快一些，但是必须在本地安装目标数据库的客户端程序，因此不适合在 Internet 网络上使用。

(3) JDBC-Net All-Java Driver。这种驱动器将 JDBC 指令转化成独立于 DBMS 的网络协议形式，再由服务器转化为特定 DBMS 的协议形式。有关 DBMS 的协议由各数据库厂商决定。这种驱动器可以连接到不同的数据库上，最为灵活。目前一些厂商已经开始添加 JDBC 的这种驱动器到他们已有的数据库中介产品中。要注意的是，为了支持广域网存取，需要增加有关安全性的措施，如防火墙等。

(4) Native-protocol All-Java Driver。这种驱动器将 JDBC 指令转化成网络协议后不再转换，由 DBMS 直接使用，相当于客户机直接与服务器联系，对局域网适用。

在这四种驱动器中，后两类"纯 Java"(All-Java)的驱动器效率更高，也更具有通用性。但目前第一、第二类驱动器比较容易获得，使用也较普遍。

### 14.2.2 JDBC 应用

本节我们将以 Access 2003 数据库为例，详细介绍利用 JDBC-ODBC Bridge 桥接器访问数据库的编程步骤：

(1) 配置数据库。
(2) 加载 JDBC 驱动程序。
(3) 建立与数据库的连接。
(4) 通过 SQL 语句进行数据库操作。

### 1．建立数据库的连接

1) 配置数据库

在 Access 中创建一个数据库名为“book mdb”，表名为“bookindex”的表，如图 14-2 所示。

bookindex : 表

| 编号 | BookID | BookTitle | BookAuthor | BookPrice |
| --- | --- | --- | --- | --- |
| 1 | 01 | Java线程编程 | 周良忠 | 52 |
| 2 | 02 | 系统工程 | 严广乐 | 32 |
| 3 | 03 | 触摸屏技术 | 张江 | 33 |
| 4 | 04 | 人工智能 | 马鸣远 | 280 |
| 5 | 05 | 人机交互设计与评价 | 刘伟 | 0 |

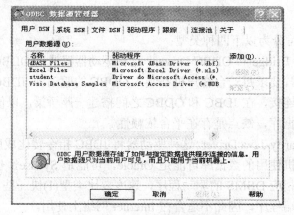

图 14-2　数据库中的表 bookindex

打开控制面板，选取管理工具，打开数据源(ODBC)图标，选择“用户 DSN”标签页，出现如图 14-3 所示界面。界面中显示了机器中已有的数据源名称。

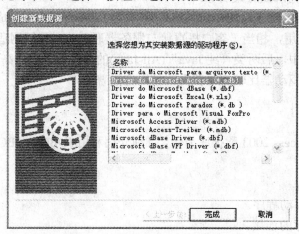

图 14-3　ODBC 数据源管理器

在图 14-3 所示的界面中，单击“添加”按钮出现如图 14-4 所示界面。此时选择“Microsoft Access Driver(*.mdb)”作为新数据源的驱动程序，单击“完成”按钮，出现如图 14-5 所示的界面。在图 14-5 中的数据源名文本框里为数据源命名，这里输入的是 book。为了使这个数据源与某个数据库关联，此时单击“选择”按钮，选择某驱动器下、某个目录下的数据库即可。

图 14-4　选择安装数据源的驱动程序

# 第 14 章　任务 14——利用数据库存储信息

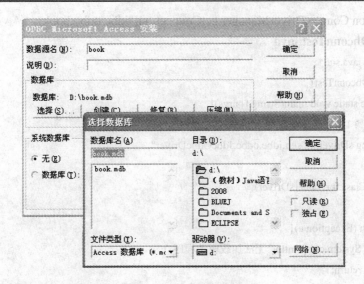

图 14-5　"选择数据库"对话框

设置好 Access 数据库的数据源之后,这个数据源 book 就对应着一个 Access 数据库,即 book.mdb。用户在编写 Java 程序时,就可以将这个数据库源作为数据库的连接对象包含在源程序中,以便对存储在数据库中的数据进行存取操作。

需要说明的是,对于不同类型的数据库,在建立 ODBC 数据源时,根据选择的数据库驱动程序的不同,数据源的设置界面也会不同。

2) 加载 JDBC 驱动程序

为了建立与数据库的连接,我们可以通过 Class 类的静态方法 forName()来装入数据库的特定驱动器。forName()方法的一般格式如下:

　　**Class.forName("DriverName");**

其中,"DriverName"是要加载的 JDBC 驱动程序名称。驱动程序名称根据数据库厂商提供的 JDBC 驱动程序的种类来确定。JDBC-ODBC 桥接驱动器作为 Java 应用的一种常用数据库驱动程序,它随 JDK 一起安装,完整的类名为"sun.jdbc.odbc.JdbcOdbcDriver"。因此,加载 Access 数据库驱动程序可以通过以下语句完成:

　　Class.forName("sun.jdbc.odbc.JdbcOdbcDriver");

3) 建立与数据库的连接

JDBC 应用程序可以通过 JDBC 的驱动器管理器的工具类 DriverManager 提供的静态 getConnection()方法建立与数据库的连接,其一般的使用格式如下:

　　**Connection conn = DriverManager.getConnection(String url);**

　　**Connection conn = DriverManager.getConnection(String url, String user, String password);**

参数 url 是一个字符串,代表了将要连接的数据源,即具体的数据库位置。不同的 JDBC 驱动程序其 url 是不同的。getConnection()方法返回的是一个 Connection 对象,该对象代表与数据库的连接。

连接配置的数据源 book 的语句表示如下:

Connection Conn = DriverManager.getConnection("jdbc:odbc:book);

### 例 14-1　DbconnTest.java

```
1    import java.sql.*;
2    class DbconnTest{
3      public static void main(String [] args){
4        //步骤 1：加载驱动程序
5        String sDriver = "sun.jdbc.odbc.JdbcOdbcDriver";
6        try {
7            Class.forName(sDriver);
8        }
9        catch (Exception e){
10           System.out.println("无法加载驱动程序");
11           return;
12       }
13       System.out.println("步骤 1：加载驱动程序成功!");
14        //步骤 2：建立 Connection 连接对象
15       Connection dbCon = null;
16       Statement stmt = null;
17       String sCon = "jdbc:odbc:book";
18       try{
19           dbCon = DriverManager.getConnection(sCon);
20           if(dbCon != null)
21               System.out.println("步骤 2：连接数据库成功!");
22
23           //步骤 3：建立 JDBC 的 Statement 对象
24           stmt = dbCon.createStatement();
25           if(stmt != null)
26               System.out.println("步骤 3：建立 Statement 对象成功!");
27       }
28       catch(SQLException e){
29           System.out.println("连接错误: " + sCon);
30           System.out.println(e.getMessage());
31           if(dbCon != null){
32               try {
33                   dbCon.close();
34               }
35               catch(SQLException e2) { }
36           }
37           return;
```

```
38        }
39    finally{
40        try {
41            //关闭步骤 3 所开启的 statement 对象
42            stmt.close();
43        }
44        catch(SQLException e) { }
45        try{
46            //关闭步骤 2 所开启的数据库连接
47            dbCon.close();
48        }
49        catch(SQLException e) { }
50    }
51  }
52 }
```

### 2．发送和执行 SQL 语句

在与某个特定数据库建立连接之后，JDBC 应用程序可以创建不同的 SQL 语句对象，用于向数据库发送不同请求的 SQL 语句。如表 14-4 所示，JDBC API 提供了三种接口来实现发送 SQL 语句到数据库，并请求执行。

表 14-4  JDBC 中的接口

| 接 口 | 用 途 |
|---|---|
| java.sql.Statement | 用于发送静态 SQL 语句到数据库并获得 SQL 产生的结果 |
| java.sql.PreparedStatement | 用于执行预编译的 SQL 语句 |
| java.sql.CallableStrtement | 用于返回执行数据库中的存储过程调用 |

JDBC 可以通过 Statement 对象、PreparedStatement 对象和 CallableStatement 对象实现查询语句的发送和执行。

### 3．Statement 接口

利用 Connection 接口的 createStatement()方法可以创建一个 Statement 对象。

方法声明：

  **Statement  createStatement()；**

例如：

  Statement   sql= conn.createStatement();

Statement 接口提供了三种执行 SQL 语句的方法：executeQuery、executeUpdate 和 execute，具体使用哪一个方法由 SQL 语句所产生的内容决定。

■ public ResultSet executeQuery(String sql) throws SQLException
■ public int executeUpdate(String sql) throws SQLException
■ public boolean execute(String sql) throws SQLException

方法 executeQuery 用于产生单个结果集的语句,例如 SELECT 语句。

方法 executeUpdate 用于执行 INSERT、UPDATE 或 DELETE 语句以及 SQL DDL(数据定义语言)语句,例如 CREATE TABLE 和 DROP TABLE。INSERT、UPDATE 或 DELETE 语句的效果是修改表中零行或多行中的一列或多列。executeUpdate 的返回值是一个整数,表示受影响的行数(即更新计数)。对于 CREATE TABLE 或 DROP TABLE 等不操作行的语句,executeUpdate 的返回值总为零。

方法 execute 用于执行返回多个结果集、多个更新计数或二者组合的语句。

执行语句的所有方法都将关闭所调用的 Statement 对象的当前打开结果集(如果存在)。这意味着在重新执行 Statement 对象之前,需要完成对当前 ResultSet 对象的处理。Statement 对象本身不包含 SQL 语句,因而必须给 Statement.execute 方法提供 SQL 语句作为参数。

1) 查询数据表记录

Statement 对象创建好之后,就可以使用该对象的 executeQuery()方法来执行数据库查询语句了。executeQuery()方法的声明为

  public ResultSet  executeQuery(String  sql)throws SQLException;

executeQuery()方法的参数是一个 String 类的对象,该对象实际上是一个需要执行的 SELECT 语句字符串,该方法将查询的结果存放在一个 ResultSet 接口对象中,该对象包含了 SQL 查询语句执行的结果。ResultSet 对象具有指向当前数据行的指针。打开数据表,指针指向第一行,使用 next()方法可将指针移动到下一行,当 ResultSet 对象中没有下一行时该方法返回 false。通常在循环中使用 next()方法逐行读取数据表中的数据。

ResultSet 接口提供用于从当前行检索列值的获取方法 getX,可以使用列的索引编号或列的名称检索值。列从 1 开始编号。

常用的 getX 方法有:

- int getInt(int columnIndex)
- int getInt(String columnName)
- double getDouble(int columnIndex)
- double getDouble(String columnName)
- Date getDate(int columnIndex)
- Date getDate(int columnIndex)

上述方法均抛出 SQLException 异常,编程时需要对其捕获。

查询结束后需要关闭 Statement 对象,可以使用 Statement 对象的 close()方法。Statement 对象被关闭后,用该对象创建的结果也会被自动关闭。

**例 14-2 查询数据表**

将下列程序代码段插入到例 14-1 的第 38 行和第 39 行之间。

```
1      try {
2          String sSQL = "SELECT * " + "FROM bookindex";
3          ResultSet rs = stmt.executeQuery(sSQL);
4          while (rs.next()){
5              int num;
6              System.out.print(rs.getString("BookID")+"   ");
```

```
7        System.out.print(rs.getString("BookTitle")+"   ");
8        System.out.print(rs.getString("BookAuthor"));
9        System.out.println("   " +  rs.getFloat("BookPrice"));
10      }
11   }
12   catch(SQLException e){
13      System.out.println(e.getMessage());
14   }
```

程序运行结果如图 14-6 所示。

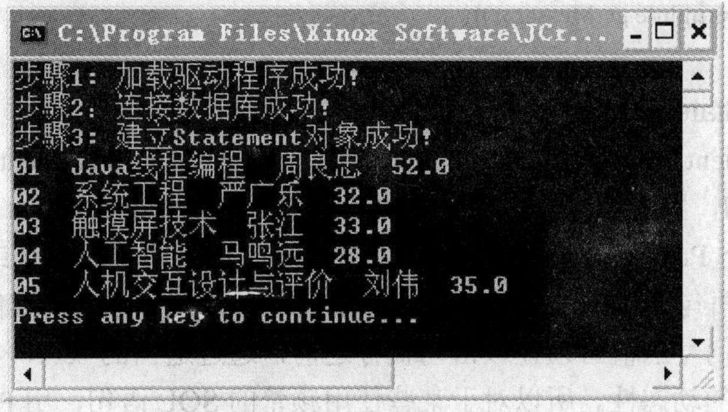

图 14-6  查询数据表

2) 更新数据表记录

将下列程序代码段插入到例 14-1 的第 38 行和第 39 行之间。

```
1    try{
2        String  strSQL="UPDATE  bookindex"+"SET  BookTitle='C#程序设计',BookAuthor='侯捷',BookPrice=54 "
3                  + "WHERE BookID='02'";
4        stmt.executeUpdate(strSQL);
5    }
6    catch (SQLException e){
7        System.out.println(e.getMessage());
8    }
```

3) 向数据库插入记录

将下列程序代码段插入到例 14-1 的第 38 行和第 39 行之间。

```
1    try {
2        String strSQL = "INSERT INTO bookindex "+ "(BookID, BookTitle, BookAuthor, BookPrice) "
         + "VALUES ('07', '人月神话', '弗雷德里克', 35)";
3        stmt.executeUpdate(strSQL);
4    }
5    catch (SQLException e) {
```

```
6          System.out.println(e.getMessage());
7      }
```

4) 删除数据库中的记录

将下列程序代码段插入到例 14-1 的第 38 行和第 39 行之间。

```
1      try {
2              String strSQL = "DELETE FROM bookindex " + "WHERE BookID='07'";
3              stmt.executeUpdate(strSQL);
4      }
5      catch (SQLException e){
6          System.out.println(e.getMessage());
7      }
```

### 4．PreparedStatement 接口

PreparedStatement 接口继承了 Statement 接口，但 PreparedStatement 语句中包含了经过预编译的 SQL 语句，因此可以获得更高的执行效率。PreparedStatement 实例包含已编译的 SQL 语句。包含于 PreparedStatement 对象中的 SQL 语句可具有一个或多个 IN 参数。IN 参数的值在 SQL 语句创建时未被指定。相反的，该语句为每个 IN 参数保留一个问号（"?"）作为占位符。每个问号的值必须在该语句执行之前，通过适当的 set×××方法来提供，从而增强了程序设计的动态性。所以对于某些使用频繁的 SQL 语句，用 PreparedStatement 语句比用 Statement 具有明显的优势。常用的 set×××方法如下：

- void setInt(int parameterIndex, int x)
- void setDouble(int parameterIndex, double x)
- void setString(int parameterIndex, String x)
- void setDate(int parameterIndex, Date x)

PreparedStatement 对象并不将 SQL 语句作为参数提供给这些方法，因为它们已经包含预编译 SQL 语句。CallableStatement 对象继承这些方法的 PreparedStatement 形式。对于这些方法的 PreparedStatement 或 CallableStatement 版本，使用查询参数将抛出 SQLException。应注意，继承了 Statement 接口中所有方法的 PreparedStatement 接口都有自己的 executeQuery、executeUpdate 和 execute 方法。

例 14-3 的功能是将记录('100', 'Java 线程编程', 'Java 线程编程', '周良忠', 52)插入到数据表 bookindex 中。

**例 14-3　PreparedStatementTest.java**

```
1    import java.sql.*;
2    class PreparedStatementTest{
3        public static void main(String [] args){
4            Connection dbCon = null;
5            PreparedStatement stmt = null;
6            String strSQL = "INSERT INTO bookindex "
7                          + "(BookID, BookTitle, BookAuthor, BookPrice) "
8                          + "VALUES (?,?,?,?)";
```

```
9       String strnId="100";
10      String strName="Java 线程编程";
11      String strAuthor="周良忠";
12      float strPrice=52.00f;
13      try {
14          Class.forName("sun.jdbc.odbc.JdbcOdbcDriver");
15          dbCon = DriverManager.getConnection("jdbc:odbc:book");
16          stmt =dbCon.prepareStatement(strSQL );
17          stmt.setString(1,strnId);
18          stmt.setString(2,strName);
19          stmt.setString(3,strAuthor);
20          stmt.setFloat(4,strPrice);
21          stmt.executeUpdate();
22      }
23      catch(Exception e){
24          e.printStackTrace();
25      }
26      finally{
27          try {
28              stmt.close();
29              dbCon.close();
30          }
31          catch(SQLException e) { }
32      }
33  }
34 }
```

**5. CallableStatement 接口**

CallableStatement 对象为所有的数据库管理系统提供了一种以标准形式调用已存储过程的方法。已存储过程存储在数据库中。对于已存储过程，调用的是 CallableStatement 对象所含的内容。这种调用有两种形式：一种形式带结果参数，另一种形式不带结果参数。结果参数是一种输出(OUT)参数，是已存储过程的返回值。两种形式都可带有数量可变的输入(IN 参数)、输出(OUT 参数)或输入和输出(INOUT 参数)的参数，问号将用于参数的占位符。

1) CallableStatement 对象的创建

CallableStatement 对象的创建方法如下：

　　CallableStatement cstmt = con.prepareCall("{call getData(?, ?)}");

2) 传递参数

向存储过程传递执行需要的参数的方法是通过 set×××语句完成的。例如，我们可以将两个参数设置如下：

　　cstmt.setByte(1, 25);

cstmt.setInt(2,64.85);

如果需要存储过程返回运行结果，则需要调用 registerOutParameter 方法设置存储过程的输出参数，然后调用 get×××方法来获取存储过程的执行结果。例如：

cstmt.registerOutParameter(1, java.sql.Types.TINYINT);
cstmt.registerOutParameter(1, java.sql.Types. INTEGER);
cstmt.executeUpdate();
byte a = cstmt.getByte(1);
int b = cstmt.getInt(2);

## 14.3 任 务 实 施

本节我们将第 13 章考试系统(C/S)中对文件的操作修改为对数据库的操作。

(1) 在 Access 2003 中按照表 14-1、表 14-2、表 14-3 建立好相关的数据库 Exam_db.mdb 以及数据表 Exam_Connect、User_Bas_Info 和 Exam_Time。

(2) 为数据库 Exam_db.mdb 建立数据源 student，如图 14-7 所示。

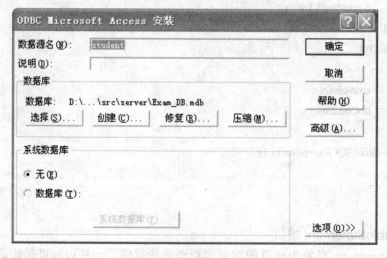

图 14-7 创建数据源 student

(3) 建立数据库连接类 DB_Connect，该类完成与数据库建立连接的操作。

**例 14-4 DB_Connect .java**

```
1   import java.sql.Connection;
2   import java.sql.DriverManager;
3   import java.sql.SQLException;
4   public class DB_Connect {
5     public static Connection getConnection() {
6       Connection con=null;
7       try {
8         String url="jdbc:odbc:student";
```

```
9         Class.forName("sun.jdbc.odbc.JdbcOdbcDriver");
10        con=DriverManager.getConnection(url);
11    }
12    catch (ClassNotFoundException e){
13        e.printStackTrace();
14    }
15    catch (SQLException e){
16        e.printStackTrace();
17    }
18    return con;
19  }
20 }
```

(4) 将对数据库的所有操作放在 ConBean 类中。

① 从用户表 User_Bas_Info 中提取用户名。

② 从用户表 User_Bas_Info 中提取用户名和密码，并且与登录的用户名和密码进行比对。

③ 向用户表 User_Bas_Info 中添加新的用户信息。

④ 从试题表 Exam_Connect 和考试时间表 Exam_Time 中提取出试题和考试时间。

**例 14-5   ConBean.java**

```
1  import java.sql.*;
2  import java.sql.CallableStatement;
3  import java.sql.Connection;
4  import java.sql.ResultSet;
5  import java.sql.SQLException;
6  import java.sql.Statement;
7  import java.util.Vector;
8  import javax.swing.JOptionPane;
9  public class ConBean{
10   private Connection con;
11   private Vector<String> username = new Vector<String>();
12   public ConBean(){
13      con = DB_Connect.getConnection();
14   }
15   //查询用户账号信息
16   public Vector<String> getUsername() {
17      try{
18        Statement stat = con.createStatement();
19        ResultSet rs = stat.executeQuery("select UserName from User_Bas_Info");
20        while(rs.next()){
```

```
21          username.add(rs.getString(1).toString());
22        }
23      }
24      catch (SQLException e){ }
25      return username;
26  }
27  //验证用户账号和密码
28  public String isRigUser(String name,String passW){
29    Vector<String> vname = new Vector<String>();
30    Vector<String> vpassW = new Vector<String>();
31    String result = "";
32    int count = 0;
33    try{
34        Statement stat = con.createStatement();
35        ResultSet rs = stat.executeQuery("select UserName,UserPassW from User_Bas_Info");
36        while(rs.next()){
37          vname.add(rs.getString(1).toString());
38          vpassW.add(rs.getString(2).toString());
39          count++;
40        }
41      for(int i=0;i<count;i++){
42        if(i==(count-1)){
43          if(vname.get(i).toString().equals(name)){
44            if(vpassW.get(i).toString().equals(passW)){
45             result = "登录成功";
46             break;
47            }
48            else{
49             result = "密码错误";
50             break;
51            }
52          }
53          else{
54             result = "用户名不存在，请先注册用户名";
55          }
56        }
57        else{
58          if(vname.get(i).toString().equals(name)){
```

```
59          if(vpassW.get(i).toString().equals(passW)){
60            result = "登录成功";
61              break;
62          }
63          else {
64            result = "密码错误";
65              break;
66          }
67        }
68        else{
69          continue;
70        }
71      }
72    }
73    }
74    catch (SQLException e){
75      System.out.print(e);
76      result = "数据库读取数据错误";
77    }
78    return result;
79  }
80  //添加新用户
81  public boolean addUser(String name,String passW,String sex,String age,String nclass) {
82      boolean RegtSucs = false;
83        try{
84          String str="insert into User_Bas_Info values (?,?,?,?,?)";
85          PreparedStatement cs=con.prepareStatement(str);
86          cs.setString(1, name);
87          cs.setString(2, passW);
88          cs.setString(3, sex);
89          cs.setString(4, age);
90          cs.setString(5, nclass);
91          cs.executeUpdate();
92          RegtSucs = true;
93        }
94        catch (SQLException e){
95          RegtSucs = false;
96        }
97        return RegtSucs;
```

```
98      }
99      //读取数据库试题
100     public String ReadTest(){
101         String question = "";
102         try{
103             Statement stat = con.createStatement();
104             ResultSet rs1 = stat.executeQuery("select Text_Time from Exam_Time where TimeID='time01'");
105             while(rs1.next()){
106                 qestion = "<text>^<testtime>^"+rs1.getString(1).toString()+"^</testtime>^";
107             }
108             ResultSet rs2 = stat.executeQuery("select * from Exam_Connect");
109             while(rs2.next()){
110                 question = question+"<testcontent>^<question>^"+rs2.getString(1).toString()+"^</question>^"+"<key>^"+rs2.getString(2).toString()+"^</key>^</testcontent>^";
111             }
112             question = question+"</test>^";
113             System.out.println(question );
114         }
115         catch (SQLException e){
116             System.out.print(e);
117             JOptionPane.showMessageDialog(null,"读取试题发生错误！");
118         }
119         return question;
120     }
121 }
```

**【程序解析】**

(1) 应注意 DB_Connect .java 中的第 8～10 行语句：

```
String url="jdbc:odbc:student";
Class.forName("sun.jdbc.odbc.JdbcOdbcDriver");    //加载 JDBC-ODBC 驱动程序
con=DriverManager.getConnection(url);             //利用 DriverManager 连接数据库
```

(2) ConBean.java 程序中的第 18 行语句：

```
Statement stat = con.createStatement();
```

是为了使用 SQL 语句，必须使用 connection 对象创建 Statement 对象。

(3) 程序中的第 35 行语句：

```
ResultSet rs = stat.executeQuery("select UserName,UserPassW from User_Bas_Info");
```

是为了执行 SQL 语句，将结果返回给 ResultSet 对象。

## 自 测 题

### 一、选择题

1. 使用下面的 Connection 的哪个方法可以建立一个 PreparedStatement 接口？（ ）
   A．createPrepareStatement()    B．prepareStatement()
   C．createPreparedStatement()   D．preparedStatement()
2. 在 JDBC 中可以调用数据库的存储过程的接口是（ ）。
   A．Statement              B．PreparedStatement
   C．CallableStatement      D．PrepareStatement
3. 下面的描述正确的是（ ）。
   A．PreparedStatement 继承自 Statement
   B．Statement 继承自 PreparedStatement
   C．ResultSet 继承自 Statement
   D．CallableStatement 继承自 PreparedStatement
4. 下面的描述错误的是（ ）。
   A．Statement 的 executeQuery()方法会返回一个结果集
   B．Statement 的 executeUpdate()方法会返回是否更新成功的 boolean 值
   C．使用 ResultSet 中的 getString()可以获得一个对应于数据库中 char 类型的值
   D．ResultSet 中的 next()方法会使结果集中的下一行成为当前行
5. 如果数据库中某个字段为 numberic 型，可以通过结果集中的哪个方法获取？（ ）
   A．getNumberic()          B．getDouble()
   C．setNumberic()          D．setDouble()

### 二、填空题

1．JDBC 的 Driver 可分为四种类型：_____、_____、_____和_____。

2．JDBC API 提供了_____、_____和_____三种接口来实现发送 SQL 语句到数据库并请求执行。

3．利用_____接口的_____方法可以创建一个 Statement 对象。

4．JDBC-ODBC 桥接驱动器作为 Java 应用的一种常用数据库驱动程序，它随 JDK 一起安装，完整的类名为_____。

5．_____接口继承了 Statement 接口，语句中包含了经过预编译的 SQL 语句。

## 拓 展 实 践

【实践 14-1】 创建数据源，设计一个通信录：名为 student.mdb 的 Access 关系数据库，

该数据库中包含一张 student 的数据表，并在 ODBC 中配置 Access 数据源。其最终的输出形式如表 14-5 所示。

表 14-5 通 信 录 表

| 学 号 | 姓 名 | 班 级 | 手 机 | E-mail |
|---|---|---|---|---|
|  |  |  |  |  |
|  |  |  |  |  |

【实践 14-2】 编写和加载数据库驱动与连接程序，实现对 student.mdb 的连接。

【实践 14-3】 编写程序，实现对通信录 student.mdb 内容的浏览与查询。

# 第四篇

# 学生在线考试系统(B/S 版)

# 第15章

## 任务 15——设计学生在线考试系统(B/S 版)

**学习目标**

本章通过开发基于 B/S 的学生在线考试系统,介绍 Java Applet 的基本知识。
本章学习目标为
- 理解 Applet 的工作原理。
- 熟悉 Applet 的生命周期及常用方法。
- 掌握 Java Application 和 Java Applet 的区别和转换。
- 了解 Applet 的安全机制。

## 15.1 任务描述

本章主要任务是对 C/S 模式的考试系统进行适当修改,将其设计为 B/S 模式的考试系统,客户端通过浏览器和服务器端的 Java 应用程序进行通信。设计要求:

(1) 客户端在浏览器地址栏输入服务器的域名或 IP 地址,显示考试系统的初始界面,如图 15-1 所示。

(2) 在客户端点击【开始考试】按钮,与服务器端套接字建立连接后,用户可以进入考试界面开始考试。在此,由于篇幅有限,我们把用户注册和登录的功能略去。

(3) 服务器端对客户端进行监听,并显示连接客户端的相关状态,如图 15-2 所示。

(4) 用户答题并提交试卷,得到本次考试成绩,结束考试,如图 15-3 和图 15-4 所示。

图 15-1　考试系统(B/S)客户端初始界面

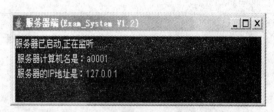

图 15-2　考试系统(B/S)服务器端界面

图 15-3　考试系统(B/S)客户端考试界面

图 15-4　考试系统(B/S)客户端考试结束界面

## 15.2　技术要点

　　Java 小应用程序(Java Applet)是使用 Java 语言编写的一段代码,它能够在浏览器环境中运行。使用 Java Applet 可以增加网页的动态效果,也可以使 Web 页面具有可交互性。另外,这种小程序还可以和 Servlet 技术结合在一起实现更为强大且流行的 B/S 功能。

　　Java Applet 是基于 HTML 的程序,浏览器将其暂时下载到用户的硬盘上,并在 Web 页打开时在本地运行。当用户访问包含 Java Applet 的网页时,Applet 被下载到用户的计算机上执行,但前提是用户使用的是支持 Java 的网络浏览器,工作原理如图 15-5 所示。由于 Applet 是在用户的计算机上执行的,因此它的执行速度不受网络带宽或者 Modem 存取速度的限制,用户可以更好地欣赏网页上 Applet 产生的多媒体效果。

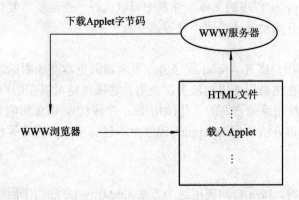

图 15-5  Applet 工作原理

### 15.2.1  Applet 的生命周期

Applet 可以通过继承 java.applet 包中的 Applet 类来创建。Applet 的生命周期包括初始化、启动、终止和消亡四个阶段,如图 15-6 所示。每一个生命周期的转换通过 init()、start()、stop()和 destroy()方法来实现。

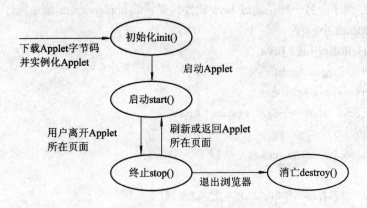

图 15-6  Applet 生命周期

**1. init()**

当 Applet 程序第一次被支持 Java 的浏览器加载时,也即创建 Applet 时系统将自动执行 init()方法。在 Applet 程序的生命周期中,只执行一次 init()方法,因此可以在其中进行一些只执行一次的初始化操作,如初始化变量和组件、处理由浏览器传递进来的参数、添加用户接口组件、加载图像和声音文件等。

Applet 程序有默认的构造方法,但它习惯于在 init()方法中执行所有的初始化,而不是在默认的构造方法内。

**2. start()**

系统在调用完 init()方法之后,将自动调用 start()方法。每当浏览器从图标恢复为窗口时,或者用户离开包含该 Applet 程序的页面后再返回时,系统都会再执行一遍 start()方法。start()

方法在小应用程序的生命周期中被调用多次，以启动 Applet 程序的执行，这一点与 init()方法不同。该方法是 Applet 程序的主体，在其中可以执行一些需要重复执行的任务或者重新激活一个线程，例如开始动画或播放声音等。

### 3．stop()

与 start()相反，当用户离开 Applet 程序所在页面或浏览器变成图标时，会自动调用 stop()方法。因此，该方法在生命周期中也被多次调用。这样使得可以在用户并不注意 Applet 程序的时候，停止一些耗用系统资源的工作(如中断一个线程)，以免影响系统的运行速度，且并不需要人为地调用该方法。如果 Applet 程序中不包含动画、声音等程序，通常也不必重载该方法。

### 4．destroy()

浏览器正常关闭时，Java 自动调用这个方法。destroy()方法用于回收任何一个与系统无关的内存资源。当然，如果这个 Applet 程序仍然处于活动状态，Java 会在调用 destroy()之前调用 stop()方法。通常可以使用 destroy()方法来完成关闭文件等清理操作。

### 15.2.2　Applet 小程序的应用

利用 Applet 小程序实现一个功能，需要经过编写 Applet 小程序、编译小程序、编写 HTML 文件、执行 HTML 代码程序等过程。其中，执行 HTML 程序有两种方式，一种是通过运行浏览器执行 HTML 程序；另一种是通过 Java 软件包提供的 appletviewer 命令执行 HTML 程序。

#### 1．编写 Applet 小程序

**例 15-1　HelloBeijing2.java**

```
1    import java.applet.Applet;
2    import java.awt.Graphics;
3    public class  HelloBeijing2  extends  Applet
4    {
5      public void paint(Graphics g)
6      {
7        //向屏幕打印字符串"2008　北京欢迎您"
8        g.drawString("2008　北京欢迎您!",60,40);
9      }
10   }
```

从例 15-1 中我们看到，基于 Java Applet 的小程序的基本结构与 Java 应用程序相似。不同之处说明如下：

(1) Java Applet 程序必须引入两个类：java.applet.Applet 和 java.awt.Graphics，程序中需要使用这两个类中的方法。

(2) Java Applet 程序必须有一个类是系统类 Applet 类的子类，且不能有 main()方法，文件名应与该类名保持一致。例如，程序第 3 行表示 HelloBeijing2 类是由 Applet 类继承而来的。

(3) paint(Graphics g)方法是 Graphics 类中定义的公有方法，用于在图形方式下显示输出。Graphics 类是抽象类，程序员可以通过 Graphics 类在 JFrame 或 Applet 中绘制各种图形。

当 JFrame 或 Applet 第一次成为焦点时，自动调用 paint()方法。以后可以通过调用 repaint()方法触发该方法。

### 2．编译 Applet 小程序

Applet 小程序 HelloBeijing2.java 编写完成后，需对其进行编译，生成 HelloBeijing2.class 字节码文件，其编译方法与 Java 应用程序相同。

### 3．编写 HTML 代码

将 Applet 小程序的字节码程序 HelloBeijing2.class 嵌入到 HTML 代码中，才可以运行 Applet 小程序。因此，还必须为 HelloBeijing2.class 编写一个 HTML 的代码文件，将字节码程序嵌入其中。下面是一个 HTML 代码文件，文件名为 HelloBeijing.htm。

```
<html>
<title> HelloBeijing</TITLE>
<body>
<applet   width="250" height="120" code="HelloBeijing2.class">
</applet>
</html>
```

在 HelloBeijing.htm 的代码中，引入

  `<applet   width="250" height="120" code="HelloBeijing2.class">`

的作用就是当浏览器执行 HelloWorld.html 程序时，要调用 HelloWorld.class 并执行。

### 4．执行 HTML 代码程序

(1) 在浏览器中执行 HTML 程序。完成 HelloBeijing.htm 的编写后，可以使用 Internet Explorer 浏览器(简称 IE)解释并执行它，如图 15-7 所示。

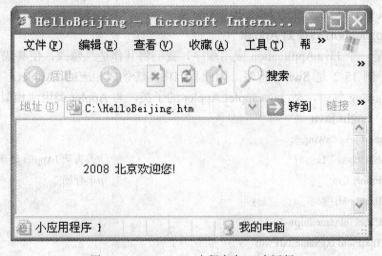

图 15-7　Java Applet 小程序在 IE 中运行

(2) 使用 appletviewer 运行 HTML 程序。直接在命令行上使用 appletviewer，也可以运行 HelloBeijing.htm，即输入：

  **appletviewer　HelloBeijing.htm**

运行结果如图 15-8 所示。

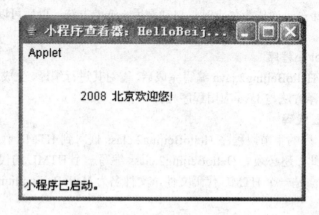

图 15-8　程序运行结果

注意：由于使用 IE 执行带有 Applet 小程序的 HTML 程序时运行速度较慢，因此这种运行环境不适合调试程序。通常，编程人员使用 appletviewer 工具来达到调试程序的目的，但是 appletviewer 工具对于 HTML 语言的某些标志并不识别，因此，利用 appletviewer 工具执行 HTML 程序时，一些显示结果会不可见。

### 15.2.3　Application 和 Applet

#### 1．Application 和 Applet 的区别

Applet 与 Application 的主要区别在于它们的执行方式不同：Application 是使用命令行并从其 main()方法开始运行的；而 Applet 则是在浏览器中运行的，它首先必须创建一个 HTML 文件，通过编写 HTML 语言代码告诉浏览器载入何种 Applet 以及如何运行，接着在浏览器中输入该 HTML 文件的 URL 地址即可。

#### 2．从 Application 转换到 Applet

例 15-2 是一个 Java Application 应用程序，我们将其作适当修改，使其成为 Java Applet 小程序。由于例 15-2 是 Swing 程序，因此我们将其转换成相应的 JApplet。其中，JApplet 类位于 javax.swing 包中，是 java.applet.Applet 的子类，与 Applet 类用法相似。

例 15-2　**Login.java**

```
1    import javax.swing.*;
2    public class  Login{                           //改为从 JApplet 继承
3      JFrame frm;                                  //该行删除
4      JPanel pnl;
5      JLabel lblname,lblpwd;
6      JTextField txtName,txtPwd;
7      JButton btnOk,btnCancel;
8      public Login(){                              //改为 init()
9        pnl=new JPanel();
10       lblname=new JLabel("用户名:");
11       lblpwd=new JLabel("密　码:");
```

```
12      txtName=new JTextField(15);
13      txtPwd=new JTextField(15);
14      btnOk=new JButton("确定");
15      btnCancel=new JButton("取消");
16      pnl.add(lblname);
17      pnl.add(txtName);
18      pnl.add(lblpwd);
19      pnl.add(txtPwd);
20      pnl.add(btnOk);
21      pnl.add(btnCancel);
22      frm=new JFrame("用户登录");              //该行删除
23      frm.getContentPane().add(pnl);          //去掉 frm
24      frm.setSize(250,160);                   //该行删除
25      frm.setVisible(true);                   //该行删除
26      frm.setDefaultCloseOperation(frm.EXIT_ON_CLOSE);  //该行删除
27      }
28      public static void main(String args []){//main 方法删除
29         Login c=new Login();
30      }
31  }
```

将应用程序转换成 Applet(JApplet)的详细步骤如下：

(1) 创建一个 Applet(JApplet)的子类，将该类标记为 public，否则 Applet 将不能被装载。

(2) 删除应用程序中的 main()方法。因为应用程序会在浏览器中显示，因此不需要构造框架窗口。

(3) 将所有的初始化代码从框架窗口的构造器中移到 Applet(JApplet)的 init()方法(返回值为 void)中。不要显式地构造 Applet(JApplet)对象，因为浏览器会实例化一个该对象并且调用 init()方法。

(4) 删除 setSize 的调用。Applet(JApplet)的大小通过 HTML 文件中的 width 和 height 参数指定。

(5) 删除 setDefaultCloseOperation 的调用。Applet(JApplet)不可能被用户关闭，浏览器退出时 Applet 终止运行。

(6) 删除 setTitle 的调用。可以使用 HTML 的 title 标记指定网页的标题。

(7) 删除 JFrame 类的声明和实例化语句。

(8) 创建一个 HTML 页面，通过其标记来装载 Applet(JApplet)代码。

修改后的 Java Applet 小程序如例 15-3 所示。

**例 15-3 LoginApplet.java**

```
1   import javax.swing.*;
2   public class LoginApplet extends JApplet{
3      JPanel pnl;
```

```
4    JLabel lblname,lblpwd;
5    JTextField txtName,txtPwd;
6    JButton btnOk,btnCancel;
7    public void init(){
8      pnl=new JPanel();
9      lblname=new JLabel("用户名:");
10     lblpwd=new JLabel("密  码:");
11     txtName=new JTextField(15);
12     txtPwd=new JTextField(15);
13     btnOk=new JButton("确定");
14     btnCancel=new JButton("取消");
15     pnl.add(lblname);
16     pnl.add(txtName);
17     pnl.add(lblpwd);
18     pnl.add(txtPwd);
19     pnl.add(btnOk);
20     pnl.add(btnCancel);
21     getContentPane().add(pnl);
22   }
```

例 15-2 和例 15-3 的运行结果分别如图 15-9 和图 15-10 所示。

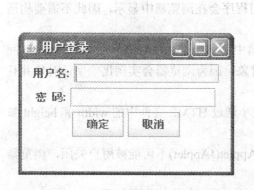

图 15-9  Java Application 运行结果

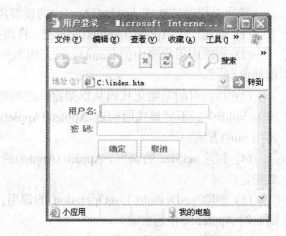

图 15-10  Java Applet 运行结果

### 15.2.4  Applet 的安全机制

Java Applet 程序是从 Web 服务器上下载相关字节码，在本地运行的。如果用户允许浏览器运行 Java Applet，则浏览器会下载并且立刻运行网页中所含的全部 Applet。因此，为了避免在网络运行时可能产生的安全问题，例如有人编写恶意程序通过小应用程序读取用户密码并散播到网络上(这将会是一件非常可怕的事情)，必须对小应用程序进行限制。限制

Applet 程序的执行环境常常称为"沙箱",Java 虚拟机为 Applet 提供能够良好运行的"沙箱",一旦它们试图离开沙箱则会被禁止。Applet 程序在"沙箱"中的限制如下:

(1) Applet 程序不能装载程序库或者定义子方法。

(2) Applet 程序不能对客户端的磁盘读/写,不能获得客户端的用户名、电子邮件地址等信息。当数字签名生效时,这些限制会被解除。

(3) Applet 程序只能连接到它的宿主机上,除了下载它的服务器之外,Applet 程序不能和任何其他 Socket 通信。

(4) Applet 程序不能启动客户端上的任何其他程序。

## 15.3 任务实施

我们对 C/S 模式的考试系统进行部分修改,使得考试系统基于 B/S 模式。对客户端的 Test_GUI.java 进行部分修改就可以将一个 C/S 结构的程序改编为 B/S 结构的程序。具体步骤如下:

(1) 加入

```
import javax.swing.Applet;
import java.io.*;
import java.net.*;
```

(2) 修改主类 Test_GUI。

```
public class Test_GUI extends JApplet{
    //打开小程序,自动调用 init()方法,init()方法是小程序的入口
    public void init() {
        TestPanel tp = new TestPanel();
        add(tp);
    }
}
```

(3) 对动作事件 actionPerformed 方法中关于【开始考试】的相关代码进行部分修改。

```
1      if(s.equals("开始考试")){
2          if (socket != null && in != null && out != null)    //消除以往的连接信息
3          {
4              try {
5                  socket.close();
6                  in.close();
7                  out.close();
8              }
9              catch (Exception ee) { }
10         }
11         try{                                                  //建立网络连接
```

```
12              socket = new Socket(ip, 8001);
13              in = new DataInputStream(socket.getInputStream());
14              out = new DataOutputStream(socket.getOutputStream());
15          }
16          catch (IOException ee)                    //如果连接失败
17          {
18              JOptionPane.showMessageDialog(null,"服务器不存在，请先启动服务器！");
19          }
20          if (socket != null)                       //如果连接成功，对返回信息进行分析
21          {
22            createQuestion();                       //加载考试时间和试题
23            testTime();
24            createQuestion();
25            ttesttime.setText(time+"分钟");
26            testlefttime.setText(time+"分钟");
27            mc = new MyClock(testlefttime,time);
28            display(question[index]);
29            mc.start();                             //调用计时器
30            starttest.setEnabled(false);
31            back.setEnabled(true);
32            next.setEnabled(true);
33            rbtna.setEnabled(true);
34            rbtnb.setEnabled(true);
35            rbtnc.setEnabled(true);
36            rbtnd.setEnabled(true);
37          }
38      }
```

(4) 编译客户端程序 Test_GUI，将生成的 Test_GUI.class 文件嵌入 Test_GUI.html 文件中。

&lt;html&gt;
&lt;head&gt;
&lt;title&gt;考试系统 B/S 版&lt;/title&gt;
&lt;/head&gt;
&lt;body&gt;
**&lt;Applet code="Test_GUI.class" width=500 height=450&gt;**
&lt;/Applet&gt;
&lt;/body&gt;
&lt;/html&gt;

(5) 对于服务器端的程序，只需要稍做修改，甚至不做修改就可以直接运行。

# 自 测 题

## 一、选择题

1. 下列说法中错误的是( )。
   A. Applet 和 Application 一样，入口方法都是 main()
   B. Applet 和 Application 不一样，入口方法都不是 main()，其运行要复杂得多
   C. Applet 必须嵌入 Web 浏览器或者 appletviewer 中运行
   D. Applet 可以为 Web 页面提供动画、声音等效果
2. 若要一个 Applet 能够正常运行于浏览器中，除了 .java 和 .class 文件之外，必须建立哪一个文件？( )
   A. HTML 文件                B. EXE 文件
   C. OBJ 文件                 D. JAR 文件
3. 下列不属于 Applet 运行过程的一项是( )。
   A. 浏览器加载 Applet 文件          B. 浏览器下载 Applet 文件
   C. 浏览器中的 Java 环境运行 Applet   D. Applet 操作浏览器本地的文件系统
4. 在一个浏览器中，当用户离开 Applet 所在的页面而转到另一个页面时，Applet 将会( )。
   A. 继续运行                 B. 生成一个后台线程
   B. 停止运行                 D. 挂起
5. Applet 不能继承下列哪个类的方法？( )
   A. Component               B. Container
   B. Panel                   D. Windows

## 二、填空题

1. Applet 生命周期包括 Applet 的_____、_____和_____几个状态。
2. 当用户刷新浏览器时，浏览器将会先_____，然后_____。
3. Applet 工作在_____方式下，向其中绘图、显示动画都需要使用_____方法。
4. 在 JApplet 中添加组件是把 Swing 组件加入 JApplet 的_____中。
5. Java 提供的安全模型称做_____模型。

# 拓 展 实 践

【实践 15-1】 在 Applet 中制作两个文本框和一个按钮，在按钮上显示复制按钮，把第一个文本框的内容复制到第二个文本框中。

【实践 15-2】 将学生在线考试系统(B/S 版)进一步完善，增加 B/S 模式下的用户注册与用户登录的功能。

# 附录 A  Java 程序编码规范

程序编码规范是软件项目管理的一个重要项目。程序人员可能对这些规则不适应，但是在多个开发人员共同编写的情况下，这些规则是必需的。良好的程序编码规范可以增加程序的可读性、可维护性，同时也对后期维护有一定的好处。

## 1. 命名规范

(1) Package 的命名：采用完整的英文描述符，应该都由小写字母组成。

(2) Class 的命名：采用完整的英文描述符，所有单词的第一个字母大写。

(4) Class 变量的命名：必须以小写字母开头，后面的单词用大写字母。

(5) Static Final 变量的命名：应该都大写，并且指出完整含义。

(6) 参数的命名：必须与变量的命名规范一致。

(7) 数组的命名：总是用

　　byte[] buffer;

的方式来命名。而不是

　　byte buffer[];

(8) 方法的参数命名使用有意义的参数命名，如果可能的话，使用和要赋值的字段一样的名字。例如：

```
SetCounter(int size){
    this.size = size;
}
```

## 2. Java 文件样式

Java ( * .java ) 文件都必须遵守如下的样式规则。

(1) 版权信息。版权信息必须在 Java 文件的开头。例如：

```
/**
* Copyright & reg; 2008    Jiangsu Co.Ltd.
* All right reserved.
*/
```

其他不需要出现在 JavaDoc 的信息也可以包含在这里。

(2) package/import。package 行要在 import 行之前，import 中标准的包名要在本地的包名之前，而且按照字母顺序排列。如果 import 行中包含了同一个包中的不同子目录，则应该用 " * " 来处理。例如：

　　package hotlava.net.stats;

　　import　java.io.*;

　　import　java.util.observable ;

　　　　import　hotlava.util.Application;

这里使用 java.io.* 来代替 InputStream and OutputStream。

(3) Class。类的注释一般是用来解释类的。例如：

　　/**
　　*计算器
　　*/

类定义可能包含了 extends 和 implements。例如：

　　public class Calulator extends JFrame implements ActionListener

(4) Class Fields。即类的成员变量。例如：

　　/**
　　* private Toolkit kit;
　　* private JMenuBar menubar;
　　* private JMenu edit,view,help;
　　*/

public 的成员变量必须生成文档(JavaDoc)。用 proteted、private 和 package 定义的成员变量如果名字含义明确的话，可以没有注释。

(5) 存取方法。对于类变量的存取的方法，如果只是简单地用来将类的变量赋值获取值的话，可以简单地写在一行上，其他的方法不要写在同一行。

(6) 构造函数。构造函数应该用递增的方式写(例如，参数多的写在后面)。访问类型(public 或 private 等)和任何 static、final 或 synchronized 应该在一行中，并且方法和参数另写一行，这样可以使方法和参数更易读。

　　public
　　CounterSet(int size){　this.size = size;}

(7) 克隆方法。如果这个类是可以被克隆的，那么下一步就是 clone 方法。例如：

　　public
　　Objec clone(){
　　try {
　　CounterSet obj = ( CounterSet ) super . clone();
　　obj . packets=( int[]) packets . clone();
　　obj . size = size ;
　　return obj ;
　　}catch ( CloneNotSupportedException e ) {
　　throw new InternalError("Unexpected CloneNotSUpportedException : "+e. qetMessage ( ) ) ;
　　}
　　}

(8) 类方法。例如：

　　/**
　　*在此进行方法说明
　　*/

```
public void actionPerformed(ActionEvent ae) {
    //方法体
}
```

(9) toString()方法。每一个类都可以定义 toString 方法。例如:
```
public String toString (){
    String retval = " Counterset : " ;
    for ( int i = 0 ; i < data . length() ; i + + ) {
        retval + = data . bytes . toStrinq() ;
        retval + = data . packets . toString() ;
    }
    return retval;
}
```

(10) main()方法。如果 main(String[])方法已经定义了,那么它应该写在类的底部。

### 3. 代码编写格式

(1) 代码样式。代码应该尽可能使用 UNIX 的格式,而不是 Windows 的格式(例如,回车变成回车+换行)。

(2) 文档化。必须用 JavaDoc 来为类生成文档。不仅因为它是标准,也是因为这是被各种 Java 编译器都认可的方法。

(3) 缩进。缩进应该是每行两个空格。不要在源文件中保存 Tab 字符,这是因为在使用不同的源代码管理工具时 Tab 字符将因为用户设置的不同而扩展为不同的宽度。请根据源代码编辑器进行相应的设置。

(4) 页宽。页宽应该设置为 80 字符,源代码一般不会超过这个宽度。但这一设置也可以灵活调整,在任何情况下,超长的语句应该在一个逗号或者一个操作符后折行。一条语句折行后,应该比原来的语句再缩进两个字符。

(5) { }对。{ }中的语句应该单独作为一行。例如:
```
if ( i > 0 ){ i + + } ;      //不推荐,因为"{"和"}"在同一行
if ( i > 0 ){
    i + +
} ;                          //推荐
if ( i > 0 )
{
    i + +
} ;                          //推荐
```
"}"语句永远单独作为一行。"}"语句应该缩进到与其相对应的"{"那一行相对齐的位置。

(6) 括号。左括号和后一个字符之间不应该出现空格,同样,右括号和前一个字符之间也不应该出现空格。例如:
```
CallProc( AParameter ) ;    //错误
CallProc( AParameter ) ;    //正确
```

不要在语句中使用无意义的括号，括号只应该为达到某种目的而出现在源代码中。例如：

  if((I) = 42){          //错误，括号毫无意义
  if (I== 42)or(J==42)then    //正确，的确需要括号

### 4．程序编写规范

(1) exit()。exit()除了在 main()方法中可以被调用外，在其他的地方不应该被调用。因为这样做可以不给任何代码机会来截获退出。一个类似后台服务的程序不应该因为某一个库模块决定了要退出就退出。

(2) 异常。声明的错误应该抛出一个 RuntimeException 或者派生的异常。顶层的 main() 函数应该截获所有的异常，并且显示在屏幕上或者记录在日志中。

(3) 垃圾收集。Java 使用成熟的后台垃圾收集技术代替引用技术。但是这样会导致一个问题：你必须在使用完对象的实例以后进行清场工作，必须使用诸如 close()方法等来完成。例如：

  FileOutputStream fos = new FileoutputStream(projectFile);
  project . save(fos , " IDE Project File ");
  fos . close();

(4) clone()。可以在程序中适当地使用 clone()方法。例如：

  implements Cloneable
   public
  Object clone()
  {
   try{
    Thisclass obj =(ThisClass)super . olone();
    obj . fieldl=(int[])fieldl • Clone ();
    obj .field2=field2;
    return obj ;
   } catch(CloneNotSupportedException e ){
    throw new InternalError("Unexpected CloneNotSupportedException:"+e.getMessage());
   }
  }

(5) final 类。绝对不要因为性能的原因将类定义为 final，除非程序的框架要求。如果一个类还没有准备好被继承，最好在类文档中注明，而不要将它定义为 final 的。这是因为没有人可以保证会不会由于某种原因需要继承它。

(6) 访问类的成员变量。大部分的类成员变量应该定义为 protected，以防止继承类使用它们。

### 5．编程技巧

(1) byte 数组转换到 characters。为了将 byte 数组转换到 characters，可以做如下处理：

  "Helloworld!".getBytes();

(2) Utility 类。Utility 类(仅仅提供方法的类)应该被声明为抽象的，以防止被继承或被

初始化。

(3) 初始化。下面的代码是一种很好的初始化数组的方法：

objectArquments = new object[]{arguments} ;

(4) 枚举类型。Java 对枚举的支持不好，下面的代码是一种很有用的模板：

class Colour{

　public static final Colour BLACK = new Colour(0,0,0);

　public static final Colour RED = new Colour(oxFF , 0 ,0);

　public static final Colour GREEN = new Colour(0 , oxFF , 0);

　public static final Colour BLUE = new Colour(0 , 0 , oxFF);

　public static final Colour WHITE = new Colour(oxFF , oxFF , oxFF);

}

这种技术实现了 RED、GREEN 和 BLUE 等可以像其他语言的枚举类型一样使用的常量，也可以用"=="操作符来比较。

但是这样使用有一个缺陷：如果一个用户用 new Colour(0 , 0 , 0)方法来创建颜色 BLACK，那么这就是另外一个对象，"=="操作符就会产生错误。它的 equal()方法仍然有效。由于这个原因，这个技术的缺陷最好注明在文档中，或者只在自己的包中使用。

(5) Swing 组件。避免了使用 AWT 组件。

(6) 混合使用 AWT 和 Swing 组件。尽量不要将 AWT 组件和 Swing 组件混合起来使用。

(7) 滚动的 AWT 组件。AWT 组件绝对不要用 JScrollPane 类来实现滚动。滚动 AWT 组件的时候一定要用 AWTScrollPane 组件来实现。

(8) 避免在 InternalFrame 组件中使用 AWT 组件。应尽量这么做，要不然会出现不可预料的后果。

(9) Z-Order 问题。AWT 组件总是显示在 Swing 组件之上。当使用包含 AWT 组件的 POP—UP 菜单的时候要谨慎，尽量不要这样使用。

(10) 调试。调试在软件开发中是一个很重要的部分，存在于软件生命周期的各个部分中。调试时用配置开、关是最基本的方法。很常用的一种调试方法就是用一个 PrintStream 类成员，在没有定义调试流的时候就为 null。类要定义一个 debug 方法来设置调试用的流。

(11) 性能。在写代码的时候，从头至尾都应该考虑性能问题。这不是说时间都应该浪费在优化代码上，而是我们应该时刻提醒自己要注意代码的效率。例如，如果没有时间来实现一个高效的算法，那么应该在文档中记录下来，以便在以后有空的时候再来实现它。不是所有的人都同意在写代码的时候应该优化性能这个观点的，他们认为性能优化的问题应该在项目的后期再去考虑，也就是在程序的轮廓已经实现了以后。

(12) 不必要的对象构造。不要在循环中构造和释放对象。

(13) 使用 StringBuffer 对象。在处理 String 的时候要尽量使用 StringBuffer 类，StringBuffer 类是构成 String 类的基础。String 类将 StringBuffer 类封装了起来(以花费更多时间为代价)，为开发人员提供了一个安全的接口。当我们在构造字符串的时候，应该用 StringBuffer 来实现大部分的工作，当工作完成后将 StringBuffer 对象再转换为需要的 String 对象。例如，如果有一个字符串必须不断地在其后添加许多字符来完成构造，那么应该使用 StringBuffer 对象和它的 append()方法。如果用 String 对象代替 StringBuffer 对象的话，会花费许多不必要的创建和释放对象的 CPU 时间。

(14) 避免过多地使用 synchronized 关键字。避免不必要地使用关键字 synchronized，应该在必要的时候再使用它，这是一个避免死锁的好方法。

(15) 可移植性。在编写程序时应尽量考虑到程序的可移植性。

(16) 换行。如果需要换行的话，应尽量用 println 来实现，而不是用在字符串中使用的"\n"来实现。

(17) PrintStream。PrintStream 已经不被推荐使用，现在用 PrintWrite 来代替它。

# 附录 B　Java 语言的类库

| 包名 | 项 | 类名或接口名 | 说明 |
|---|---|---|---|
| java.lang | 类 | Class Boolean | 该类是布尔类，封装了布尔类型的值和处理布尔值的一些常用方法 |
| | | Class Character | 该类是字符类，提供了很多处理字符类型的方法 |
| | | Class Class | 该类是 Class 的实例，主要用来表示当前运行的 Java 应用程序中的类和接口信息。当各类被自动调入时，由 Java 虚拟机自动构造 Class 对象 |
| | | Class ClassLoader | 该类是一个抽象类，负责装入程序运行时需要的所有代码，包括程序代码中调用到的所有类 |
| | | Class Compiler | 该类主要用来支持 Java 编译器及其相关功能 |
| | | Class Double | 该类是双精度浮点数类，提供了处理双精度浮点数的各种方法 |
| | | Class Float | 该类是单精度浮点数类，提供了处理单精度浮点数的各种方法 |
| | | Class Integer | 该类是整数类，提供了处理整数的各种方法 |
| | | Class Long | 该类是长整数类，提供了处理长整数的各种方法 |
| | | Class Math | 该类是数学类，提供了许多用于实现标准数学函数的基本方法，该类中所有成员都是静态的，引用过程中不用创建 Math 类的实例 |
| | | Class Number | 该类是抽象类，是 Double 类、Float 类、Integer 类和 Long 类的超类 |
| | | Class Object | 该类是 Java 语言中层次最高的类，是所有类的超类 |
| | | Class Process | 该类的实例用于进程以及获得相关信息 |
| | | Class Runtime | 每个 Java 应用程序都有一个 Runtime 类实例，使应用程序可以与运行环境相接 |
| | | Class SecurityManager | 该类是安全管理类，是一个抽象类，应用程序通过它可以实现各种安全策略 |
| | | Class String | 该类是字符串类，该类中提供了处理字符串的一些基本方法。该类用来处理不变的字符串常量。如果在使用某个字符串的过程中不希望该字符串的内容改变，则应该使用类 String |
| | | Class StringBuffer | 该类用于处理可变字符串 |

续表一

| 包名 | 项 | 类名或接口名 | 说　明 |
|---|---|---|---|
| java.lang | 类 | Class System | 该类是一个 Final 类，无法被继承，也无法被实例化。该类提供的功能主要包括标准输入流、标准输出流、错误输出流、获得当前系统属性、装载动态库及数据拷贝功能等 |
| | | Class Thread | 该类是线程类，用来对 Java 的线程进行管理 |
| | | Class ThreadGroup | 该类是线程组类，用来对线程组进行管理 |
| | | Class Throwable | 该类是 Java 异常类层次的最顶层。只有它的后代才可以作为一个异常被抛出 |
| | 接口 | Interface Cloneable | 一个实现 Cloneable 接口的类，用来指明类 Object 中的 clone()方法，可以合法实现该类实例的拷贝 |
| | | Interface Runnable | 使用 Runnable 接口实现的类 |
| java.io | 类 | Class BufferedInputStream | 该类实现一个缓冲输入流 |
| | | Class BufferedOutputStream | 该类实现一个缓冲输出流 |
| | | Class ByteArrayInputStream | 该类为应用程序建立一个输入流，其读取的字节是由字节数组提供的 |
| | | Class ByteArrayOutputStream | 该类为应用程序建立一个输出流，其写入的字节是由字节数组提供的 |
| | | Class DataInputStream | 该类是数据输入流类，从底层输入流读取基本 Java 数据类型 |
| | | Class DataOutputStream | 该类是数据输出流类，从底层输出流输出基本 Java 数据类型 |
| | | Class File | 该类是文件类，表示主机文件系统的文件名或目录名 |
| | | Class FileDescriptor | 该类是文件描述类，应用程序不能自己创建 |
| | | Class FileInputStream | 该类是文件输入流类，用于从文件中读数据的输入流 |
| | | Class FileOutputStream | 该类是文件输出流类，用于写数据到文件中 |
| | | Class FilterInputStream | 该类是所有输入流过滤器类的超类 |
| | | Class FilterOutputStream | 该类是所有输出流过滤器类的超类 |
| | | Class InputStream | 该类是一个抽象类，它是所有字节输入流的类的超类 |
| | | Class LineNumberInputStream | 该类是一个输入流过滤器，它提供跟踪当前行号的附加功能 |
| | | Class OutputStream | 该类是一个抽象类，它是所有字节输出流类的超类 |
| | | Class PipedInputStream | 该类是管道输入流类，一个通信管道的接收端 |
| | | Class PipedOutputStream | 该类是管道输出流类，一个通信管道的发送端 |

续表二

| 包名 | 项 | 类名或接口名 | 说　明 |
|---|---|---|---|
| java.io | 类 | Class PrintStream | 该类是打印流类，是一个输出流过滤器 |
| | | Class PushbackInputStream | 该类是一个输入流过滤器，它提供一个"一字节回送"缓冲器 |
| | | Class RandomAccessFile | 该类的实例支持对随机读/写文件的读和写操作 |
| | | Class SequenceInputStream | 该类是序列输入流类，允许应用程序把几个输入流连续地合并起来 |
| | | Class StreamTokenizer | 该类把一个输入流解剖成多个标记，允许一次读一个标记 |
| | | Class StringBufferInputSteam | 该类允许应用程序创建一个读取的字节由一个串提供的输入流 |
| | 接口 | Interface DataInput | 数据输入接口 |
| | | Interface DataOutput | 数据输出接口 |
| | | Interface FilenameFilter | 文件名过滤接口，实现这个接口的类的实例用于过滤文件名 |
| java.util | 类 | Class Bitset | 位集合(Bitset)类，它的每一个元素都是布尔值 |
| | | Class Date | 该类提供了进行时间、日期处理的许多方法 |
| | | Class Dictionary | 该类是一个抽象类，为相联表提供了统一的接口 |
| | | Class Hashtable | 该类实现了哈希表功能，可以生成关键字与值的映射关系 |
| | | Class Observable | 该类表示了一个可用于观察的对象。使用时必须对它进行子类化 |
| | | Class Properties | 该类用来表示属性列表 |
| | | Class Random | 该类的实例用来实现伪随机数 |
| | | Class Stack | 该栈类实现了一个后进先出的对象 |
| | | Class StringTokenizer | 该类允许应用程序将字符串分解为一个个标记(单词) |
| | | Class Vector | 该矢量类实现了动态可扩充数组 |
| | 接口 | Interface Enumeration | 实现该接口的类的对象可以生成多元素序列 |
| | | Interface Observer | 实现该接口的 Observable 对象在被修改后可以使它让某类获知 |
| java.net | 类 | Class ContentHandler | 该类为抽象类，是所有用于从 URLConnection 中读取对象的类的超类 |
| | | Class DatagramPacket | 该类用于代表一个数据报包(datagram packet)。数据报包是用来实现无固定通信管道的数据包(packet)传输功能的 |
| | | Class DatagramSocket | 该类表示一个用于发送和接收数据报包的 Socket |
| | | Class InetAddress | 该类代表一个 Internet 协议地址(IP 地址) |

续表三

| 包名 | 项 | 类名或接口名 | 说　明 |
|---|---|---|---|
| java.net | 类 | Class ServerSocket | 该类用来实现服务器 Socket(Server Socket)。一个服务器 Socket 等待来自网络的各种请求，并基于这些请求进行相应的操作，向请求者作出相应的回答 |
| | | Class Socket | 该类实现用户端 Socket。一个用户端 Socket 是两台机器间联系的端点 |
| | | Class SocketImpl | 该类为抽象类，是所有实现 Socket 的类的共同超类 |
| | | Class URL | 该类用来表示统一资源定位(Uniform Resource Locator, URL)——是一种指向 WWW 上的资源的"指针" |
| | | Class URLConnection | 该类为抽象类，是所有代表应用程序与 URL 间通信管道的类的超类 |
| | | Class URLEncoder | 该类中包含一些工具方法，用于将一个字符串转换成 MIME 格式 |
| | | Class URLStreamHandler | 该类为抽象类，为所有流协议句柄的超类 |
| | 接口 | Interface ContentHandlerFactory | 该接口定义了一个内容句柄的发生器 |
| | | Interface SocketImp1Factory | 该接口为"Socket 实现"定义了一个发生器 |
| | | Interface URLStreamHandlerFactory | 该接口为 URL 流协议句柄定义了一个发生器 |
| java.awt | 类 | Class BorderLayout | 该类把容器的空间分为五个区域，分别为"North"、"South"、"East"、"West"和"Center" |
| | | Class Button | 该类用来创建一个按钮 |
| | | Class Canvas | 该类用来创建画布 |
| | | Class CardLayout | 该类为布局管理器，能够帮助用户处理多个成员共享同一显示空间 |
| | | Class CheckBox | 该类用来创建一个复选框 |
| | | Class CheckBoxGroup | 该类为复选框组，用该类管理一组复选框 |
| | | Class CheckBoxMenuItem | 该类提供了一种类似于复选框的菜单项 |
| | | Class Choice | 该类创建一个下拉式列表框 |
| | | Class Color | 该类为颜色类，包装了对颜色进行的方法 |
| | | Class Component | 该类是一个抽象类，是所有 AWT 组件的超类 |
| | | Class Container | 该类是一个抽象类，主要用来表示可以包含其他组件的组件 |
| | | Class Dialog | 该类用来表示对话框 |
| | | Class Dimension | 该类将一个组件的宽度和高度封装到一个对象中 |
| | | Class Event | 该类封装了来自本地 GUI 的用户事件及其处理方法 |
| | | Class FileDialog | 该类表示文件选择对话框 |

续表四

| 包名 | 项 | 类名或接口名 | 说明 |
|---|---|---|---|
| java.awt | 类 | Class FlowLayout | 该类生成的外观管理器是 AWT 为 Panel 预设的外观管理器 |
| | | Class Font | 该类用来决定显示文字时的字体 |
| | | Class FontMetrics | 该类表示字体规格对象，通过它可以获得更详细的字体数据 |
| | | Class Frame | 该类提供了一个顶层窗口，包含了标题和布局管理器 |
| | | Class Graphics | 该类是处理各种图形对象的基本抽象类 |
| | | Class GridBagConstraints | 该类为使用 GridBagLayout 布局管理器的组件提供约束参数 |
| | | Class GridBagLayout | 该类是 AWT 中使用最灵活的布局管理器，以矩形单元格为单位 |
| | | Class GridLayout | 该布局管理器将组件按网格型排列 |
| | | Class Image | 该类是一个抽象类，它是所有表示图形的类的超类 |
| | | Class Insets | 该类用来定义容器周围的区域 |
| | | Class Label | 该类用来创建一个标签 |
| | | Class List | 该类用来创建一个列表框 |
| | | Class MediaTracker | 该类是一个实用工具类，可以跟踪监控多种媒体对象 |
| | | Class Menu | 该类用来创建一个下拉式菜单 |
| | | Class MenuBar | 该类用来创建一个菜单中的菜单条 |
| | | Class MenuComponent | 该类是一个抽象类，是所有与菜单相关的组件的超类 |
| | | Class MenuItem | 该类用于创建一个菜单项 |
| | | Class Panel | 该类用来创建一个面板，是最简单的一个容器类 |
| | | Class Point | 该类用来表示一个二维坐标系中的点 |
| | | Class Polygon | 该类用来创建一个多边形 |
| | | Class Rectangle | 该类用来创建一个矩形区域 |
| | | Class ScrollBar | 该类用来创建一个滚动条 |
| | | Class TextArea | 该类用来创建一个文本编辑区域 |
| | | Class TextComponent | 该类是所有与编辑文本有关的组件的超类 |
| | | Class TextField | 该类创建一个单行文本编辑区域 |
| | | Class Toolkit | 该类是一个抽象类，是实现 AWT 的所有工具的超类 |
| | | Class Window | 该类创建一个顶层窗口，它没有边框也没有菜单条 |
| | 接口 | Interface LayoutManager | 该接口指定了所有布局管理器应该实现的方法 |
| | | Interface MenuContainer | 该接口指定了所有与菜单相关的容器都应实现的方法 |
| javax.swing | 类 | Class AbstractButton | 该类是一个抽象类，它定义了按钮和菜单项的一般行为 |
| | | Class BorderFactory | 该类提供标准 Border 对象的工厂类 |
| | | Class BoxLayout | 该类允许纵向或横向布置多个组件的布局管理器 |

续表五

| 包名 | 项 | 类名或接口名 | 说 明 |
|---|---|---|---|
| javax.swing | 类 | Class ButtonGroup | 该类用于为一组按钮创建一个多斥(multiple-exclusion)作用域 |
| | | Class ImageIcon | 该类是一个 Icon 接口的实现，它根据 Image 绘制 Icon |
| | | Class JApplet | 该类是 java.applet.Applet 的扩展版，它添加了对 JFC/Swing 组件架构的支持 |
| | | Class JButton | 该类用来创建一个按钮 |
| | | Class JCheckBox | 该类用来创建一个复选框 |
| | | Class JCheckBoxMenuItem | 该类可以被选定或取消选定的菜单项 |
| | | Class JComboBox | 该类将按钮或可编辑字段与下拉列表组合的组件 |
| | | Class JComponent | 该类是除顶层容器外所有 Swing 组件的基类 |
| | | Class JDialog | 该类用来创建一个对话框 |
| | | Class JFrame | 该类提供了一个顶层窗口，包含了标题和布局管理器 |
| | | Class JLabel | 该类用来创建一个标签 |
| | | Class JList | 该类用来创建组件允许用户从列表中选择一个或多个对 |
| | | Class Menu | 该类用来创建一个下拉式菜单 |
| | | Class JMenuBar | 该类用来创建一个菜单中的菜单条 |
| | | Class JMenuItem | 该类用于创建一个菜单项 |
| | | Class JPanel | 该类用于创建面板，是最简单的一个容器类 |
| | | Class JRadioButton | 该类用于创建一个单选按钮 |
| | | Class JTextArea | 该类用于创建一个显示纯文本的多行区域 |
| | | Class TextField | 该类用于创建一个允许编辑单行文本的区域 |
| | | Class JToolBar | 该类提供了一个用来显示常用的 Action 或控件的组件 |
| java.applet | 类 | Class Applet | Applet 是一种被嵌入到 HTML 主页中，有兼容 Java 语言的浏览器执行的小应用程序。它无法单独执行。在设计 Applet 程序时，所有的 Applet 一定要继承 Applet 类。该 Applet 类提供了小应用程序及其环境之间的标准接口 |
| | 接口 | Interface AppletContext | 该接口与 Applet 所处的环境相关联。通过使用该接口中的方法，用户可以获取 Applet 的环境信息 |
| | | Interface AppletStub | 在一个 Applet 被首次创建时，将通过 Applet 类中的 Setstub()方法创建该 Applet 的存根(Applet Stub) |
| | | Interface AudioClip | 该接口封装了有关播放声音的一些常用方法 |

# 附录C  Java 打包指南

将 Java 程序编译成 .exe 文件的常用方法是制作一个可执行的 JAR 文件包,像 .chm 文档一样双击即可运行。

### 1. JAR 文件包

JAR 文件就是 JavaArchiveFile,顾名思义,它的应用是与 Java 息息相关的,是 Java 的一种与平台无关的文档格式。JAR 文件与 ZIP 文件非常类似,唯一的区别就是在 JAR 文件的内容中包含了一个 META-INF/MANIFEST.MF 文件,这个文件是在生成 JAR 文件的时候自动创建的。

### 2. jar 命令详解

jar 是随 JDK 安装的,在 JDK 安装目录下的 bin 目录中,Windows 下文件名为 jar.exe;Linux 下文件名为 jar。它的运行需要用到 JDK 安装目录下 lib 目录中的 tools.jar 文件。不过我们除了安装 JDK 什么也不需要做,因为 Sun 公司已经帮我们做好了。我们甚至不需要将 tools.jar 放到 CLASSPATH 中。

jar{ctxu}[vfm0M][jar-文件][manifest-文件][-C 目录]文件名…

其中,{ctxu}是 jar 命令的子命令,每次 jar 命令只能包含 ctxu 中的一个,它们分别表示:

-c:创建新的 JAR 文件包。

-t:列出 JAR 文件包的内容列表。

-x:展开 JAR 文件包的指定文件或者所有文件。

-u:更新已存在的 JAR 文件包(添加文件到 JAR 文件包中)。

[vfm0M]:其中的选项可以任选,也可以不选,它们是 jar 命令的选项参数。

-v:生成详细报告并打印到标准输出。

-f:指定 JAR 文件名,通常这个参数是必需的。

-m:指定需要包含的 MANIFEST 清单文件。

-0:只存储方式,未用 ZIP 压缩格式压缩。

-M:不产生所有项的清单(MANIFEST)文件,此参数会忽略-m 参数。

[jar-文件]:需要生成、查看、更新或者释放 JAR 文件包,它是-f 参数的附属参数。

[manifest-文件]:即 MANIFEST 清单文件,它是-m 参数的附属参数。

[-C 目录]:表示转到指定目录下去执行这个 jar 命令的操作。它相当于先使用 cd 命令转到该目录下再执行不带-C 参数的 jar 命令,它只能在创建和更新 JAR 文件包的时候使用。

文件名…:指定一个文件/目录列表,这些文件/目录就是要添加到 JAR 文件包中的文件/目录。如果指定了目录,那么 jar 命令打包的时候就会自动把该目录中的所有文件和子目录打入包中。

## 3. 示例

我们需要将一个带有 main()函数的 example.java 打包成 JAR(java 文件必须带有 main 函数,这样打包成的 JAR 才能通过双击直接运行)。下面介绍利用 jar 命令打包 Java 程序的步骤:

(1) 编译 example.java,得到 example.class 文件。

(2) 准备一个清单文件 manifest.mf,此文件和 example.class 在同一目录里,可以先建一个 mainfest.txt 文件,然后再把扩展名改成 .mf,用记事本打开 manifest.mf,在里面输入:

Manifest-Version:1.0

Main-Class:example

Created-ByL:JSIT Company

(注意冒号后有一个空格)

(3) 打开命令提示符(前提是系统的 path 路径和 classpath 路径都已经设置好了),输入:

jar cvfm example.jar manifest.mf example.class

其中,c 表示新建一个 JAR 文件;v 表示输出打包结果;f 表示 JAR 文件名;m 表示清单文件名。

如果 example.java 编译后得到多个 class 文件,例如 example1.class、example2.class,则输入:

jar cvfm example.jar manifest.mf example1.class example2.class

若得到多个编译文件,也可以将这些 class 文件全部移入一个新的文件夹(例如,对于 classes 文件夹,classes 文件夹和 manifest.mf 文件在同一目录),然后输入:

jar cvfm example.jar manifest.mf-C classses\.

(\和.之间有一个空格)

需要注意的是,创建的 JAR 文件包中需要包含完整的、与 Java 程序的包结构对应的目录结构,而 Main-Class 指定的类,也必须是完整的、包含包路径的类名。

# 参 考 文 献

[1] (美)Cay S.Horstmann. Java2 核心技术卷 1 基础知识. 7 版. 北京：机械工业出版社，2006.

[2] (美)Bruce Eckel. Java 编程思想. 陈昊鹏，译. 4 版. 北京：机械工业出版社，2007.

[3] (美)H.M.DEITEL/P.J.DEITEL 著. JAVA 程序设计教程. 5 版. 施平安，等，译. 北京：清华大学出版社，2004.

[4] (美)Cisco Systems 公司. 思科网络技术学院教程：Java 编程基础. 李强等译. 北京：人民邮电出版社，2004.

[5] (美)STEVEN JOHN METSKER,WILLIAM C.WAKE. JAVA 设计模式. 龚波，赵彩琳，等，译. 北京：人民邮电出版社 2007.

[6] 孙卫琴. JAVA 面向对象编程. 北京：电子工业出版社，2006.

[7] 孙卫琴. JAVA 网络编程精解. 北京：电子工业出版社，2007.